KB090453

개정2판

Understanding
Menu Management
메뉴관리의 이해

나정기 저

머리말

메뉴의 시작은 고객의 이해에서부터 시작됩니다. 고객이 원하는 아이템을 그들이 원하는 장소와 시간에, 그리고 원하는 스타일과 가격에 제공할 수 있다면 성공하는 레스토랑을 만들 수 있습니다.

지금도 레스토랑에서 사용되고 있는 메뉴는「레스토랑에서 제공하는 식료와 음료를 기록한 단순한 리스트」로 관리되고 있을 뿐 그 이상도 그 이하도 아닙니다. 그리고 대학의 관광 관련학과(전문대학 포함)에서도 메뉴는 그 정도의 수준에서 다루어지고 있습니다.

게다가 레스토랑의 성공적인 운영에 중추적인 역할을 담당하는 메뉴가 몇 곳의 4년제 대학과 전문대학을 제외하고는 단일과목으로 채택되지 않고 있다고 합니다. 그 대신 메뉴는 식음경영론의 한 장(章) 정도로 지식이 아닌 상식적인 수준에서 다루어지고 있음을 감안할 때 메뉴관리에 대한 전반적인 내용을 다룬 전문서적의 필요성이 절실한 때라고 생각됩니다.

이와 같은 점을 고려해 본서에서는「메뉴를 관리할 수 있는 능력이 있는 관리자는 외식사업체를 성공적으로 관리할 수 있는 능력이 있다」라는 등식을 전제로 메뉴를 마케팅도구로, 또는 판매도구로, 그리고 관리(통제)도구로 다루고자 개정2판을 준비했습니다.

아직 부족한 점이 많습니다. 내용 중 수정되어야 할 부분 또는 오류, 또는 보완되어야 할 부분이 많이 있으리라 생각됩니다. 메뉴에 관심이 많은 실무자들과 교수님들의 아낌없는 질책과 조언을 부탁드립니다.

끝으로 본서가 출간될 수 있도록 필요한 자료를 제공해 주신 모든 관계자들과 그동안 물심양면으로 도와주신, 관광분야의 전문서적만을 고집하는 백산출판사의 진욱상 사장님께 깊은 감사를 드립니다.

2023년 12월

著 者 識

메뉴의 개요

Ⅰ. 메뉴의 이해

Ⅱ. 메뉴의 정의와 분류

Ⅲ. 레스토랑 운영시스템 속에서 메뉴의 위치

제 1 장 메뉴의 개요

I 메뉴의 이해

1. 레스토랑의 어원과 기원

메뉴의 역사를 이해함에 있어 레스토랑의 어원과 기원을 아는 것은 중요하다. 본 장에서는 레스토랑과 관련된 단행본과 논문 등에 많이 언급되는 레스토랑의 어원과 기원 관련 내용을 중심으로 접근해 본다.

1) 레스토랑의 어원(Etymology)

오늘날 우리가 칭하는 레스토랑은 고객에게 음식을 제공하는 [장소]의 의미가 아니라 [음식] 자체의 뜻으로 사용되었다고 한다.

Restaurant이라는 단어의 어원은 불어의 Restaurer[1)]이다. 그런데 Restaurant이라는 단어는 12세기까지는 그 의미가 [이전의 상황 · 감정으로 회복시키다, (건강 · 지위 등을) 되찾게(회복하게) 하다의 뜻]으로 사용되었다고 하며, 음식을 판매하는 장소의 의미로 사용된 것은 한참 후라고 한다. 즉, Restaurant이라는 단어의 뜻은 아래와 같이 시대별

1) "레스또레"라고 읽는다. 영어의 Restore와 같은 뜻으로 [(이전의 상황 · 감정으로) 회복시키다, (건강 · 지위 등을) 되찾게(회복하게) 하다]의 뜻이다. 불어로는 restaurer(ʀɛstɔʀe)라고 읽고, (고건축 · 미술품 따위를)복원하다, 보수(복구)하다의 뜻을 가지고 있다. 그리고 복원하다, 부활시키다, 되살리다 등의 뜻과 (음식물이) ~(의) '체력을 회복시키다' 또는 '(음식물로) 원기를 회복하다' 라는 뜻으로 사용되었다.

로 달랐다.

16세기 초부터 Restaurant이라는 단어는 기운을 차리게 하는, 건강을 회복시키는 강장제의 뜻으로 사용되었다. 그리고 17세기 중반부터 Restaurant이라는 단어는 보다 구체적으로 고기를 고아 농축한 즙으로 만든 기운을 차리게 하는, 건강을 회복시키는 Bouillon(뷔이용) 또는 Consômmé(꽁소메)의 의미로 사용된다. 그러나 18세기 중반부터는 기운을 차리게 하는, 건강을 회복시키는 Bouillon(뷔이용) 또는 Consômmé(꽁소메)를 판매하는 장소를 Restaurant이라 칭했다. 즉, 오늘날 우리들이 칭하는 'Restaurant'이라는 뜻으로 사용되었다.

2) 레스토랑의 기원

일반적으로 레스토랑의 기원을 다루는 참고자료에서 가장 많이 언급하는 내용이 Taverns, Inns, Roadhouses, Guesthouses, Cook-Shops(음식을 만들어 파는 오늘날의 식품점의 뜻으로 이해하면 됨) 등이다. Taverns에서는 주 상품이 마시는 것이었으며(알코올음료), Inns, Roadhouses, Guesthouses 등은 잠자리의 제공이 주 상품이었다. 그리고 Cook-Shops[2)]에서는 음식을 판매했다고 한다.

오늘날과 같은 상업적인 숙박시설과 레스토랑이 존재하지 않았을 때에 집을 떠난 사람들이 숙식을 해결할 수 있는 곳은 지인 또는 친구의 집이거나, 수도원, 그리고 노숙 등이었을 것이다. 부유한 사람들은 식사를 해결할 수 있는 식품과 조리도구, 하인을 대동하고 다녔지만 그럴 형편이 못되는 사람들이 마실 것과 잘 곳을 제공받는다는 것은 어려운 일 중의 하나였다고 한다. 오늘날 우리에게 알려진 레스토랑은 선술집(Taverns), 여관(Inns), 완제품 또는 반제품으로 음식을 만들어 판매하는 식품가게(Traiteurs: Cook-shops), 그리고 하숙집에서 그 근원을 찾아볼 수 있다.

이와 같은 원초적인 식당은 18세기 훨씬 이전 파리에도 존재했으며, 유럽의 상업 도시에도 존재했다. 그런데 현대적 의미의 레스토랑의 발생지를 파리로 고려하는 이유

2) 완제품 또는 반제품으로 음식을 만들어 파는 식품점으로 이해하면 됨.

중의 하나는, 유럽에 레스토랑이 출현하는 시기에 파리가 유럽의 상업과 문화의 중심지로 자리 잡고 있었기 때문이다.

역사적으로, 오늘날 우리가 부르는 레스토랑의 탄생은 선술집, 여관, 하숙집을 거쳐 카페(cafés)로 이어진다. 카페의 탄생은 커피의 역사와 함께 고려해 볼 수 있다. 프랑스에 커피가 도입된 것은 17세기로 중동(Middle East)과 오토만 터키[3]로부터이다. 커피와 카페는 아라비아와 페르시아에는 15세기에 존재했으며, 오스만 제국에는 16세기부터 존재했다.

프랑스 파리의 레스토랑은 프랑스 혁명, 특히 1792년 이후 급성장하게 되었다고 한다. 프랑스 혁명 이전까지는 레스토랑이 파리 사람들의 미식현장에 크게 기여하지 못했다. 그러나 혁명이 일어나서 귀족들이 탄압을 받고, 그들의 집에서 일하던 주방인력들이 식당을 개업하거나, 노동시장으로 들어오면서 급속히 발전하게 된다. 특히 이러한 현상은 1794년 이후 뚜렷하게 나타나 레스토랑 영역은 급속히 발전하게 된다.

또한 레스토랑의 발전을 언급함에 있어 길드 제도의 폐지가 등장하기도 한다. 왜냐하면 길드(Guild) 제도는 자기들의 영역을 보호하기 위해서 각 전문영역이 조합을 결성하여 다른 영역이 그 영역에 들어오지 못하도록 진입장벽을 높여 놓았기 때문이다. 예를 들어, 빵을 만드는 사람은 빵만 만들고, 식당을 경영하는 사람이 빵을 만들어 팔면 안 된다는 제도이다.

하지만 일부 사학자들은 레스토랑의 시작은 유럽에 앞서 중국에서 출발하였다고 말한다. 이들의 기록에 의하면 중국의 송나라 시대에는 지역민과 외지에서 온 사람들을 위해 먹고 마실 것을 제공하는 상업적인 목적의 레스토랑이 존재하고 있었다고 한다. 이러한 레스토랑에서는 다양한 스타일과 가격대의 음식을 제공하였고, 종교도 고려하여 고객들에게 음식을 제공하였다고 기록하고 있다. 즉, 레스토랑들은 다양한 고객의 요구를 수용하여 서비스를 제공하였다고 말할 수 있다. 그리고 고객들은 메뉴판

---

3) 오스만 제국(Osman Empire)은 오스만 튀르크(Osman Türk), 오토만 제국(Ottoman Empire), 터키 제국이라고 불리기도 한다. 1299년에 오스만 1세가 셀주크 제국(Seljuk Empire)을 무너뜨리고 소아시아(아나톨리아)에 세운 이슬람 제국으로 제1차 세계대전 뒤 1922년에 터키의 국민혁명에 의해 멸망하였다. 〈터키의 오스만 제국 시대(1299~1922)〉

을 보고 그들이 원하는 아이템을 주문하였다고 한다.

이러한 사실은 마르크 폴로의 증언에서도 찾아볼 수 있다. 마르코 폴로는 1280년 항저우의 다양한 레스토랑 문화에 대해 기록했는데, 어떤 레스토랑은 역사가 200년이나 된 곳도 있었으며, 현대 레스토랑과 여러 면에서 비슷한 점이 많았다고 썼다. 그리고 그 곳에는 웨이터, 메뉴판, 연회시설이 갖춰져 있었고, 서구 레스토랑 문화에서도 잠시 나타났던 매춘 시장과 밀회 장소의 면모도 일부 보여주었다고 증언했다.

이와 같은 사실에도 불구하고, 현대적 의미의 레스토랑의 기원을 언급할 때는 주로 프랑스와 유럽의 경우를 예로 들지만, 특히 파리의 경우 레스토랑의 탄생에 대한 이론이 분분하다.

먼저, 프랑스의 경우를 보면 다음과 같이 세 가지의 설이 일반적으로 많이 인용되는 내용이다. 즉, 불랑제(Boulanger: 1765), 마뚜렝 로즈 드 샹트와조(Mathurin Roze de Chantoiseau: 1766), 그리고 보비이에르(Beauvilliers: 1782)이다.[4)]

(1) 불랑제(Boulanger, 1765)

1765년 파리에서 뷔이용(bouillon)을 판매했던 불랑제(Boulanger)라는 사람의 이름을 언급한다.

원래 Restaurant이라는 단어는 원기를 회복하는 뷔이용 또는 꽁소메(Bouillon 또는 Consômmé)의 의미로 사용되었다. 그러한 이유로 만성피로에 시달리는 사람이나 임산부, 오랫동안 병석에 있었던 사람들에게 많이 권유되었던 음식이 Restaurant이었다.

Bouillon을 만들어 판매하는 불랑제는 그의 가게 출입문에 [Boulanger debite des restaurants divins: 불랑제 데비트 데 레스토랑 디벵; 불랑제는 신성한(훌륭한) 레스토랑을 판다]라고 쓴 문구를 출입문에 걸었다고 한다.[5)]

---

4) http://www.foodtimeline.org/restaurants.html

5) Boulanger라는 이름은 별명이라는 자료도 있다. 그리고 그의 본명을 Champ d'Oiseau(샹 드와조)라고 말하기도 하고, Roze de Chantoiseau(로즈 드 샹트와조)라고 말하기도 한다. 또한 Boulanger와 Champ d'Oiseau 또는 Roze de Chantoiseau는 동일인이 아니라고 말하는 자료도 있고, 유럽의 레스토랑의 원조는 Boulanger가 아니라는 사람도 있어 현대적 의미의 레스토랑의 원조가 각각 다르게 표기

그래서 사람들이 그 집을 방문하기 시작하였는데, 불랑제는 고객이 원하는 것을 고객이 오는 시간에 맞추어 제공하는 오늘날 우리가 칭하는 식당의 개념으로 가게를 운영하였다고 한다. 즉, 가게에서 파는 아이템과 가격이 적혀 있는 메뉴(Carte)에 의해 고객이 선택한 것을 제공하였다는 것이다. 하지만 그 시대에는 상업적인 레스토랑이 존재하지 않았기 때문에 밖에서 준비된 음식을 살 수 있는 곳이 오늘날 푸줏간 정도였다고 한다. 오늘날도 존재하는데 이것을 불어로 트레퇴르(Traiteur: Cook-shops)라고 부른다.[6)]

그런데 불랑제는 뷔이용과 꽁소메에 대한 고객의 반응이 좋아지자 양의 족을 삶아 그 위에 흰 소스를 끼얹은 스튜(stew/ragoût)를 함께 팔았다고 한다. 하지만 불랑제는 음식을 만들어 파는 동업자조합(길드)에 가입되어 있지 않아서 소스 또는 스튜를 판매할 수 있는 권한이 없었다.

그 결과 이러한 음식을 만들어 파는 동업자조합(길드)원들에 의해 고소를 당하게 되는데, 법정은 양의 족을 흰 소스와 함께 제공하는 음식은 라-구(일종의 스튜)가 아니라는 결정과 함께 불랑제에게 유리한 판결을 내렸다고 한다. 즉, 불랑제가 승소한 것이다.

이후 불랑제가 파는 양의 족에 흰 소스는 파리 시민들로부터 선풍적인 인기를 얻어 많은 사람들이 불랑제의 가게로 몰려들었다고 한다.

이와 같은 연유로 레스토랑과 메뉴의 원조를 언급할 때 불랑제를 언급한다. 즉, 불랑제가 가게 문에 걸었다는 Carte에는 파는 음식과 가격이 제시되어 있어서 고객들이 그것을 보고 자기가 원하는 것을 주문하여 제공받았기 때문이다.

결국, 레스토랑의 어원에서 살펴본 바와 같이 원기를 회복한다는 의미의 Restaurant은 오늘날 음식을 파는 곳인 장소(restaurant)의 의미로 사용되었다고 이해하면 된다.

되는 원인이 되고 있다.

6) Traiteurs는 일종의 푸줏간(정육점)의 개념으로 이해하면 된다. 이곳에서는 Sauces와 Ragoûts(일종의 스튜), 그리고 큰 토막의 고기를 주로 판매하였으며, 그 중 몇 곳에서는 정찬메뉴(table d'hôtes: 정해진 시간에 고정된 메뉴)도 제공했다고 한다.

(2) 마튀렝 로즈 드 샹트와조(Mathurin Roze de Chantoiseau, 1766)

1766년에 파리에 식당을 오픈한 마튀렝 로즈 드 샹트와조(Mathurin Roze de Chantoiseau)를 언급하기도 한다.

앞서 설명한 과정을 거쳐 명성을 얻게 된 불랑제(Boulanger)는 대부분의 기록에서 현대적 의미의 레스토랑의 선구자로 기록되고 있다. 하지만, 역사학자인 Spang(2000)은 다른 주장을 펼치고 있다. 왜냐하면 불랑제(Boulanger)에 대한 자료를 사법, 경찰, 그리고 조합 등의 기록에서 찾아볼 수 없다는 것이다. 그리고 Spang(2000)은 프랑스 혁명 이전인 1780년대에도 개인 조리사들이 그들의 식당을 개업했다는 점을 지적한다.

이러한 주장을 바탕으로 Spang(2000)은 현대적 의미로 파리에 처음 개업한 레스토랑은 출처가 명확하지 않은 Boulanger가 아니라 Mathurin Roze de Chantoiseau라고 주장한다. Mathurin Roze de Chantoiseau는 사업가로 파리 귀족들의 모임에 자주 참석했다고 한다. 그리고 Spang(2000)은 최초의 레스토랑 개업은 18세기 엘리트들의 음식과 건강에 대한 관심사에 대한 대응이라고 주장한다. 그리고 Roze de Chantoiseau는 상인, 은행가, 예술가, 그리고 식당 운영자 등의 상업 인명록을 출간하기도 했다고 지적하면서 이를 증거로 그를 현대적 의미의 레스토랑의 시조라고 말하고 있다.

(3) 앙투안 보빌리에르(Beauvilliers, 1782)

1782년 파리의 리쉘리외(Richelieu)가에 라 그랑드 타버른 드 롱드르(La Grande Tavern de Londres)라는 식당을 개업한 앙투안 보빌리에르(Beauvilliers)를 칭하기도 한다.

보빌리에르(Beauvilliers)는 자신의 레스토랑을 오픈하기 전에 프랑스의 국왕 형제를 모시던 제과제빵 주방장으로 일했으며, 과거의 상류 귀족층만이 즐기던 요리 스타일과 문화를 부르주와의 식탁으로 옮긴 사람이기도 하다.

이 시기를 기준으로 보빌리에르(Beauvilliers)를 포함해 과거 상류 귀족층의 요리사로 일했던 수많은 요리사들이 팔레 루아얄(Palais Royal: 궁정) 주변에 레스토랑을 열어 이곳이 요리의 새로운 중심지가 된다.

이와 같은 내용들은 단편적인 내용으로 전달되어 구체적인 내용을 찾아보기 어렵다. 그러나 가장 많이 인용되는 인물들이다.

그리고 레스토랑의 기원을 언급할 때 등장하는 곳이 고대 로마의 thermopolium[7]이다. 왜냐하면 Thermopolium이 오늘날 우리가 칭하는 식당의 전신이라고 말하기 때문이다.

그럼에도 불구하고 레스토랑의 대중화를 언급할 때 프랑스 혁명[8]의 산물로 설명하는 이들도 많이 있다. 왜냐하면 프랑스 혁명이 발발하자 귀족들이 처형(處刑) 또는 도망감으로써 귀족들의 집에 고용되었던 사람들이 일자리를 찾아 뿔뿔이 흩어졌기 때문이다. 그 중 요리사들은 직접 파리에서 식당을 개업하거나, 외국으로 건너갔다고 한다. 그리고 시골 사람들이 Paris로 모여들어 식당이 급속하게 늘어나게 된다. 그 결과 1789년 Paris에는 왕궁 주위에 군집을 이루고 있던 100개 정도의 식당이 있었는데, 혁명 30년 후에는 3,000개로 늘어났다고 한다.

2. 메뉴의 어원과 역사

1) 메뉴의 어원(Etymology)과 역사

Menu는 라틴어의 '사이즈, 양, 그리고 등급 등이 작(낮)은'의 뜻을 가진 미누투스(minūtus)[9]로 거슬러 올라간다. Minūtus라는 라틴어는 프랑스 고어에서 Menut로 변했고, 현대 프랑스어에서는 Menu로 변화했다. 그리고 1800년대 프랑스어인 Menu를 영어권에서 차용하여 사용하고 있다.

---

7) Thermopolium(복수는 thermopolia): 오늘날 우리들이 칭하는 레스토랑의 선구자이다. 여기서 제공되는 음식들은 오늘날 패스트푸드 식당에서 제공되는 메뉴와 비교할 수 있다. 이곳을 이용하는 사람들은 주로 가난하거나 집에 주방 시설이 없는 사람들이 대부분이었다. 전형적인 Thermopolium은 L자 형태의 카운터로 구성되어 있었으며, 그리고 그 가운데 큰 솥이 자리 잡고 있었다. 이곳에서는 찬 음식과 더운 음식을 제공하였다.

8) 프랑스 혁명은 1789년에 시작하여, 프랑스의 부르봉 왕조를 무너뜨리고 공화정을 세운 혁명이다.

9) ① 작은, 세분(細分)된; 잔, 자질구레한; 사소한, 얼마 안 되는, ② 짧은, 짤막짤막한, ③ 소심한

Merriam-Webster 사전에 Menu는 다음과 같이 정의되어 있다.
A list of the dishes that may be ordered (as in a restaurant) or that are to be served (as at a banquet).
그리고 메뉴와 동의어(Synonyms)는 card, bill of fare라고 서술하고 있으며, 관련단어로는 chow(음식물: food), chuck(음식물), cuisine(요리), fare(음식. 요리. 식사), grub(간식물/간식), provender(음식물), table(요리 음식) 등으로 서술하고 있다.

대부분의 자료에서는 메뉴의 원조를 프랑스로 설명하고 있으나 사학자들의 자료를 인용한 다음의 글을 읽어보면 메뉴는 중국에서부터 출발하였다고 기록되어 있다.[10] 하지만 현대적 의미의 메뉴의 역사는 18세기 중반 프랑스에서 시작되었다는 점을 감안하면 메뉴의 시초를 프랑스로 설명하는 것도 무리는 아니다.[11]

이와 같이 특정 행사에 제공될 음식을 정해진 순서대로 기록한 얇은 종이 또는 판지를 메뉴라고 칭하였다고 한다. 그렇다면, 오늘날 우리들이 사용하고 있는 메뉴의 전신인 얇은 종이 또는 판지의 용도는 무엇이었을까? 고객을 위한 차림표, 특정 행사에 사용된 비용을 산출하기 위한 목록, 고객에게 제공할 음식을 만드는 조리사를 위한 지침서, 또는 만들어진 음식을 고객에게 제공하는 하인들을 위한 지침서였을까?

모두가 메뉴는 고객을 위한 차림표로서 역할을 하였을 것이라고 생각할 것이다. 그러나 특정 행사에 제공될 음식을 정해진 순서대로 기록한 얇은 종이 또는 판지는 음식을 만들거나 제공하는 조리사들과 하인들이 음식준비와 서빙을 원활하게 수행할 수 있도록 하는 용도로 만들어졌다고 기록되어 있다. 그 근거를 아래와 같이 전개해 볼 수 있다.

---

10) 준비된 음식에 대한 목록으로서 메뉴는 중국의 송나라(Song Dynasty) 시대로 거슬러 올라간다. 그 당시 인구가 많은 큰 도시에는 상업에 종사하는 사람들이 식사를 할 수 있는 방법을 찾았다. 그런데 중국은 지리적으로 넓은 나라이기 때문에 지역마다 음식의 특성이 달랐다. 그 결과 각각 다른 취향을 가지고 있는 고객들의 욕구와 필요를 고려하여 메뉴를 만들어 제공했다는 것이다.

11) 동시대의 메뉴는 18세기 후반에 프랑스에서 처음 출현했다. 메뉴가 출현하기 이전에는 음식을 제공하는 곳에서는 메뉴가 없이 주인 또는 조리사가 준비한 음식을 정해진 가격에 정해진 시간에 참석하는 손님들에게 똑같은 음식을 제공하였다.

대중적인 레스토랑의 시초는 프랑스의 「Palais-Royal」 근처에 있었던 레스토랑들이라고 기록되어 있다. 이곳에서부터 오늘날 우리가 말하는 고객을 위한 메뉴가 탄생되었다고 한다. 이곳에서는 고객에게 제공될 음식을 큰 판지에 적어 식당 출입문에 걸었다고 한다. 그리고 당대에 유명했던 레스토랑인 로쉐 드 캉깔르(Rocher de Cancale), 그리고 지금은 없어졌지만 그리모 드 라 레이니에르(Grimod-de-la Reyniere)[12]와 브리야 사바랭(Brillat-Savarin)[13]이 가장 칭송하였던 로텔 데 자메리켕(L'Hôtel des Americains) 등에서 사용하였던 메뉴가 오늘날에도 보관되어 있다고 한다.

이와 같은 레스토랑들이 출현하기 이전에는 대중을 위해 먹고 마실 것을 제공하는 곳은 일반적으로 Taverns과 Inns 밖에 없었다. 때문에 고객을 위한 메뉴는 필요치 않았을 것이다. 왜냐하면 Inns의 경우는 정해진 시간에 주인 또는 조리사가 준비한 음식을 같은 가격에 식사에 참석하는 모든 사람에게 개인적인 선호와 취향을 고려하지 않고 제공하는 것이 관습이었기 때문이다. 즉, 오늘날 우리가 알고 있는 정찬 메뉴(Table d'Hôte Menu)의 형태로 먹을 것을 제공하였기 때문이다.

또한 오늘날과 같이 대중을 위한 다양한 레스토랑 유형이 존재하지 않았기 때문에 귀족들은 공적 또는 사적인 행사가 많았을 것이다. 그리고 그들은 부를 과시하기 위해서 초대받은 사람들을 위해 많은 음식을 만들어 제공하였을 것이라는 추론은 1571년의 어느 고관의 혼인날에 세 부분으로 나누어져 제공된 아래와 같은 음식의 구성을 보면 확인할 수 있다.

첫 번째 코스는 오늘날의 전채 요리의 성격으로 구성된 14가지의 음식이 제공되었으며, 두 번째 코스는 메인의 성격으로 구성된 21가지의 음식이 제공되었다. 그리고 세 번째 코스는 후식의 성격으로 구성된 치즈를 포함 17가지의 음식이 제공되었다. 총 52가지의 요리가 제공된 것이다.

---

12) 1758년에 태어나 1838년에 사망한 당대의 유명한 미식가이자 변호사

13) 1755년에 태어나 1826년에 사망한 사법관이며, 정치인이고, 당대의 유명한 미식가이다. 그의 저서 미각의 생리학(Physiologie du goût)은 오늘날까지도 음식을 공부하는 사람들에게 널리 인용되고 있다.

만약 이렇게 많은 수의 음식을 메뉴판에 적어 고객에게 제공한다고 하면, 과연 메뉴판의 크기는 어느 정도나 되어야 할까? 그리고 이 물음에 대한 해답을 찾기 위해 그 상황을 추론해 보면 메뉴는 고객을 위해 만들어진 것이 아니라, 조리사 또는 시중을 드는 사람들을 위한 지침서로서의 역할을 하였다는 것을 알 수 있다.

이와 같이 고객에게 제공될 음식을 준비하는 사람들과 제공하는 사람들을 위해, 제공될 음식을 순서대로 기록한 목록(Liste des mets: 리스트 드 메)은 「Ecriteau(x): 에크리또」[14]라는 이름으로 칭하였으며, 이것이 오늘날 일반화된 메뉴의 전신이라고 기록되어 있다.

결국, 고객에게 제공되어야 할 음식을 순서대로 기록한 리스트 또는 레크리또(L'ecriteau)는 처음은 오늘날과 같은 메뉴의 기능을 한 것은 아니라고 한다. 또한 고객에게 제공될 아이템 수를 고려하여도 큰 메뉴판을 식탁에 올려놓을 수도 없었을 뿐만 아니라, 식탁에 올려놓을 수 있다고 해도 제공되는 아이템의 수가 많아 초대받은 손님이 무슨 음식이 제공되는가를 검토하기란 어렵거나 거의 불가능했을 것이라고 한다. 그렇기 때문에 오늘날 우리가 알고 있는 메뉴판의 탄생은 「Palais-Royal」 주변에 자리 잡은 레스토랑들이 시초라고 전해진다.[15]

이와 같은 과정을 거쳐 고객에게 제공될 음식을 기록한 차림표의 용도로 메뉴가 제공되기 시작하자, 메뉴는 더 예술적이고 고급스럽게 만들어지기 시작하였다고 한다. 그리고 예술적인 가치를 지닌 예술품과 역사적인 가치를 인정받아 수집가들의 수집대상이 되어 박물관에 학술적인 자료로 소장되기도 하고, 경매시장에서 거래되기도 한다.

---

14) écriteau[ekʀito] (복수: écriteaux): 게시(揭示)판

15) 오늘날 우리들이 이해하고 있는 실질적인 메뉴(판/북)는 프랑스에서 처음 만들어졌다. Spang은 "The Invention of the Restaurant"에서 실질적인 메뉴의 디자인은 19세기를 거치면서 많이 변화했다고 하였다. 특히 그 시대의 인쇄술의 혁신에 따라서 많은 변화를 경험했다는 것이다. 예를 들어 한 장으로 된 메뉴(판/북)는 19세기 초에는 신문과 같이 장수가 늘어났으며, 내용을 촘촘하게 나열하고, 삽화·사진·도안 등도 이용하였다는 것이다. 그리고 메뉴(판/북)는 차츰 더 미적인 면을 강조하였고, 메뉴(북/판)는 Carte(map: 지도의 불어)라 부르기도 했으며, "bill of fare"라고 불리기도 했다는 것이다.

 메뉴의 정의와 분류

1. 메뉴의 정의

메뉴에 대한 정의도 시대에 따라 변화한다. 1960년대는 메뉴가 「차림표」의 개념으로 정의되었다면, 1970년대부터는 「마케팅과 관리」의 개념이 가미된 「차림표」로 정의되었고, 지금은 「차림표」의 개념이 삭제된 강력한 「마케팅과 내부통제도구」로 정의되고 있다.

또한 1960년대부터 1990년대까지의 메뉴의 계획과 디자인에 관한 저서, 논문, 그리고 소논문(articles)도 주로 주방에서 일하던 조리사와 식품영양학을 전공한 식자(識者)들에 의해서 주도되었기 때문에 영양가적인 측면과 조리방식과 Recipe를 중심으로 한 생산지향적인 면이 강조되었다. 그러나 현재는 실무와 이론을 겸비한, 또는 이론에 해박한 각 분야의 識者(식자)들에 의해 메뉴를 보는 시각이 생산중심에서 관리중심, 마케팅중심으로 변화하였다. 그 결과 메뉴에 대한 정의도 「마케팅과 관리적」인 양면이 강조되어 정의되고 있으며, 이와 같은 정의는 그 중요도가 더해지고 있다.

표 1-1 은 식자(識者)들이 메뉴가 무엇인가를 내린 정의를 정리한 것이다. 그러나 아직도 기존 식자들의 정의를 뛰어넘을 만한 정의를 제시한 식자와 단행본은 없다.[16) 즉, 기존의 정의에 몇 개의 단어를 첨삭한 것에 불과하다.

결국, 지금까지 발표된 단행본과 논문에서 조명한 메뉴의 정의를 보면 식자들의 연구영역에 따라 상이한 정의를 내리고 있지만, 종합적으로 정의한다면 「메뉴는 내부적인 통제도구일 뿐만 아니라 판매, 광고, 판매촉진을 포함하는 마케팅도구(marketing tool)」로 정의할 수 있다. 그렇기 때문에 레스토랑 운영자들과 관리자들은 메뉴의 중요성을 인식하고, 메뉴관리에 많은 시간과 비용을 할애해야할 필요가 있다.

---

16) 필자가 접한 단행본과 논문 등을 말하며, 필자가 접하지 못한 단행본이나 논문 등에 기존의 정의를 재조명한 내용이 있을 수도 있음.

표 1-1 • **메뉴의 정의**

학 자	정 의
• Judy L. Miller(1992) • Jack E. Miller(1992) • Mahmood A. Khan(1991) • Edward A. Kazarian(1989) • Jack D. Ninemeier(1986) • John W. Stokes(1982) • Lendal H. Kotschevar(1975)	메뉴는 식음 운영에 있어서 가장 중추적인 역할을 담당하는 내부관리도구이며 통제도구이다.
• Bernard Davis & Sally Stone(1991) • Donald E. Lundberg(1989) • Judi Radice(1987) • William L. Kahrl(1978) • Douglas C. Keister(1977) • Dave Pavesic(2005)	메뉴는 판매도구이다.
• Robert A. Brymer(1987) • Anthony M. Rey & Rerdinand Wieland(1985) • Dave Pavesic(2005) • Ahmed Elbadawy, Anwar Mohammed Balomy, Eleri Johns, Ahmed Nour EL-Din Elias and Rania Taher Dinana(2013)	메뉴는 가장 중요한 마케팅도구이다.
• Hrayr Berberoglu(1987) • Lendal H. Kotschevar and Diane Withrow (2008)	메뉴는 정보의 제공자이다.
• Lothar A. Kreck(1984) • Leonard F. Fellman(1981)	메뉴는 레스토랑과 고객을 연결하는 대화의 고리이다. 메뉴는 커뮤니케이션 도구이다.
• Albin G. Seaberg(1991) • David V. Pavesic(1989) • Nancy Loman Scanlon(1990)	메뉴는 레스토랑의 대화, 판매 그리고 PR도구이며 가장 중요한 내부의 마케팅도구이다.
• Bahattin Ozdemir and Osman Caliskan(2014) • John R. Walker(2011) • Bahattin Ozdemir, Osman Caliskan(2014)	메뉴는 식음료 운영의 핵심이다. 메뉴는 레스토랑의 핵심이다.
• Linda Duke(2009)	메뉴는 레스토랑의 브랜드를 대표하며, 고객과의 약속이다.
• Leo Yuk Lun Kwong(2005) • Philip Pauli(1999)	메뉴는 레스토랑의 인쇄된 광고물이다.

최근 들어, 와인에 대한 관심이 많아지면서 와인 리스트에 대한 학술적인 재조명의 필요성이 강조되고 있다. 그러나 고객에게 제공될 식료에 대한 문제를 다루는 메뉴와는 달리 음료(알코올과 비-알코올)를 다루는 음료리스트와 와인 리스트에 대한 학술적인 연구가 부족한 것이 사실이며, 향후 이 분야에 대한 연구가 진행되어야 할 것으로 사료된다. 그렇기 때문에 와인 리스트와 음료리스트도 단순한 목록표로서의 역할보다는 마케팅과 관리 도구로서의 기능을 충실히 할 수 있도록 계획되고 디자인될 필요가 있다.

일반적으로 와인과 음료 리스트는 동일선 상에서 취급되고 있다. 그러나 음료리스트와 와인 리스트는 차이가 있다. 음료리스트에는 알코올음료(와인을 포함)와 비-알코올음료를 포함할 수 있지만 와인 리스트에는 와인만 포함된다는 것이 정설이다. 즉, 와인 리스트에는 Sparkling 와인과 포도주에서 만들어지는 브랜드만을 포함시킬 수 있다는 것이 일반적인 이론이다.

그러나 메뉴와 마찬가지로 와인 리스트와 음료리스트도 고객과 레스토랑을 이어주는 대화의 도구, 즉 소통의 도구가 되어야 할 뿐만 아니라, 조직의 목표를 달성할 수 있는 관리와 마케팅도구가 되어야 한다.

2. 메뉴의 분류

메뉴(판/북)는 고객에게 제공되는 아이템들을 알리는 정보제공자의 역할을 한다. 즉, 고객은 어떤 음식이 가능한지를 메뉴(판/북)를 통해서 알 수 있다. 그렇기 때문에 레스토랑의 유형에 관계없이 모든 레스토랑은 어떤 형태로든 메뉴가 존재한다. 벽에 걸려 있는 메뉴(판)에서부터, 입구에 서있는 보드 메뉴(board menu), 말로 가능한 음식을 전하는 형태의 구두메뉴(spoken menu), 전자 메뉴, 점자메뉴에 이르기까지 다양한 형태의 메뉴가 존재한다.

그림 1-1 • **여러 가지 메뉴**

Table Menu Holders

Holiday Menus

Takeout Menus

Chalkboard Menus

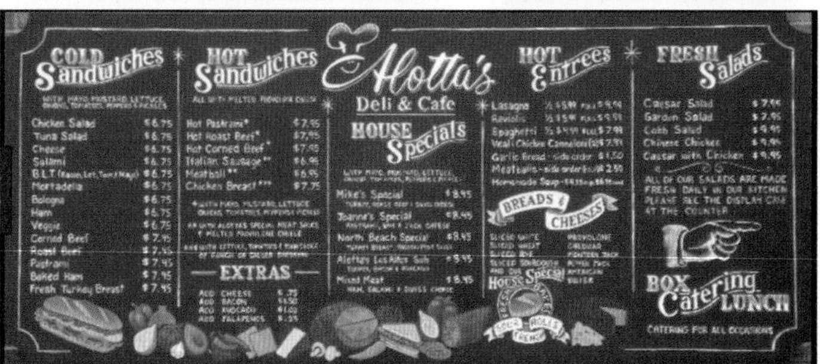

Stands Menu Boards

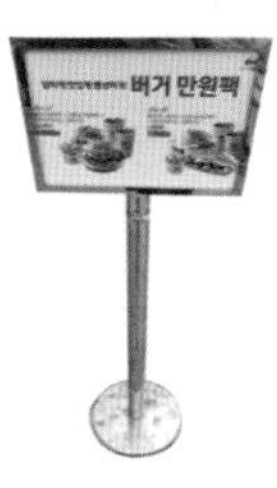

T배너와 X배너

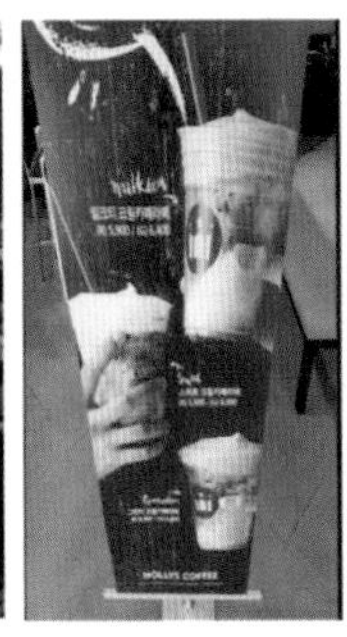

외부에 부착한 메뉴판

Electronic Menus

Digital Menus

Braille Menus : 점자 메뉴

Odor Menus

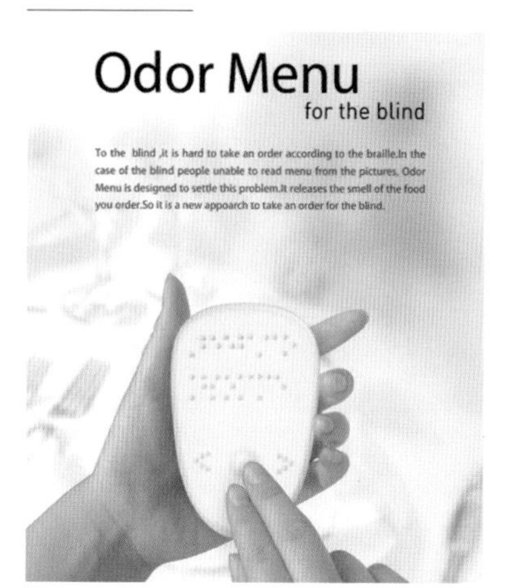

Board Menus

메뉴 북

Table Mat Menus

Check list형 Menus

What do you want to order?

☐  Chicken Nuggets

☐ 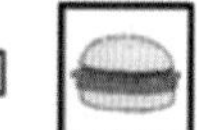 Hamburger

☐ 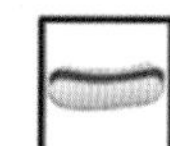 Hot Dog

☐  Spaghetti

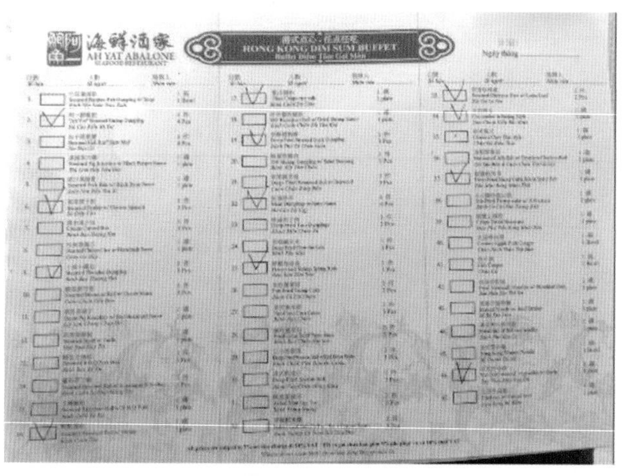

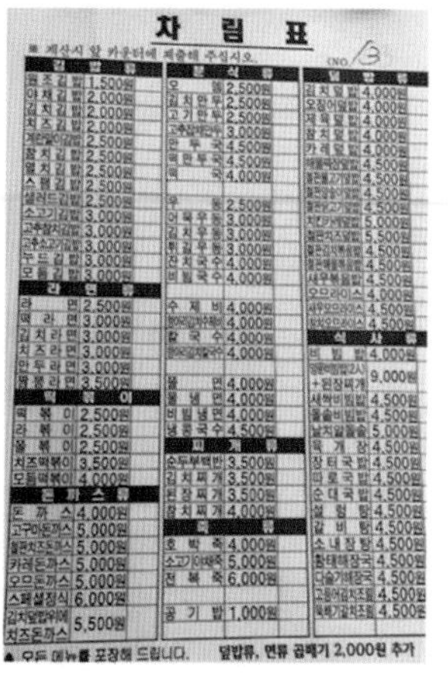

일반적으로 메뉴의 유형을 분류하는 기준은 다양하다. 예를 들면 메뉴가 사용되는 장소와 시간, 그리고 목적을 기준으로 할 수도 있다. 또한 레스토랑의 유형을 기준으로, 그리고 식사시간을 기준으로 메뉴판에 이름을 명명하면 된다. 예를 들어 장소가 기준이 되는 경우(양식당 메뉴, 일식당 메뉴, 한식당 메뉴, 수영장 메뉴, 룸서비스 메뉴 등), 식사시간이 기준이 되는 경우(아침 메뉴, 점심 메뉴, 저녁 메뉴, 주말 Brunch Menus 등), 특별한 이벤트가 기준이 되는 경우(크리스마스, 신년, 웨딩 등) 등이다.

메뉴를 분류하는 기준은 위의 예에서처럼 다양하기 때문에 식자(識者: 여기서는 메뉴에 대해 아는 것이 많은 사람)들에 따라 각각 다르게 분류하고 있다. 또한 저서마다 다른 기준을 적용하여 메뉴를 분류하였다. 하지만 논리가 결여된 분류기준으로 혼란만 초래할 뿐이다.

일반적으로 메뉴를 분류하는데 공통적으로 이용하는 분류기준을 바탕으로 메뉴의 유형을 정리한 것이 표 1-2 이다.

표 1-2 • 메뉴 분류기준

학자	분류기준
Douglas C. Keister(1979)	모든 메뉴는 기본적으로 따블 도트 메뉴(table d'hôte menu), 알 라 까르트 메뉴(à la carte menu), 혼합 메뉴(combination menu)로 나누고, 이것은 다시 식료와 음료가 제공되는 시간(아침, 점심, 저녁 등)과 장소(일식, 중식, 한식, 양식, 커피숍 등)에 따라 나눌 수 있다는 기준을 제시하였다.
Franz K. Lemoin(1970)	모든 메뉴는 따블 도트 메뉴(table d'hôte menu), 수정된 따블 도트 메뉴(modified table d'hôte menu), 알 라 까르트 메뉴(à la carte menu)와 세마이 알 라 까르트 메뉴(semi à la carte menu)로 대분류하였다.
Jack E. Miller (1992)	모든 메뉴를 고정메뉴(static menu)와 주기적으로 바뀌는 메뉴(cycle menu), 그리고 식자재의 공급시장의 조건에 따라 변화하는 시장메뉴(market menu)로 분류할 수도 있다는 기준을 제시했다.
Anthony M. Rey and Ferdinand Wieland(1985)	메뉴는 여러 가지의 기준에 의해서 분류될 수 있다. 예를 들어 레스토랑의 타입에 따라, 또는 식사가 제공되는 때에 따라 분류할 수도 있고, 또는 고정되어 있느냐, 아니면 주기적으로 교체되느냐에 따라서도 분류할 수 있다. 또 다른 분류기준은 메뉴가격의 구조에 따라 알 라 까르트 메뉴(à la carte menu), 따블 도트 메뉴(table d'hôte menu), 그리고 혼합 메뉴(combination menu)로도 분류할 수 있는 기준을 제시하였다.
Jack D. Ninemeier (1990)	메뉴는 따블 도트(table d'hôte menu), 알 라 까르트(à la carte menu), 따블 도트와 알 라 까르트가 혼합된 메뉴(combination table d'hôte menu/à la carte menu)로 분류할 수 있다. 또한 고정메뉴와 주기적인 메뉴로 분류하기도 하며 아침, 점심, 저녁 그리고 특별메뉴(specialty menu)와 같이 메뉴의 타입에 의해서도 분류할 수 있다는 기준을 제시하였다.

표 1-2 에서는 공통적으로 3가지의 유형을 제시하였다. 즉, 따블 도트 메뉴(Table d'hôte menu)와 알 라 까르트 메뉴(A La Carte menu), 그리고 콤비네이션 메뉴(Combination menu)이다.

1) 따블 도트 메뉴(Table d'hôte menu)

"Table of the host"라는 의미의 불어이다. A La Carte Menu와는 달리 고객이 선택할 수 있는 음식의 폭이 제한적이며, 고객에게 제공될 음식이 사전에 준비되어 있고, 가격도 결정되어 있다. 일반적으로 Set Menu라고도 부른다.

따블 도트 메뉴의 유래를 설명한 자료에 의하면, 오늘날과 같이 식사를 제공하는 상업적인 공간(식당)이 없었던 시절에 다양한 동기로 집을 떠난 사람들이 식사를 해결할 수 있는 곳으로 Inns(여관)이 많이 언급된다. 그곳에서 제공되는 식사는 손님들의 취향과 선호와는 관계없이 주인이 계획한 메뉴로 구성되고, 가격도 주인이 정하며, 그리고 식사시간도 주인이 정했다고 한다. 그렇기 때문에 손님들은 미리 준비된 음식을 정해진 시간에, 정해진 가격에 제공받을 수밖에 없었다.

따블 도트 메뉴(Table d'hôte menu)는 이렇게 유래되었으며, 긴 역사를 가지고 있고, 오늘날도 레스토랑에서 많이 이용되는 형태의 메뉴이다.

(1) 따블 도트 메뉴(Table d'hôte menu)의 특징

고객의 취향이 다양화되면 될수록, 개성이 강조되면 될수록, 선진화가 되면 될수록, 식당이 고급화되면 될수록 그다지 인기가 없는 메뉴이지만, 대중 레스토랑과 후진국에서는 아직도 많이 이용되고 있다.

또한 정식요리 메뉴에서 가장 중요한 것이 메인 아이템인데, 고객의 요구에 따라 곁들이는 야채와 소스 등이 변경되는 경향이 있어 정식요리 메뉴 원래의 의미가 퇴색되고 있는 추세이다. 정식요리 메뉴의 특징 중 중요한 내용만을 정리하면 다음과 같다.

① 신속한 서비스로 좌석회전율을 높일 수 있다.

② 알 라 까르트(A La Carte) 메뉴에 비해 가격이 저렴한 편이다.

③ 식자재의 관리가 용이하다.

④ 원가가 절감된다.

⑤ 메뉴관리가 용이하다.

⑥ 고객의 입장에서 선택의 폭이 좁다.

⑦ 가격의 변화에 시의성(時宜性)있게 대처할 수 있는 유연성이 결여되어 있다.

⑧ 고객의 입장에서 메뉴에 대한 지식이 없어도 주문하기가 용이하다.

⑨ 레스토랑 중심으로 메뉴가 계획된다.

2) 알 라 까르트 메뉴(A La Carte menu)

레스토랑에서 일반화되어 사용되는 단어로 "according to the card or customer's order"라는 뜻을 가지고 있다. 이 메뉴의 특징은 레스토랑이 제공하는 각각의 음식에 가격이 정해져 있다. 그렇기 때문에 고객은 메뉴(판/북)에서 원하는 음식만을 선택할 수 있고, 선택한 음식에 대한 가격만 지불하면 되는 구조로, 고객과 제공자 모두를 고려한 메뉴의 형태이다.

(1) 알 라 까르트 메뉴(A La Carte menu)의 특징

일반적으로 전채 ➡ 수프 ➡ 생선과 해산물 ➡ 메인 ➡ 샐러드 ➡ 후식으로 구성되어 있어, 고객이 원하는 아이템만을 선택하게 되어 있다. 일반적으로 개성화가 강조되는 선진국형 메뉴이며, 주로 고급화된 레스토랑에서 많이 이용되고 있는 메뉴로 다음과 같은 특징을 가지고 있다.

① 고객의 입장에서 선택의 폭이 넓다.

② 객단가를 높일 수 있다.

③ 따블 도트 메뉴(Table d'hôte menu)에 비해 가격이 비싸다.

④ 인건비가 높다.

⑤ 낭비가 많다.

⑥ 식자재의 관리가 어렵다.

⑦ 메뉴의 관리가 어렵다.

⑧ 메뉴에 대한 지식이 없는 고객에게는 주문할 아이템의 구성이 어렵다.

⑨ 고객중심으로 메뉴가 계획된다.

3) 콤비네이션 메뉴(Combination menu)[17)]

따블 도트 메뉴(Table d'hôte menu)와 알 라 까르트 메뉴(A La Carte menu)의 장점을 취하고, 단점을 보완한 형태의 메뉴로 최근에 많이 이용되고 있는 메뉴의 형태이다. 특히 메뉴상의 아이템이 고객에게 친숙하지 못한 웨스턴 스타일(western style) 음식을 제공하고 있는 레스토랑의 경우 알 라 까르트 메뉴는 고객의 측면에서 모순점도 가지고 있다. 그 결과 특별 형태의 메뉴(set menu, clip-on or tip-on menu)가 주 메뉴에 비해 선호도가 높게 나타난다.

(1) 콤비네이션 메뉴(Combination menu)의 특징

위에서 언급한 내용을 고려할 때 알 라 까르트 메뉴상의 아이템은 선호도가 높은 아이템을 기준으로 최소화할 필요가 있다. 그리고 메뉴의 다양성과 유연성, 판매촉진 등은 특별메뉴 형태의 메뉴를 이용하는 것이 빠른 속도로 변화하는 고객의 필요와 욕구에 대처할 수 있는 메뉴관리에 대한 새로운 기교이다. 이 메뉴의 특징 중 중요한 점만을 정리하면 다음과 같다.

① 아이템의 양과 내용의 구성을 통하여 고객의 식사패턴 변화에 유연하게 대처할 수 있다.

② 아이템의 가격과 양의 조정으로 식재료 원가의 상승에 대처할 수 있다.

---

17) 고정메뉴와 주기적으로 바뀌는 메뉴 또는 Market menu의 혼합을 Hybrid menu라고 칭하기도 한다.

③ 알 라 까르트 메뉴와 정식 메뉴의 혼합으로 객단가를 높일 수 있다.

④ 고객의 측면에서 선택의 폭이 넓다.

⑤ 식재료 관리가 용이하다.

⑥ 고급 레스토랑뿐만 아니라 저급 레스토랑에서도 적합한 메뉴이다.

위의 분류기준은 고객이 원하는 메뉴를 고객이 결정할 수 있느냐, 아니면 사전에 정해진 메뉴를 선택하여야 하느냐와 같은 내용으로 고객이 메뉴 선택에 관여하는 정도와 사전에 정해진 가격을 지불하여야 하느냐, 아니면 손님이 선택한 아이템에 대한 가격만 지불하느냐가 기준이다. 그리고 세 번째의 콤비네이션 메뉴(Combination menu)의 경우는 따블 도트 메뉴(Table d'hôte menu)에서 고객의 요구사항이 받아들여지느냐 하는 유연성의 도입이다.

3. 메뉴가 바뀌는 빈도에 따른 분류

앞서 제시한 메뉴의 분류기준 이외에도 메뉴가 바뀌는 주기가 기준이 되는 경우이다.

메뉴가 바뀌는 빈도에 따라 메뉴를 분류하면 일정 기간 메뉴가 바뀌지 않고(예: 6개월~1년) 반복적으로 제공되는 고정메뉴와 일정한 간격을 두고 주기적으로 메뉴가 바뀌는 사이클 메뉴(Cycle menu)로 분류할 수 있다.

1) 고정메뉴(Static menus)

고정메뉴는 정식요리 메뉴, 일품요리 메뉴, 그리고 콤비네이션 메뉴를 모두 포함하는 것으로 고객에게 제공될 아이템을 메뉴상에 인쇄하여 일정 기간 동안 같은 아이템을 반복하여 제공하는 메뉴를 말한다.

그러나 일정 기간 동안의 영업의 결과를 바탕으로 메뉴는 분석과 평가를 거쳐 기존의 메뉴가 새로운 메뉴로 바뀌기도 하며, 새로운 트렌드가 추가 메뉴에 반영되기 때문에 고정메뉴란 존재하지 않는다고 말할 수도 있다.

2) 사이클 메뉴(Cycle menus)

일정한 간격을 두고 주기적으로 아이템이 바뀌는 사이클 메뉴는 주로 단체급식을 취급하는 학교의 카페테리아, 병원, 기업의 구내식당, 군대 등에서 많이 이용하고 있는 메뉴이다. 고객에게 보다 다양한 선택의 기회를 제공하기 위해서 다음과 같은 3가지 사이클 메뉴패턴을 이용하고 있다.

(1) Typical

일정 주기 동안 같은 날 항상 같은 아이템이 제공되는 패턴을 말한다. 예를 들어 30일 주기인 특정 레스토랑의 메뉴에서 1일은 항상 메뉴 ㉮가, 2일은 항상 메뉴 ㉯가…, 그리고 30일은 항상 메뉴 ⓧ가 제공되게 된다.

이러한 패턴의 메뉴는 같은 날 항상 같은 아이템만을 제공하기 때문에 고객의 측면에서는 메뉴가 반복적으로 제공되는 단점을 가지고 있다.

(2) Typical-Break

Typical 메뉴패턴의 단점을 개선하기 위한 메뉴패턴으로 표 1-3 과 같이 구성된다. 표 1-3 과 같이 월~목을 기준으로 메뉴는 6일 주기로 바뀌는데, 같은 요일에 같은 메뉴가 13일 주기로 반복되기 때문에 고객에게 다양한 아이템을 제공할 수 있게 된다.

표 1-3 • Typical-Break 메뉴패턴의 일례

첫 번째 주	월	화	수	목
	D1	D2	D3	D4
두 번째 주	월	화	수	목
	D5	D6	D1	D2
세 번째 주	월	화	수	목
	D3	D4	D5	D6
네 번째 주	월	화	수	목
	D1	D2	D3	D4
다섯 번째 주	월	화	수	목
	D5	D6	D1	D2

(3) Random

표 1-3 의 Typical Cycle 패턴과 같아 보이지만 미리 계획된 메뉴 아이템을 식재료의 구매시장, 원가의 변동, 음식의 패턴에 대한 변화에 유연하게 대처하여 사용할 수 있는 메뉴패턴이다.

표 1-4 의 Random 패턴 메뉴의 주기는 26일로 7일 간격의 메뉴계획이다. 1~26일까지의 숫자에 각각 다른 문자를 배열하여 다양성을 추구하는데 비슷한 아이템끼리 서로 인접하여 있어서는 안 된다. 1~26까지의 아이템 배열은 분석된 결과 조리방식, 원식자재, 계절, 아이템의 구성, 원가, 매가, 아이템의 선호도 등을 고려하여 배열하여야 한다.

표 1-4 • Random 메뉴패턴의 일례

D1 A	D2 J	D3 L	D4 Z	D5 C	D6 D	D7 M
D8 P	D9 I	D10 B	D11 Q	D12 N	D13 E	D14 W
D15 F	D16 O	D17 H	D18 R	D19 V	D20 K	D21 S
D22 U	D23 G	D24 X	D25 T	D26 Y	D27 A	D28 J

(4) Split

아이템을 더욱더 다양하게 제공하기 위하여 고안된 이 메뉴패턴은 표 1-5 와 같이 메뉴상에 제공되는 모든 아이템에 각각 주기를 부여하여 다른 아이템과 함께 균형을 꾀할 수 있도록 고안된 패턴이다.

먼저 선호도가 높은 순서대로 아이템을 배열하고, 선호도가 높은 아이템이 제공되는 빈도가 높게 메뉴를 계획한다. 반대로, 선호도가 낮은 아이템은 제공되는 빈도가 낮게 메뉴를 계획한다.

표 1-5 의 예에서 낮은 숫자는 선호도가 높은 아이템으로, 그 아이템이 제공되는 빈도를 표시한 수치이다. 예를 들어 Day 2의 P6은 구운감자로 6일에 1번씩 제공된다는 뜻이다. 제공되는 주기는 메뉴계획자가 선호도, 원가, 계절, 음식의 패턴, 상호간의 균형, 가격, 재고상황 등과 같은 여러 가지의 변수를 종합하여 결정하여야 하고 계속적인 검토가 있어야 한다.

표 1-5 • **Split 메뉴패턴의 일례**

DAY 1		
SOUP	15	아이템명을 구체적으로 기록한다.
MAIN	12	
VEGETABLE	7	
POTATO	5	
DESSERT	10	
DAY 2		
S	6	
M	9	
V	4	
P	6	
D	12	
DAY 3		
S	5	
M	7	
V	3	
P	5	
D	10	

• 숫자는 특정 아이템이 제공되는 빈도

이와 같은 기본적인 분류기준을 가지고 식료와 음료가 제공되는 때와 장소에 따라(시간과 공간에 따라)[18] 메뉴를 분류하면 아침, 점심, 저녁 메뉴 등으로 분류할 수 있고, 일식, 중식, 한식, 양식, 연회, 특별 메뉴[19] 등으로 구분할 수 있다.

또한 특별한 목적과 장소에 따라 다양한 명칭으로 메뉴가 제공된다. 예를 들어 Breakfast menu, Lunch menu, Brunch menu, Tea menu, Dinner menu, Supper menu, Poolside menus, Room service menu, Snacks menus, Specialty menus, Children's menu, Diet menus, Dessert menu, Ethnic menu, Holiday menu, Today's special menu, Chef's special menus, Chef's table menu, Card of the day(Carte du Jour),[20] Plate of the day(Plat du Jour),[21] Single use menu, Tasting menu(Menu dégustation),[22] Market menu, Braille menu(점자메뉴) 등이 일례이다.

음료의 경우는 음료리스트(beverage list)와 와인 리스트(wine list)로 대별된다. 그러나 음료리스트에 두 가지를 병행하여 제공하는 곳도 있으며, 특등급 호텔의 레스토랑이나, 호텔 밖의 고급 레스토랑 등에서는 와인 리스트를 별도로 제공하고 있는 곳도 많다.

---

18) 용도에 따라 언제, 어디서 사용될 메뉴인가를 기준으로 한 것이다. 예를 들어, 분류를 연회장에서 사용하는 연회장 메뉴, 파티에서 사용하는 파티 메뉴, 어린이를 위한 어린이 메뉴, 룸서비스에서 사용하는 룸서비스 메뉴, 수영장에서 사용하는 수영장 메뉴 등으로 나누면 한이 없다. 이러한 분류는 학술적인 분류기준이 아니라고 생각된다.

19) 특별한 행사에 한 번 사용할 목적으로 만들어지는 메뉴. 예를 들어, Christmas Eve 메뉴, OOO 디너쇼 메뉴, 미식가들이 모이는 갤라 디너 메뉴 등이 여기에 속한다.

20) "Card of the day"라는 의미의 불어이다. 보통 오늘의 메뉴라고도 불리는데, 특정한 날을 위한 특별 메뉴라고 해석하면 된다. 캐주얼한 레스토랑이나 카페에서, 때로는 호텔 레스토랑의 경우도 원래 사용하는 메뉴 이외에 별도로 그날의 메뉴를 만들어 제공하는데, 이 메뉴를 Carte du Jour menu라고 이해하면 된다.

21) Plate of the day라는 의미의 불어이다. 오늘의 음식이라고 해석되는데, 주방장이 추천한 음식이라 생각하면 된다.

22) Tasting menu라는 의미의 불어이다. 주로 소량의 다양한 수의 음식을 정해진 가격에 제공한다. 문자 그대로 맛을 보는 메뉴이다. 80년대 초반에 프랑스에서 아주 유행했던 메뉴로 요즘도 고급 레스토랑에서 제공되고 있다.

 레스토랑 운영시스템 속에서 메뉴의 위치

1. 메뉴의 역할

일반적으로 책은 외형에 의해서 평가되지 않고 내용에 의해서 평가된다고 한다. 그러나 레스토랑은 메뉴에 의해서 평가된다고 말할 수 있다. 메뉴에 대한 전문가는 특정 레스토랑의 메뉴를 통하여 한 번도 가보지 않은 레스토랑의 전체적인 개념(concept)을 읽을 수 있다고 한다. 그런데도 아직도 많은 사람들은 메뉴를 단지 레스토랑에서 제공하는 식료와 음료를 기록하여 고객에게 알리는 정보제공의 역할을 수행하는 수단으로만 생각한다. 메뉴는 고객, 관리자, 그리고 종업원들을 만족시켜야 한다. 메뉴는 식음부문 운영의 모든 과정에 영향을 미친다. 그래서 메뉴는 성공적인 식음부문의 운영을 위해서 요구되는 식음부문의 운영시스템을 구성하는 모든 다른 구성요소들이 검토된 후에 검토되는 문제라기보다는, 식음부문의 통합 운영시스템을 구성하는 여러 개의 하부시스템 중에서 시발점이 되어야 한다.

여기서 말하는 식음부문의 통합 운영시스템이란 하나의 공통적인 목표를 달성하기 위해서 요구되는 서로 유기적인 관련성을 가진 여러 개의 하부시스템으로 구성된 하나의 실체라고 정의할 수 있다. 즉, 성공적인 식음부문의 운영에 요구되는 각 부문(하위시스템)이 서로 유기적인[23] 관계를 유지하여 효율적으로 그 기능을 발휘하여야 한다. 그리고 비용을 최소화하고, 품질과 서비스를 최대화하여 고객의 만족을 최대화함과 동시에, 이윤을 극대화할 수 있도록 고안된 하나의 통합 프로그램이라고 말할 수도 있다.

이러한 관점에서 메뉴의 역할을 정리해 보면, 메뉴는 관리(control)와 마케팅의 관점, 즉 관리자와 고객의 입장에서 이 두 역할이 통합되는 하나의 시스템을 관리하고 통제하는 역할을 한다. 그렇기 때문에 성공적인 식음부문의 관리는 식음부문의 운영에 직·간접적으로 관련이 있는 모든 영역을 통합적인 관리시스템으로 구축하여 관리할

23) 생물체처럼 전체를 구성하고 있는 각 부분이 서로 밀접하게 관계를 갖는 (것)

때만이 가능하게 되며, 그 중심에 메뉴가 위치하고 있어야 한다. 즉, 구매 ➡ 검수 ➡ 저장 ➡ 준비 ➡ 생산 ➡ 판매 ➡ 분석 ➡ 평가 ➡ 결과의 피드백(feedback)으로 이어지는 일련의 과정을 시스템화하여 관리하는 것을 말한다.

실제로 레스토랑의 운영은 메뉴로 시작해서 메뉴로 끝난다고 말할 수 있다. 메뉴에 의해서 어떤 식재료를 얼마나, 어디서, 어떻게 구매하여야 하고, 어떤 아이템을 얼마나, 어디서, 언제, 누가 생산하여야 하며, 생산된 음식은 누가, 어떻게 서빙하고, 그리고 서빙에는 무엇이 필요하며, 원가, 수입, 예산 등 레스토랑 운영(관리)의 모든 과정이 관리될 뿐만 아니라, 요구되는 공간의 규모, 시설, 디자인, 도구의 선택 등과 같은 시설에 관한 사항들도 메뉴에 담고 있다.

이러한 관리가 메뉴에 의해서 실행될 수 있음을 감안할 때 성공적인 식음부문의 운영에 있어서 메뉴의 역할은 아무리 강조하여도 지나치지 않다.

2. 메뉴관리의 시스템적 접근의 필요성

시스템 접근법에 있어서 전체적인 레스토랑의 운영은 시스템으로 고려되고, 그 운영 시스템은 역으로 여러 가지 복잡하고 서로 밀접한 의존관계에 있는 다양한 하부시스템으로 구성되어 있다. 그 결과 레스토랑의 성공적인 운영에 요구되는 독립된 각각의 기능들이 서로 유기적인 체계를 유지할 수 있는 하나의 통합 시스템으로 구성되어야 한다. 레스토랑을 하나의 통합 시스템으로 고려하여 관리하면 다음과 같은 장점이 있다.

① 레스토랑의 운영에 요구되는 다양한 하부기능들을 서로 유기적인 체계로 구축하여, 레스토랑의 운영 전반을 통합된 하나의 시스템으로 고려할 수 있어 체계적으로 지원할 수 있다.

② 통합된 시스템으로 관리하면 원가가 절감되어 생산성이 높아진다.

③ 통합된 시스템을 구성하는 하위시스템을 관리하는 구성원들이 통합된 시스템의

운영에서 그들의 역할이 중요하다는 것을 인식할 수 있기 때문에 팀워크가 보장되고, 팀워크는 보다 효율적으로 업무를 수행할 수 있게 한다.

④ 시스템 내부의 문제를 쉽게 파악할 수 있어 취약한 하위시스템에 대한 개선이 용이하다.

⑤ 여러 전문분야의 팀 Leader들을 그들의 전문영역에 따라 각 하위시스템에 배치할 수 있다.

⑥ 원가와 예산의 관리가 각 하위시스템에서 발생하는 원가분석의 결과에 의해서 용이하게 된다.

⑦ 다수의 업장을 운영하는 체인 외식사업체인 경우 다른 지역에 있는 다양한 업장에 대한 하위시스템의 계획과 평가가 용이하다.

⑧ 시스템 내의 구성원들이 주어진 업무를 수행하는데 있어서 요구되는 가장 적합한 방법이라고 확신할 수 있는 교육프로그램을 개발할 수 있다.

⑨ 전체 시스템과 하위시스템 내부의 관리상황을 보다 용이하게 관리하고 모니터할 수 있다.

⑩ 시스템 접근법은 새로운 외식사업체를 단계적으로 계획하는데 도움이 된다.

비록 여러 유형의 레스토랑이 존재한다 할지라도 시스템 접근법은 레스토랑의 형태와 규모에 관계없이 적용될 수 있다. 여러 연구자들에 의해 제시된 시스템적인 접근법에서 메뉴의 위치를 다음과 같이 정리할 수 있다.

3. G. E. Livingston의 푸드 서비스 시스템에서 메뉴의 위치

푸드 서비스 시스템(외식업체의 구조)을 분석 또는 개발하기 위해서는 푸드 서비스 조직이 영리 또는 비영리냐에 관계없이 시스템적인 접근방법은 필수적이다. 푸드 서비스 조직을 시스템적으로 접근하기 위해서는 먼저 푸드 서비스 조직을 구성하는 요소들에 대한 검토가 필요하다.

규모와 조직의 형태, 소유의 형태 등에 관계없이 모든 푸드 서비스 조직은 생산(주방)과 판매(서비스)라는 양대 기능을 축으로 구성된다. 즉, 음식을 생산하는 생산(production)과 생산된 음식을 판매하는 분배 또는 서비스(distribution or service)라는 두 축이 중심이 된다. 그렇기 때문에 전통적인 레스토랑에서 주방은 생산부문이 되고, 홀(hall)은 분배 또는 서비스부문이 된다.

그러나 다점포를 운영하는 경우 생산과 소비를 이원화하여[이것을 디커플링(decoupling)이라고 한다] 생산부문을 중앙주방[24]으로 집중화하고, 생산된 다양한 형태(완전 가공에서 최소의 가공)의 식재료를 유통이라는 단계를 거쳐 공간적으로 멀리 떨어진 독립된 레스토랑(위성 주방, 또는 위성 단위점포라고도 한다)에 분배할 수 있게 된다.

그림 1-2 의 리빙스톤(Livingston)의 푸드 서비스 시스템 모형은 내부와 외부, 즉 조직(조직의 목표)과 고객(고객의 필요와 욕구)이라는 양축을 메뉴가 매개 역할을 하는 방식으로 전개된다. 즉, 고객의 필요와 욕구를 충족시켜 조직의 목표를 달성할 수 있다는 의미로 모형이 전개된다. 그리고 메뉴를 중심으로 생산과 판매라는 두 기능을 축으로 양분하여 다음 그림 1-2 와 같이 푸드 서비스 시스템 모형이 전개된다.

24) Central kitchen 또는 Commissary 또는 Food preparation facility라고도 불린다.

그림 1-2 • 푸드 서비스 시스템을 구성하는 요소들과 그 요소들 간의 상호관계

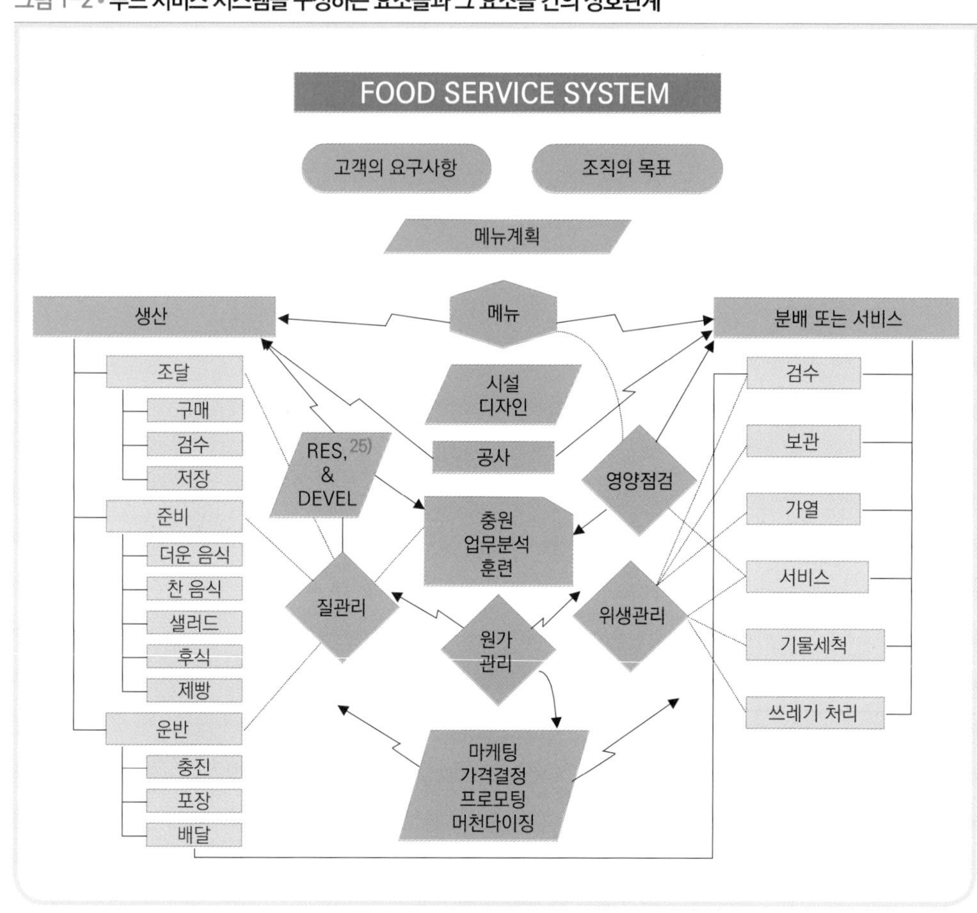

자료 G. E. Livingston and Charlotte M. Chang, *Food Service Systems; Analysis, Design, and Implementation*, Academic Press, 1979, pp.20-39.

1) 생산부문

그림 1-2 에서 생산부문은 조달(procurement), 준비(preparation), 그리고 운반(transport) 기능으로 구성된다. 각각의 기능을 구체적으로 설명하면 다음과 같다.

25) Research & Development

첫째, 조달

조달기능의 구성은 구매(purchasing), 검수(수납: receiving), 저장(storing)과 같이 3개의 하위기능으로 구성된다. 즉, 레스토랑에서 필요한 식재료와 기타 물품들을 구매하여, 검수하고, 저장하는 기능을 한다. 그리고 저장된 식재료를 출고(issue)하는 기능도 하나 여기서는 생략된 것이다.

둘째, 준비

준비기능의 구성은 레스토랑의 유형에 따라 다르다. 뜨거운 것, 찬 것, 샐러드, 후식, 제빵, 그리고 음료준비 등으로 구성된다. 즉, 구매된 식재료를 저장하지 않고 바로 준비에 이용하는 경우도 있으며, 저장된 다양한 형태의 식재료를 필요에 따라 출고하여 준비과정을 거쳐 음식이 완성된다. 그리고 완성된 음식은 직접 홀에 서비스하는 것이 일반적인 레스토랑의 운영절차이다. 그러나 일반제품과 마찬가지로 생산하는 곳과 소비하는 곳이 공간적으로 이원화되어 있다면(예: C/K와 가맹점) 운반(유통)이라는 다른 기능이 요구된다.

셋째, 운반

운반기능의 경우는 레스토랑의 유형에 따라 그 기능의 복잡성 정도가 달라진다. 예를 들어 같은 장소에서 생산과 소비가 이루어지는 경우와 생산과 소비가 시간 또는 공간, 또는 시간과 공간적으로 이원화되는 경우 운반의 기능은 단순할 수도 있고 복잡해질 수도 있다.

생산과 소비가 같은 장소에서 이루어지는 경우는 주방에서 만들어진 음식을 고객에게 어떻게 제공하느냐 하는 서비스방식에 관한 것이 된다. 반대의 경우 즉, 생산하는 장소와 소비하는 장소가 다른 경우는 생산하는 장소에서 판매하는 장소로 운반하기 위해 요구되는 다양한 장비와 설비, 그리고 운반에 필요한 차량 등이 요구된다. 즉, 식품 가공공장에서 생산된 다양한 식품이 전국에 분산되어 있는 소매점에 유통되어 판매되는 과정과 같은 맥락으로 이해하면 된다.

2) 분배 또는 서비스부문

분배 또는 서비스부문은 검수(receiving), 보관(holding), 재생, 제공(serving), 기물세척(ware washing) 그리고 쓰레기 처리(waste disposal) 등과 같은 하위요소들로 구성된다. 이 경우는 생산하는 장소와 소비하는 장소가 같은 경우와 다른 경우의 두 가지 조건을 상정해 볼 수 있다.

첫째, 생산하는 장소와 소비하는 장소가 같은 경우

생산과 소비하는 장소가 같은 곳에 있는 경우(예를 들어 독립적으로 운영하는 대부분의 단일레스토랑의 경우)를 상정해 볼 수 있다.

이 경우의 분배기능은 주방에서 만들어진 음식을 고객에게 제공하는 수준에서 고려되는 것이다. 즉 서비스방법을 의미하는 것이다. 그렇기 때문에 조리된 음식은 고객에게 제공되고 ➡ 먹고 ➡ 치우고 ➡ 기물세척하고 ➡ 쓰레기 처리하고 ➡ 다음 고객을 위해 식탁을 다시 세팅하는 과정을 거치게 된다.

둘째, 생산하는 장소와 소비하는 장소가 다른 경우

그러나 생산하는 장소와 소비하는 장소가 다는 경우는 분배기능이 조금 복잡해진다.

예를 들어 소비하는 장소와는 다른 곳에서 다양한 형태(R-T-C, R-T-E, R-T-S 등)[26]로 소비하는 장소에 운반된 식품은 검수(수납)와 보관 또는 저장을 거쳐 필요에 따라 재생(분량화 또는 가열 등)된 후, 고객에게 제공(서비스 방식)되고, 먹고 ➡ 치우고 ➡ 기물세척하고 ➡ 쓰레기 처리하고 ➡ 다음 고객을 위해 식탁을 다시 세팅하는 과정을 거치게 된다.

---

26) R−T−C(Ready to cook), R−T−E(Ready to eat), R−T−S(Ready to serve)

3) 기타부문

생산부문과 분배(서비스)부문을 보조하는 기능으로는 종업원의 충원과 교육훈련, 영양과 위생관리, 원가관리, 품질관리, 메뉴연구와 개발, 그리고 마케팅 활동 등이 있다. 즉, 생산부문과 판매부문의 기능을 지원하는 기능을 말한다.

결국, 그림 1-2 의 푸드 서비스 시스템 모형은 고객과 조직의 목적 그리고 메뉴라는 관점에서 전개되었음을 알 수 있다. 그리고 메뉴를 중심으로 생산과 서비스, 생산과 서비스를 보조하는 모든 기능이 전개됨을 알 수 있다. 그래서 메뉴는 레스토랑 운영에 있어서 가장 핵심적인 역할을 수행한다고 말한다.

4. Mahmood A. Khan의 전형적인 푸드 서비스 시스템에서 메뉴의 위치

Mahmood A. Khan은 전형적인 푸드 서비스(레스토랑, 외식사업체) 운영시스템 하에서 메뉴의 위치를 그림 1-3 과 같은 모형으로 설명하였다.

그림 1-3 • 전형적인 푸드 서비스 시스템

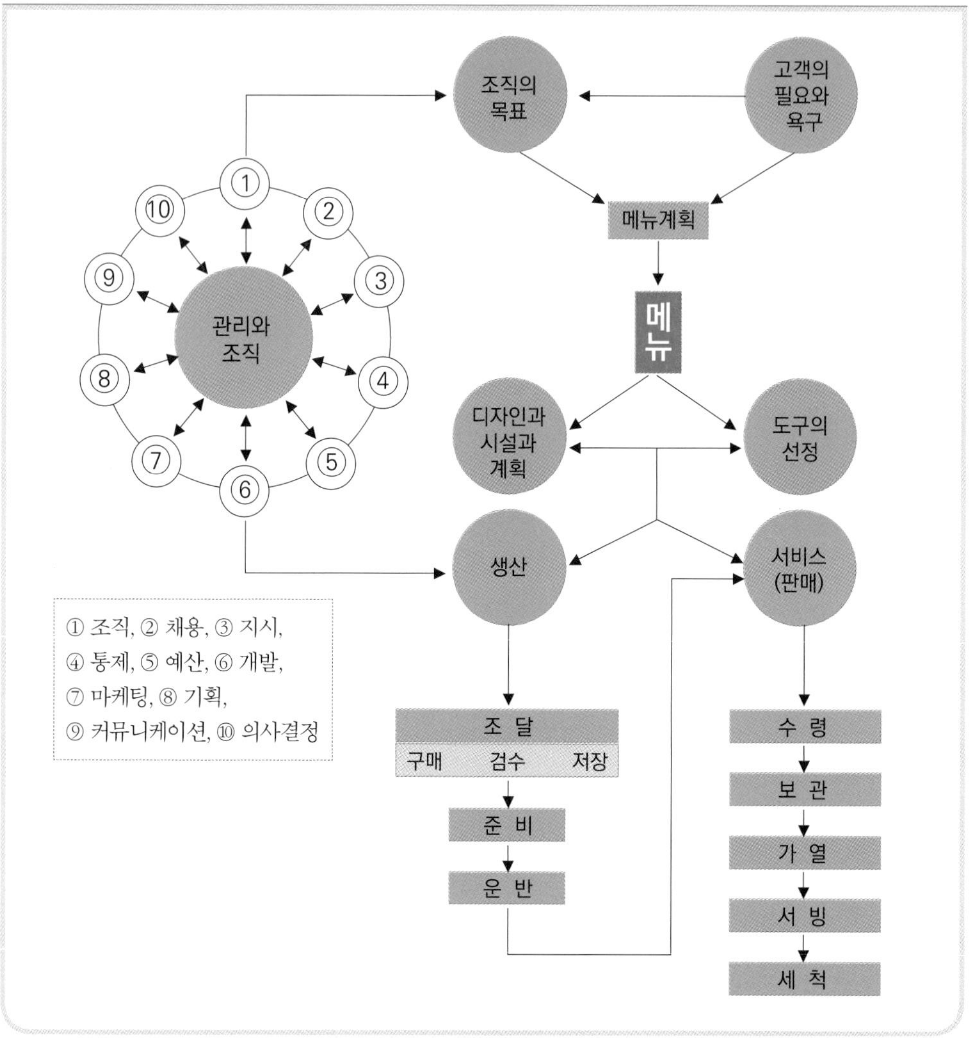
조직의
목표
고객의
필요와
욕구
메뉴계획
메뉴
관리와
조직
① ② ③ ④ ⑤ ⑥ ⑦ ⑧ ⑨ ⑩
디자인과
시설과
계획
도구의
선정
생산
서비스
(판매)
① 조직, ② 채용, ③ 지시,
④ 통제, ⑤ 예산, ⑥ 개발,
⑦ 마케팅, ⑧ 기획,
⑨ 커뮤니케이션, ⑩ 의사결정
조 달
구매 검수 저장
준 비
운 반
수 령
보 관
가 열
서 빙
세 척

자료 Mahmood A. Khan(1991), *Concepts of Foodservice Operations and Management*, 2nd ed., VNR, p.4.

그림 1-3 에서 보는 바와 같이 조직의 목표와 고객의 필요와 욕구가 통합된 푸드 서비스 운영시스템에 있어서 중심이 된다.

어떤 유형의 레스토랑이든 달성해야 할 목표가 있기 마련이다. 영리를 목적으로 하는 레스토랑의 경우 조직의 목표는 내부적인 관리를 통하여 고객의 욕구와 필요를 충족시켜 원하는 최대 이윤을 창출하는 것이다.

다음 단계는 조직의 목표와 고객의 필요와 욕구에 바탕을 둔 메뉴의 계획(준비)단계이다. 레스토랑 조직이 추구하는 목표를 달성하기 위해서는 레스토랑의 통합된 운영시스템 속에서 모든 활동영역의 핵심이 되는 메뉴의 관리와 통제를 요구하게 된다. 그리고 메뉴를 중심으로 디자인과 시설계획, 그리고 도구의 선정이 이루어져야 한다는 내용을 담고 있다.

이어서 레스토랑 운영에서 요구되는 생산과 서비스(판매) 기능에 대한 절차를 나열하였다. 즉, 어떻게 생산하고, 서비스하는가를 개념적으로 설명한 것이다. 마지막으로 관리와 조직에 대한 기능들은 생산과 서비스를 지원한다는 의미로 10개의 기능을 제시하였다. 즉 계획, 조직, 충원, 지시, 통제, 커뮤니케이션, 의사결정, 예산, 개발 그리고 마케팅 등은 레스토랑의 목표를 달성하고 고객의 욕구와 필요를 만족시킬 수 있도록 구성된 지원하는 기능을 말하며, 각 기능은 서로 유기적인 체계를 구축하여야만 한다.

이와 같이 푸드 서비스의 통합된 운영시스템 속에서 메뉴의 위치는 핵심적인 위치가 되어 메뉴를 중심으로 푸드 서비스의 운영에 요구되는 다른 기능이 유기적으로 작용하게 된다. 하지만 Mahmood A. Khan의 전형적인 푸드 서비스 시스템이 모형은 앞서 설명한 그림 1-2 의 G. E. Livingston 푸드 서비스 시스템 모형과 동일한 개념으로 전개되었다고 볼 수 있다.

5. Lothar A. Kreck의 시스템의 기본 모형에서 메뉴의 위치와 역할

Lothar A. Kreck은 메뉴의 위치를 그림 1-4 와 같이 시스템의 기본 모형(투입 ➡ 과정 ➡ 산출)을 이용하여 설명하였다.

그림 1-4 • **푸드 서비스 시스템을 구성하는 요소들과 그 요소들 간의 상호관계**

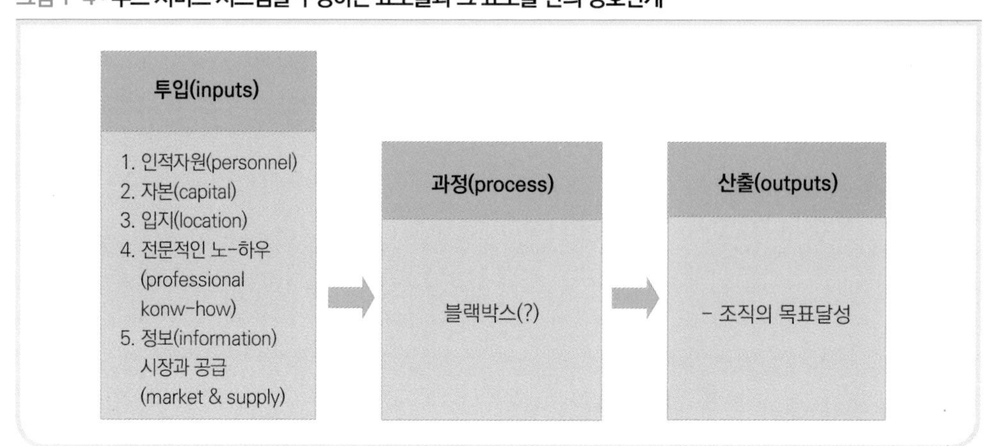

자료 Lothar A. Kreck(1984), *Menu: Analysis and Planning*, 2nd ed., CBI Book, p.29.

Lothar A. Kreck도 푸드 서비스 조직의 운영에 시스템적인 접근방법의 필요성을 강조하였다. 그리고 푸드 서비스 조직의 유형과 규모에 관계없이 푸드 서비스 조직은 시스템의 가장 일반적인 모형인 투입과 과정(변형), 그리고 산출이라는 전개과정을 따라 그 기능을 한다고 하였다.

먼저, 투입의 경우는 푸드 서비스 조직의 유형과 규모, 그리고 소유의 형태 등에 따라 다르겠으나 외식사업체를 운영, 또는 오픈하기 위해 요구되는 자원을 의미한다. 여기서 말하는 자원은 일반적으로 인적자원, 자본, 입지, 전문적인 노하우, 그리고 정보(고객과 공급)가 투입에 포함되는 것들이다.

다음으로, 과정 또는 변형의 경우는 사전에 결정된 원하는 목표를 달성하기 위해 주어진 투입을 변형 또는 활용하는 과정을 의미한다.

마지막으로, 산출은 조직이 원하는 목표를 말한다. 예를 들어 영리를 목적으로 하는 외식업체의 산출은 종업원과 고객의 만족 그리고 원하는 수익을 말한다.

그렇다면 외식사업체의 운영을 하나의 시스템으로 간주하였을 때, 메뉴는 어느 위치에서 어떤 역할을 하는가를 파악할 필요가 있다.

일반적으로 메뉴를 대화의 매개자(communication link)라고 말한다. 그렇기 때문에 메뉴는 투입과 산출을 이어주는 과정(변형)의 위치에서 대화의 매개자 역할을 하여야 한다. 즉 내부(외식사업체)와 외부(고객)를 이어주는 대화의 라인이 되어야 한다. 그래서 성공적인 메뉴는 고객만족과 수익성 보장이라는 등식이 성립되어야 한다.

결국, 메뉴는 외식사업체 시스템의 기본 모형에서 과정 또는 변형의 위치에서 투입을 산출로 바꾸는 역할을 하며, 외식사업체와 고객을 이어주는 대화 라인의 역할을 한다는 것이다.

결론

본 장에서는 Restaurant이라는 단어의 어원과 기원을 시작으로 메뉴의 어원과 역사도 살펴보았다. 그리고 이 과정을 통해 이곳저곳에서 출처 없이 단편적으로 전달되고 있는 레스토랑 어원과 기원에 대한 내용을 구체적으로 설명해 보았다.

그리고 메뉴가 무엇인가라는 정의를 정리하여 메뉴에 대한 정의가 시대적으로 달라진다는 점을 지적하였다. 즉, 메뉴는 살아서 움직이는 것이기 때문에 그 역할에 따라 그 정의도 달라져야 한다는 점을 강조하였다. 또한 메뉴를 분류하는 기준은 다양한데, 특정 기준만을 가지고 메뉴를 분류하면 원래 메뉴의 역할과 기능을 설명할 수 없다. 그러나 대부분의 자료들은 다양한 변수들을 이용하여 메뉴를 분류하는 기준을 제시하고 있다. 그 결과 메뉴를 분류하는 기준이 모호해질 수밖에 없으며, 식자들마다 각기 다른 분류기준을 제시하고 있다.

이러한 점을 고려하여 본 장에서는 기존 자료를 바탕으로 메뉴를 분류한 내용을 정리한 후 어떻게 메뉴가 분류되어야 하는지에 대한 가이드라인도 제시해 보았다.

마지막으로 레스토랑의 운영에서 메뉴는 레스토랑의 성패에 영향을 미치는 관리와 통제 도구라는 점을 부각시켰다. 이어서 레스토랑의 운영시스템 속에서 메뉴는 어떤 역할을 하는지, 그리고 어떤 위치에 있는지에 대한 설명을 전개하였고, 그 역할과 위치를 쉽게 이해할 수 있도록 일반적으로 인용빈도가 높은 몇 개의 모형을 제시하여 설명하였다.

결국, 본 장에서는 레스토랑과 메뉴의 어원과 역사, 그리고 메뉴의 정의와 분류, 레스토랑의 운영에서 메뉴는 어떤 역할을 하는지, 그리고 어떻게 관리되어야 하는지를 다루었다.

참/고/문/헌

1장

2장의 참고문헌 참조

메뉴계획

Ⅰ. 메뉴계획의 개요

Ⅱ. 메뉴개발 절차

Ⅲ. 메뉴의 기본 구성

Ⅳ. 메뉴아이템 선정 절차와 방법

제 2 장

메뉴계획

I 메뉴계획의 개요

1. 메뉴계획의 의의

메뉴계획(menu planning)[1]과 메뉴개발(menu development)[2]을 같은 뜻으로 사용하고 있다. 그러나 메뉴계획과 메뉴개발은 학술적으로 각각 다르게 정의된다.

먼저, 메뉴계획은 새로 오픈할 레스토랑의 메뉴를 구상하는 것이다. 즉, 레스토랑 전체 Concept에 근거하여 메뉴 Concept에 맞게 메뉴를 새롭게 계획하는 의미로 사용된다. 그리고 메뉴개발은 현재 사용 중인 메뉴를 새롭게 재조정하는 것이다. 즉, 어떤 아이템은 삭제하고, 어떤 아이템은 수정하는 등의 과정을 메뉴개발이라고 한다. 하지만 메뉴계획과 메뉴개발 절차와 과정, 그리고 고려되는 변수는 거의 같은 내용으로 설명되기 때문에 메뉴개발과 메뉴계획을 구분 없이 사용하는 경향이 있다.

메뉴개발은 레스토랑의 성공적인 운영을 위해 관리자가 관리해야 할 가장 중요한 관리대상 중의 하나인 것으로 알려져 있다. 그렇기 때문에 메뉴는 고객의 필요와 욕구를 충족시키고 조직의 목표를 달성할 수 있도록 개발·관리되어져야 한다. 그런데 대부분의 메뉴계획자들은 새로운 메뉴를 개발하기보다는 과거의 메뉴를 수정·보완

1) 앞으로 할 일의 절차, 방법, 규모 따위를 미리 헤아려 작정함. 또는 그 내용
2) 새로운 물건을 만들거나 새로운 생각을 내어놓음. 일을 꾀하여 계획함

하거나, 또는 모방하는 정도에 그친다. 게다가 대부분의 외식사업체에서 이렇게 중요한 메뉴의 개발을 경영자 또는 주방의 책임자에게 맡기고 있기 때문에 실제 메뉴가 관리도구로서, 그리고 마케팅도구로서 그 역할을 수행할 수 없게 된다.

고객의 욕구와 필요, 경쟁, 제비용, 특히 인건비가 레스토랑의 운영에 미치는 영향이 크게 문제가 되지 않았을 때에는 좋은 식재료를 이용하여 새롭고 맛있는 음식만을 만드는 것이 주방부서 책임자의 가장 큰 역할이었다. 그러나 지금은 주방관리자에게 최저의 비용으로 고객에게 최대의 만족을 제공함과 동시에 최대의 이윤을 추구할 수 있는 메뉴를 제공하여야 하는 새로운 역할이 부여되었다. 즉 음식을 잘 만드는 기능인으로서의 자질과 보다 체계적인 관리로 비용을 최소화하고, 고객의 욕구와 필요를 가장 경제적인 방법으로 충족시킬 수 있는 관리적인 능력을 겸비한 관리자로의 역할수행을 강요받고 있다. 즉, 메뉴를 관리와 마케팅도구로 관리할 수 있는 주방부서의 책임자 상을 요구받고 있다.

외식사업체의 운영과 관리에 있어서 고객의 필요와 욕구, 그리고 조직의 목표를 평가한 후에 행해야 하는 다음 단계는 메뉴의 계획이다. 일상적으로 메뉴계획(메뉴개발)이란 어디서(입지), 누구에게(고객), 무엇을(고객에게 제공될 아이템), 어디서 구매하여(식자재의 시장조건), 얼마나 다양하게(아이템의 수와 다양성), 어떻게 조리하여(조리방식), 언제(음식이 제공되는 때), 얼마의 가격에(매가), 얼마나(수요량), 어떻게(서비스 방식) 제공하여야 하는가? 등을 고려하여 고객이 원하는 아이템, 조직의 목표를 달성할 수 있는 가장 이상적인 아이템과 아이템의 수, 그리고 다양성을 결정하는 것이다.

그러나 모든 고객을 만족시킬 수 있고, 또 모든 외식업체의 상황에 구애받지 않고 적용될 수 있는 메뉴를 계획(개발)한다는 것은 거의 불가능한 일이다. 또한 언제, 누가 메뉴를 계획(개발)하여야 하는가는 메뉴가 사용될 외식업체의 유형, 규모, 소유형태, 영업 중 또는 개업 전인지 등에 따라 차이가 있다.

일반적으로 영업 중인 레스토랑의 경우는 메뉴의 교체가 요구되면 메뉴개발에 대한 구체적인 내용이 메뉴관리자들에 의해 논의된다. 반면에, 신규로 오픈하기 위하여 준비 중에 있는 레스토랑의 경우는 대부분 주방장이 소외된 상태에서(주방의 책임자가 참여하는 것이 절대적임) 메뉴가 계획되는 것이 일반적이다. 그 결과 주방시설과 주방의 위치와 규모, 주방도구의 종류와 용량, 저장시설의 규모와 위치, 그리고 공간 배분과 동선[3] 등이 레스토랑의 전체적인 Concept과 하위 Concept 간에 일치하지 않는 등의 문제점을 야기시켜, 비용의 증가와 생산성의 저하를 초래하게 만들어 실패하는 레스토랑으로 전락하게 된다.

메뉴계획은 구체적인 메뉴계획(개발)과정을 거쳐 팀워크에 의해서 실행되어야 한다. 그리고 모방이 아닌 창조가 되어야 한다. 이러한 과정을 통해서만이 차별화될 수 있는 아이템이 선정될 수 있고, 차별화된 아이템만이 가격경쟁에서 우위에 설 수 있게 된다.

2. 메뉴계획(개발) 전문팀의 필요성

누가 메뉴를 계획(개발)하느냐는 메뉴의 종류, 레스토랑의 유형과 규모, 조직, 그리고 소유의 형태와 영업 중 또는 준비 중인 레스토랑인가 등에 따라 각각 다르다고 말할 수 있겠다.

레스토랑의 유형에 따라 상이할 수도 있으나, 영업 중인 외식업소의 경우는 통상 경영자, 주방의 책임자, 업장의 지배인 등이 메뉴개발의 당사자가 된다.

아이템의 선정에 관한 한 주방의 책임자가 그 누구보다도 전문가일 수가 있다. 그리고 주방의 책임자는 주방의 상황, 즉 주방구성원의 수준, 주방시설과 규모, 기물 등을 구체적으로 파악하고 있다. 그래서 대부분의 외식업소에서 1차적인 아이템의 선정을 각 업장의 주방장이 주도하도록 한다.

3) 건축물의 안팎에서, 사람이나 물건이 어떤 목적이나 작업을 위해서 움직이는 자취나 방향을 나타내는 선

하지만 아이템의 선정을 주방의 책임자에게만 맡겨두면 한계가 있어 관리적인 측면과 마케팅적인 측면, 그리고 전체적인 업장의 고려보다는 특정 업장만을 중심으로 본인이 선호하는 아이템을 우선적으로 선정하게 된다. 그리고 본인의 수준으로 생산이 가능한 아이템만을 선정하는 경향이 높아지게 된다는 것이다.

즉, 전체적인 Concept와 일치하지 않은 아이템, 모방한 아이템, 수익성이 없는 아이템, 선호도가 없는 아이템, 독창성이 없는 아이템, 최근의 추세를 반영하지 못하는 아이템 등으로 메뉴가 구성되게 된다. 그렇기 때문에 메뉴를 "마케팅도구" 또는 "관리의 도구"로 정의하여 관리하는 다종, 다수의 레스토랑을 가지고 있는 호텔의 경우와 외식업체의 경우는 메뉴 R&D 팀을 구성하여 메뉴를 관리하는 것이 필요하다.

메뉴가 성공적으로 관리되기 위해서는 메뉴를 관리하는 관계자들이 하나의 목표만을 가지고 있어야 한다는 전제가 있을 때만이 가능하다. 그런데 현실적으로는 이러한 유기적인 체계가 구축되었다고 말할 수는 있으나, 그 기능을 발휘하지 못하고 있는 실정이다.

메뉴의 관리는 사무실에 앉아 있는 관리자에 의해서 이루어지는 것이 아니라 현장에서 이루어지는 것이다. 구매 ➡ 검수 ➡ 저장 ➡ 생산 ➡ 판매 ➡ 평가와 분석 ➡ 평가와 분석된 결과의 피드백이라는 모든 과정에서 발생하는 사무실과 현장의 업무를 유기적인 체계로 구축할 수 있는 매개 역할이 있을 때만이 성공적인 메뉴개발(계획)이 가능하다. 이 매개 역할을 담당할 팀이 바로 메뉴를 관리할 수 있는 팀이 되어야 한다. 이 팀에 의해서 종합적으로 메뉴가 관리될 때만이 성공적으로 메뉴를 관리할 수 있게 된다.

결국 메뉴를 계획, 디자인, 분석, 평가, 그리고 분석과 평가의 결과를 다시 메뉴개발에 반영(feedback)할 전문팀의 구성을 말한다. 그리고 성공적인 메뉴계획과 디자인, 평가와 분석 그리고 개발을 위해서는 이론과 실무를 겸비한 사람들로 팀이 구성되는 것이 절대적이다. 즉, 조리와 식음서비스에 다년간 실무경험이 있는 사람, 디자인에 안목이 있는 사람, 호기심이 많은 사람, 그리고 수치에 밝은 사람들로 구성되는 전문적으로 메뉴만을 담당하는 팀의 구성을 말한다. 그리고 구성원의 수는 외식업소의 규모와 소유의 형태 등에 따라 다르기 때문에 필요에 따라 적절한 인원을 결정하면 된다.

다수의 업장을 가진 호텔의 식음부문, 체인사업을 하는 체인본부, 체인은 아니지만 다수의 업소를 가진 개인사업자 등은 메뉴에 대한 전문팀을 구성하는 것이 바람직하다. 즉, 메뉴 연구 & 개발팀을 의미한다.

최근 들어, 기업의 핵심역량 강화차원에서의 아웃소싱이 점차 확산되어가고 있다. 아웃소싱은 기업의 기능과 부문 중에서 가장 잘 할 수 있는 분야나 핵심역량만 남기고 다른 것은 외부화 함으로써 기업의 힘을 한 곳에 집중하여 경쟁우위를 확보하는 것이다. 일반적으로 아웃소싱의 장점을 보면 다음과 같다.

첫째, 경쟁력 향상효과이다.

기업 내 자원을 핵심역량에 집중하고 비효율적인 부문의 업무나 고비용 부문의 업무는 외부화하는 것이다. 이렇게 함으로써 주력부문의 업무는 더욱더 전문화가 가능하고, 전문화는 품질의 향상으로 연결되어 경쟁회사에 비해 우수한 품질과 가격으로 경쟁우위에 서게 되어 경쟁력을 높여준다는 것이다.

둘째, 위기대처능력 발휘효과이다.

아웃소싱은 기업의 몸집을 날씬하게 유지해준다. 날씬한 조직은 유연성이 있기 때문에 매출이 둔화되고 저-성장기를 맞이하더라도 갑작스런 구조조정 등의 혼란을 경험할 필요가 없다는 점이다.

셋째, 가치창출의 효과이다.

아웃소싱은 전문화된 외부기업에 업무의 일부를 위탁하게 되므로 전문화된 업무의 질을 제공받을 수 있다는 점이다.

넷째, 비용절감 효과이다.

기업이 자체적으로 모든 업무를 해결하려 할 때에는 많은 노력과 비용이 낭비된다. 외부 전문 업체에 아웃소싱함으로써 경비를 절감할 수 있다는 점이다.

같은 맥락에서 외식업체의 경우도 필요에 따라 외부의 전문가를 활용하는 것은 여러 가지 면에서 긍정적이다. 특히, 메뉴 R&D[4]의 과정이 정적이 아니고 동적이라는 점, 음식도 패션과 같이 변화한다는 점, 메뉴 아이템의 수명 주기가 빨라졌다는 점, 새로운 아이디어를 외부로부터 제공받을 수 있다는 점 등을 고려한다면 외부 전문가의 활용은 외식사업체의 유형과 규모 등에 관계없이 비교적 긍정적인 면이 많다고 할 수 있다.

그렇기 때문에 메뉴의 계획과 개발에 있어서 외부의존도는 높아질 것으로 본다. 왜냐하면, 앞서 언급한 내용 이외에도 레스토랑의 운영에서 메뉴는 성공과 실패를 가르는 가장 중요한 마케팅과 관리도구라는 이유 때문이다. 그리고 메뉴에 대한 관리를 내부인적자원에만 의존하기에는 한계가 있기 때문이다.

3. 메뉴계획 모형

메뉴를 계획(개발)하기 전 또는 계획(개발)과정에서 고려되어야 하는 변수들은 무수히 많지만, 크게는 관리적인 관점과 고객의 관점으로 대별할 수 있다. 즉 외적인 요인과 내적인 요인으로 나누어 살펴볼 수 있다.

이 두 가지 관점을 중심으로 발표된 메뉴계획에 관한 모형 중에서 가장 많이 인용되는 모형이라고 평가된 3개의 모형을 중심으로 메뉴계획(개발)과정에서 고려하여야 하는 변수들을 살펴본다.

4) Research & Development

1) Mahmood의 모형

그림 2-1 에서 제시된 모형은 메뉴를 계획(개발)하면서 고려되는 요인들을 관리자의 관점과(조직) 고객(마켓)의 관점에서 다룬 모형이다.

제시된 모형을 기존의 모형과 비교하였을 때 상대적으로 고객의 관점을 더욱 강조한 모형이라고 평가할 수 있다.

그림 2-1 • **메뉴계획 모형**

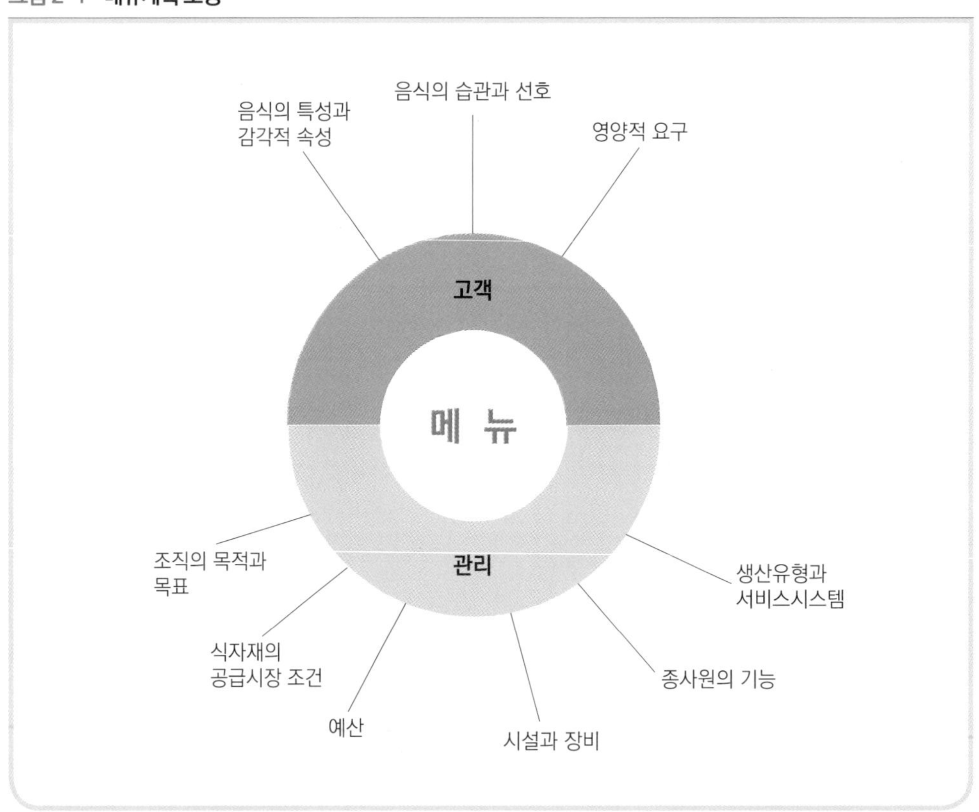

자료 Mahmood A. Khan(1991), *Concepts of Foodservice Operations and Management*, 2nd ed., VNR, p.41; Idem(1993), *VNR's Encyclopedia of Hospitality and Tourism*, VNR, p.89.

(1) 관리자의 관점

첫째, 조직의 목적과 목표(organizational goals and objectives)

일을 이루려 하는 목표가 목적이다. 반면에, 목표는 어떤 일을 완수하거나 어떤 지점까지 도달하기 위한 대상이 된다.

영리를 목적으로 하는 레스토랑의 궁극적인 목표는 가능한 제한적인 모든 자원을 합리적으로 투입하여, 경제적으로 고객을 만족시킴과 동시에 매출과 이윤을 극대화하는데 있다. 그리고 조직(기업)의 생존에 필요한 만족할 만한 이윤(利潤)을 유지하면서 이익의 총액을 장기간에 걸쳐 증대해 나가는데 있다.

둘째, 식재료의 공급시장(market condition)

보다 경제적으로 원하는 아이템을 적시에 원하는 양만큼을 구매 또는 공급받을 수 있는 식재료의 공급시장과 시장위치의 고려는 대단히 중요하다.

식재료의 공급시장의 조건은 원하는 원식재료들을 지속적으로, 경제적인 가격에 구매 또는 공급받는데 결정적인 역할을 하기 때문에 메뉴계획과정에서 고려되어야 하는 중요한 변수 중의 하나이다. 게다가 나날이 수입 식재료의 비중이 커지고 있어, 메뉴계획에서 식재료의 공급시장에 대한 연구는 중요한 이슈가 되었다.

특히, 식재료의 다양성은 요리의 다양성으로 이이지고, 요리의 다양성은 차별화로 이어진다는 점을 고려한다면 누가 더 새로운 식재료를, 원하는 때에, 원하는 양만큼을, 원하는 가격에 공급받을 수 있느냐가 경쟁의 우위를 지킬 수 있는 관건이 될 수도 있다.

셋째, 예산(budget)

레스토랑 비즈니스에서 얼마를 투자(지출)하느냐는 영업을 통하여 어느 정도의 수익을 달성할 것인가와 상대적인 식료 원가율에 달려 있다. 반대로 얼마를 버느냐는 레스토랑의 규모, 겨냥하는 고객의 가처분소득, 원가율, 매가, 마케팅활동 등에 달려 있다.

이와 같은 점을 고려할 때 예산은 메뉴계획과정에서 대단히 중요하게 고려되어야 하는 요소 중의 하나이다.

넷째, 시설과 장비(equipment and facilities)

잘 꾸며진 주방이란 상황에 적합한 규모, 상황에 적합한 동선, 상황에 적합한 시설과 도구가 구비된 주방을 말한다.

많은 관리자들이 주방을 꾸민 다음에 제공할 아이템을 결정하곤 한다. 이런 결정은 공장을 먼저 건설하고 무엇을 생산할까를 결정하는 경우와 같다. 게다가 주방의 시설과 기기, 동선, 서비스 방식, 겨냥하는 고객, 레스토랑의 유형과 주제를 고려하지 않고 메뉴를 계획하는 오류를 범하기도 한다.

결국, 현재의 시설과 종업원의 수준에서 최상의 방법으로 고객을 만족시킬 수 있는 아이템이 선정되어야 한다. 이러한 점을 고려할 때 메뉴계획과정에서 시설과 장비의 고려는 절대적이다.

다섯째, 종사원의 스킬(personnel skills)

조리사라고 메뉴에 있는 모든 아이템을 다 생산할 수 있는 능력을 가진 것은 아니다. 설령 생산할 수 있다고 해도 제대로 만들어 낼 수는 없다. 그렇기 때문에 주방 종사원의 수와 그들의 수준으로 생산할 수 있는 아이템이 선정되어야 한다.

여섯째, 생산 방식과 서비스 시스템(production types and service systems)

무엇을 생산하여 어떻게 제공하느냐 하는 문제는 전적으로 겨냥하는 고객의 컬러에 달려 있다. 그렇기 때문에 이와 같은 중요한 요소는 레스토랑의 Concept 개발단계에서부터 구체적으로 검토되어야 한다. 왜냐하면 생산 방식과 서비스 시스템에 따라 공간의 배분, 요구되는 주방기기와 설비, 생산시설의 레이아웃 등이 완전히 바뀔 수 있기 때문이다. 그리고 선택하는 서비스 방식에 따라서도 서비스지역의 공간배분이 달라질 수 있기 때문에 메뉴계획에서 아주 중요한 고려요소가 된다.

(2) 고객의 관점

첫째, 영양적인 요구(nutritional requirements)

우리들은 건강한 일상생활을 하는데 요구되는 에너지의 양이 있다. 부족해도 과해도 건강한 육체를 유지하는데 도움이 되지 않는다.

유관기관에서는 표 2-1 에서 보는 바와 같이 일반적으로 성별 · 연령대별로 나누어 1일 필요에너지의 양에 대한 가이드라인을 제시하고 있다.[5)]

현대인은 먹는 것에 유달리 까다로워졌다. 다시 말하면, 기본욕구인 생리적인 욕구도 중요하지만 더 높은 수준의 욕구와 필요를 만족시키고자 한다. 특히 고급 외식업체 고객의 경우 이러한 경향은 더욱 두드러지고 있다.

일반적으로 음식의 균형과 다이어트 관련사항, 식재료의 원상태,[6)] 영양 관련 요소 등이 메뉴계획과정에서 대단히 중요시되는 요인이다. 특히, 영양적인 요구사항은 동일한 집단을 대상으로 하는 선택적으로 제한된 메뉴를 제공하는 단체급식[7)]에서는 대단히 중요한 고려사항이다.

불특정 일반 대중을 대상으로 하는 메뉴계획에서는 영양적인 균형에 대한 고려의 정도는 단체급식에 비해 덜한 편이다. 그러나 메뉴계획에서 영양적인 요구사항을 언급할 때 가장 많이 참고하는 자료가 앞서 언급한 1일 필요에너지의 양과 Food Guide Pyramid이다.

---

5) 지방 1g = 9kcal, 탄수화물 1g = 4kcal, 단백질 1g = 4kcal로 계산한다.
6) 냉동, 냉장, 제철 생산된 식재료, 유기농법으로 재배한 식재료, 이국적인 식재료 등을 말한다.
7) 학교, 군대, 병원, 회사의 구내식당, 사회복지시설 등의 급식시설

표 2-1 • **성별·연령대별 1일 필요에너지**

성별	연령(세)	필요에너지(kcal/일)
유아	1~2	1000
	3~5	1400
남자	6~8	1700
	9~11	2100
	15~18	2500
	15~18	2700
	19~29	2600
	30~49	2400
	50~64	2200
	65~74	2000
	75 이상	2000
여자	6~8	1500
	9~11	1800
	15~18	2000
	15~18	2000
	19~29	2100
	30~49	1900
	50~64	1800
	65~74	1600
	75 이상	1600
임신부	1기 : 자신의 나이와 동일하게 섭취	
	2기 : 나이별 권장 칼로리 +340	
	3기 : 나이별 권장 칼로리 +450	
수유부	나이별 권장 칼로리 +320	

자료 보건복지부, 한국영양학회, 2015 한국인 영양소 섭취기준(요약본), p.5.

푸드 가이드 피라미드(Food Guide Pyramid)는 바람직한 식이요법을 실천하는데 용이하게 사용할 수 있도록 식품을 그림 2-2 와 같이 5개 그룹으로 나누었다. 그리고 균형적인 식단을 구성하여 음식으로부터 발생하는 비만과 성인병과 같은 유해요소를 최소화할 수 있도록 만들어진 지침서이다. 즉, 많은 양의 지방(특히, 불포화지방)의 적량 섭취에 초점을 맞추면서, 매일 어떤 식품을 섭취하여야 하며, 필요한 영양분 섭취를 위해서 다양한 식품을 적당량 섭취하여야 건강을 유지할 수 있다는 내용을 담고 있다.

그림 2-2 • The Food Guide Pyramid (A guide to daily food choices)

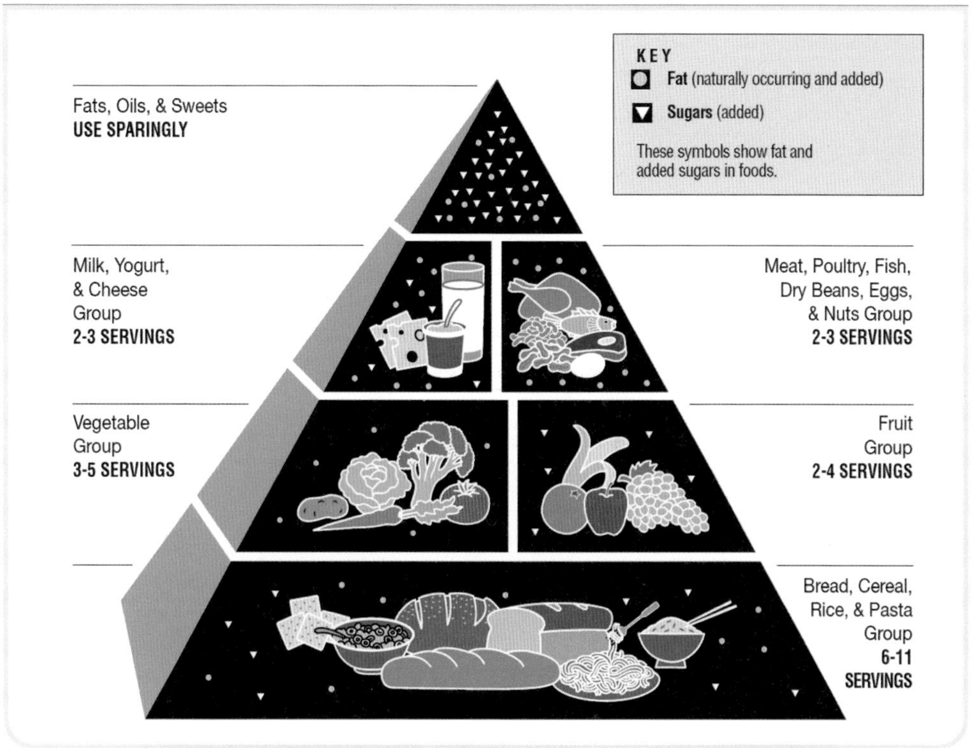

KEY
Fat (naturally occurring and added)
Sugars (added)
These symbols show fat and added sugars in foods.

Fats, Oils, & Sweets
USE SPARINGLY

Milk, Yogurt, & Cheese Group
2-3 SERVINGS

Meat, Poultry, Fish, Dry Beans, Eggs, & Nuts Group
2-3 SERVINGS

Vegetable Group
3-5 SERVINGS

Fruit Group
2-4 SERVINGS

Bread, Cereal, Rice, & Pasta Group
6-11 SERVINGS

자료 http://www.cnpp.usda.gov/sites/default/files/archived_projects/FGPPamphlet.pdf.

예를 들어 식품을 5개 그룹으로 나누어 매일 특정 그룹의 음식을 어느 정도나 섭취하여야 하는가? 등을 그림으로 보여준 것이다. 그리고 피라미드의 하층에 자리 잡고 있는 그룹의 음식을 많이 섭취하여야 하고, 피라미드의 상층에 자리 잡고 있는 그룹에 속한 음식은 상대적으로 적게 섭취하라는 뜻이다. 그렇게 하면, 식품 그룹 간의 균형이 유지되고, 음식섭취에서 연유하는 질병을 최소화 할 수 있으며 건강을 유지할 수 있다는 점을 제시한 가이드라인이다.

이를 구체적으로 살펴보면, 푸드 가이드 피라미드의 가장 하단에는 대부분 곡물이 원료인 빵, 시리얼, 쌀, 그리고 파스타로 구성된 식품 그룹이 자리 잡고 있다.

두 번째 그룹의 식품은 과일과 야채로 구성된 그룹이다.

일상적인 식생활에서 다양한 비타민과 무기질, 그리고 섬유소를 공급하는 이 그룹에 속하는 식품의 섭취가 적기 때문에 많은 양의 섭취를 권고하고 있다.

세 번째 그룹의 푸드는 대부분 동물에서 공급받은 식품들이다.

예를 들어 우유, 요구르트, 치즈, 육류, 가금류, 생선, 말린 콩, 달걀, 그리고 견과류 등이 이 그룹의 식품에 속한다. 이 그룹의 식품들을 통해 단백질, 칼슘, 철, 그리고 아연 등을 공급받는다.

마지막으로, 푸드 가이드 피라미드의 최상단의 경우는 지방, 기름, 당분 등으로 구성되어 있다.

예를 들어 샐러드드레싱, 식용유, 크림, 버터, 마가린, 설탕, 청량음료, 사탕, 그리고 단 후식 등이 이 식품 그룹에 속한다.

즉, 우리가 일상적으로 접하는 표 2-2 의 보기와 같은 5개 식품군별 해당 주요 식품군에 속하는 식품을 균형적으로 섭취하자는 의미이다.

표 2-2 • **5개 식품군별 해당 주요 식품**

구분	주요 식품
곡류	곡류(백미 · 보리 · 현미 · 조 · 옥수수 · 팥 등), 면류(국수 · 당면 · 라면사리 등), 떡류, 빵류, 시리얼류, 감자류(감자 · 고구마 등), 기타(묵 · 밤 등), 과자류
채소류	채소류(파 · 양파 · 당근 · 콩나물 · 토마토 · 미나리 · 배추김치 · 마늘 · 생강 등), 해조류(미역 · 다시마 · 김 등), 버섯류(느타리버섯 · 표고버섯 등)
고기류	육류(쇠고기 · 돼지고기 · 오리고기 · 햄 · 소시지 등), 어패류(생선 · 굴 · 어묵 · 어류젓 등), 난류(달걀 · 메추리알 등), 콩류, 견과류
과일류	과일류(수박 · 참외 · 사과 · 오렌지 · 키위 등), 주스류
유제품류	우유, 유제품(치즈 · 요구르트 · 아이스크림 등)

자료 균형식단이 슈퍼푸드다, 헬스조선, 2016.06.20. http://health.chosun.com/site/data/html_dir/2016/06/20/2016062000985.html

그러나 이와 같은 훌륭한 가이드라인이 있었음에도 불구하고, 우리나라뿐만 아니라 미국의 경우도 비만 인구는 지속적으로 증가하고, 음식과 관련된 질병이 높아지고 있어, 음식과 관련된 새로운 가이드라인의 필요성이 대두되었다.

예를 들어 미국의 경우 80% 가량이 푸드 가이드 피라미드에 대해 인지하고 있음에도 불구하고, 20~75세까지의 성인 중 65%가 비만 인구로 집계되었다고 한다. 그리고 그 원인 중의 하나를 기존의 푸드 가이드 피라미드의 내용에서 찾기도 한다.

가령, 기존의 푸드 가이드 피라미드의 경우는 일률적으로 하루 영양소 섭취 권장량 (우유 2-3 서빙, 육류 2-3 서빙, 채소 3-5 서빙, 빵과 곡물, 파스타 등 6-11 서빙, 그리고 지방은 최소화)은 개인별 신체조건과 생활습관을 고려하지 않았다는 지적이다. 그리고 이와 같은 지적에 따라 기존 푸드 가이드 피라미드의 내용을 수정한 그림2-3과 같은 새로운 가이드라인이 제시되었다.[8)]

그림 2-3 • MyPyramid

자료 www.MyPyramid.gov

그림2-3의 새로운 푸드 가이드는 기존의 5단계로 나누어져 있던 푸드 가이드 피라미드 분류기준을 수직으로 바꿔, 5개의 각기 다른 색깔의 막대기로 식품 그룹을 쉽게 구별할 수 있도록 시각화하였다.[9)] 그리고 푸드 가이드 피라미드의 왼편에 사람이 계

8) 2005년 4월 19일 미국농무부 영양정책 및 진흥센터에서 발표한 MyPyramid는 이전 미국 식품안내서 피라미드를 업데이트한 것이다. USDA의 MyPlate가 MyPyramid를 대체한 2011년 6월 2일까지 사용되었다고 기록되어 있다.

9) 5가지 각기 다른 색깔로 구분되어 있다. Food가 6개 Group으로 된 것은 육류와 콩류를 별도로 고려하였기 때문이다.

단을 걸어 올라가는 이미지와 "Steps to Healthier You"라는 슬로건을 추가해 육체적인 운동이 건강한 삶으로 가는 길임을 강조하고 있다.

기존의 5단계의 푸드 가이드 피라미드는 매끼 식사마다 권장하는 식품으로 많이 섭취해야할 식품 그룹에서부터 시작하여 상대적으로 적게 섭취해야할 식품 그룹으로 그래프를 구성했다. 하지만 새로운 푸드 가이드 피라미드는 수직분류법에 따라 모든 음식을 골고루 섭취하되, 과일과 채소류를 곡류 다음으로 많이 섭취하도록 권장하고 있으며, 지방과 당류의 섭취를 제한할 것을 강조하고 있다.

또한 곡류는 도정하지 않은 홀 그레인을 절반 이상 섭취하고, 채소는 다양한 종류를 먹고, 과일은 많이 먹고, 유제품은 칼슘이 많이 함유된 종류를 고르고, 육류나 콩류는 저지방, 혹은 기름기 없는 것을 선택해 단백질 공급원으로 권장하고 있다. 그리고 모든 가공식품은 영양분석표를 반드시 확인해 포화지방산과 나트륨 섭취를 줄이도록 강요하고 있다.

이어서 2011년 6월 USDA는 MyPyramid를 업데이트한 그림 그림2-4와 같은 새로운 아이콘(icon)의 MyPlate를 선보였다.

그림 2-4 • MyPlate icon

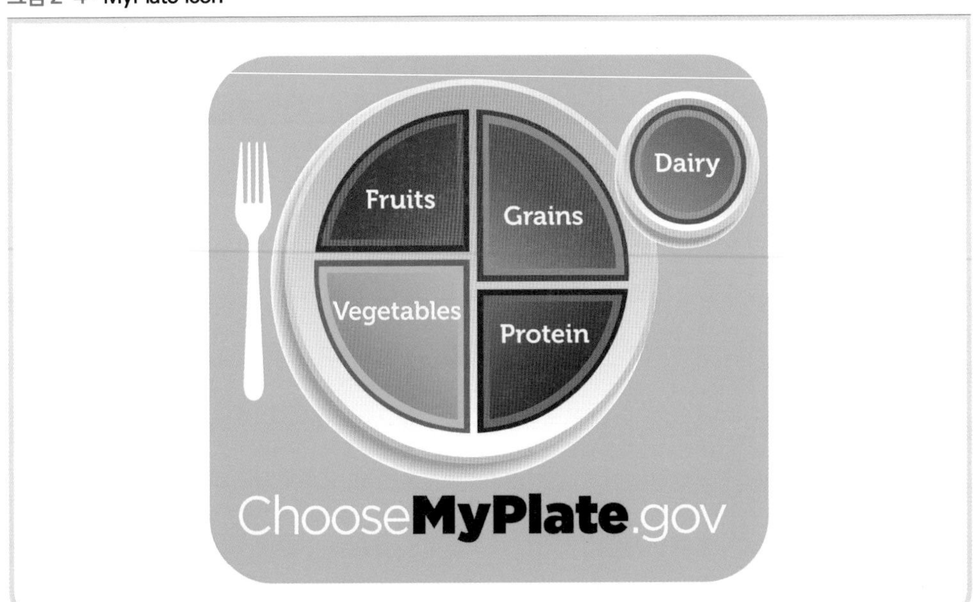

MyPyramid 및 MyPlate에는 동일한 다섯 가지 식품 그룹, 식품 분류 및 권장량이 제시되어 있다. MyPlate 주요 권장사항은 MyPyramid 권장사항의 단순화된 실제 버전으로 설명하고 있다.

결국, 푸드 가이드 피라미드, 또는 푸드 가이드 피라미드의 개정판(MyPyramid) 그리고 마이플레이트(MyPlate) 등은 우리들이 일상적인 식생활에서 놓치기 쉬운 균형적인 영양을 섭취하기 위한 것으로 식생활과 관련해 지켜야할 내용들을 정리한 것이다.

예를 들면 ① 에너지, 단백질, 비타민, 무기질[10] 그리고 섬유질을 공급받기 위한 다양한 푸드의 섭취와 규칙적인 운동, ② 고혈압, 심장질환, 뇌졸중, 각종 암, 가장 흔한 당뇨병을 줄이기 위한 균형적인 푸드의 섭취와 운동, ③ 비타민, 무기질, 섬유질, 그리고 복합 탄수화물 등을 공급하고, 지방 섭취를 낮추게 하는 과일, 채소, 그리고 곡물의 섭취를 늘림, ④ 심장 발작, 특정 암, 적정한 체중의 유지를 돕는 저지방, 저-포화지방, 저-콜로스테롤 푸드의 섭취, ⑤ 치아의 보호와 영양균형을 위한 적당량의 당분 섭취, ⑥ 고혈압을 줄이기 위해 적당량의 소금과 나트륨의 섭취, ⑦ 적당량의 알코올음료 섭취 등이다.

둘째, 음식에 대한 습관과 선호(food habits and preferences)[11]

그림 2-5 는 특정 음식에 대한 습관(habits), 선호(preferences) 그리고 수용(acceptance)에 영향을 미치는 요소들을 정리한 것이다.

---

10) 생체 유지에 없어서는 안 되는 영양소. 뼈 · 조직 · 체액 따위에 포함되어 있는 칼슘 · 인 · 물 · 철 · 요오드 따위의 총칭

11) 습관: 어떤 행위를 오랫동안 되풀이하는 과정에서 저절로 익혀진 행동 방식. 학습된 행위가 되풀이되어 생기는, 비교적 고정된 반응 양식. 선호: 여럿 가운데서 특별히 가려서 좋아함.

그림 2-5 • 음식에 대한 습관, 선호 그리고 수용에 영향을 미치는 요인

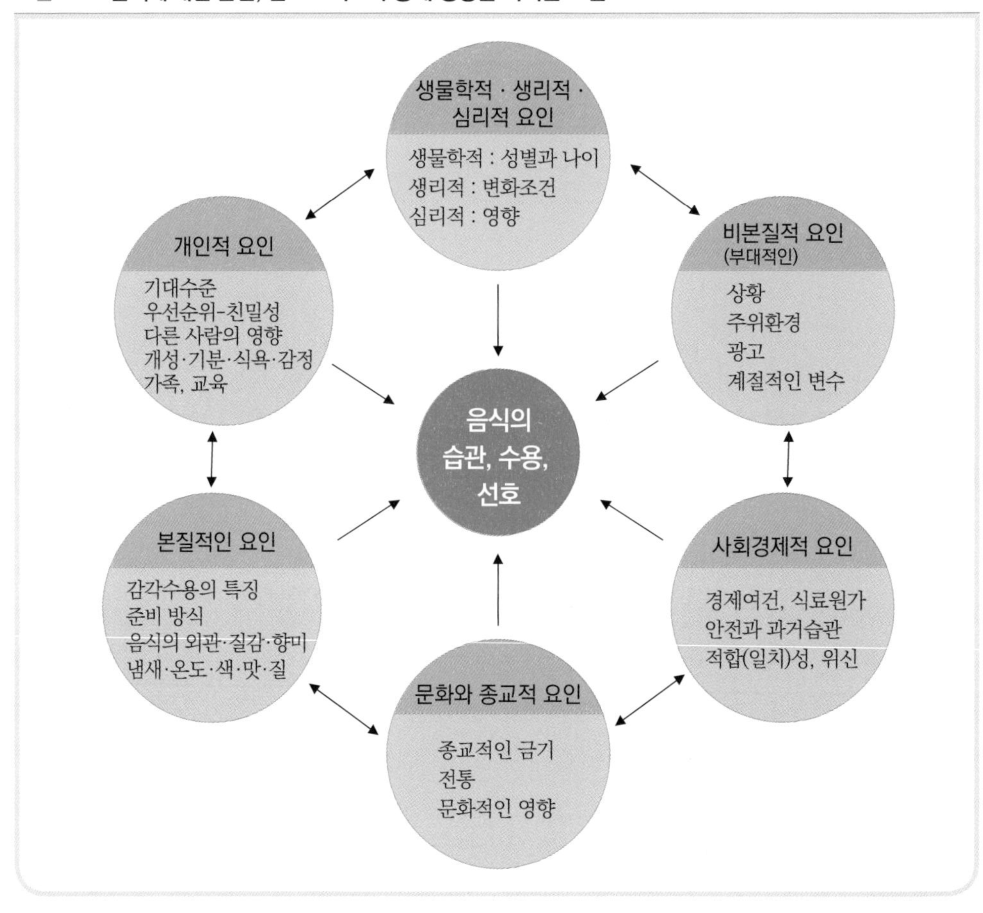

자료 Mahmood A. Khan(1991), *Concept of Foodservice Operations and Management*, 2nd ed., VNR, p.56 ; Idem(1993), *VNR's Encyclopedia of Hospitality and Tourism*, p.91.

음식을 취하거나 먹는 과정에서 저절로 익혀진 행동 방식을 식습관이라고 한다. 그렇기 때문에 지역적 또는 문화적인 습관이 음식의 선호에 영향을 많이 미쳤다. 그러나 교통수단의 발달, 식품가공기술의 발달, IT 산업의 발달, 유통망의 확장, 세계화로 인한 무역과 여행의 자유화 등과 같은 변수의 등장으로 지역적 · 문화적인 요인 등은 특정 음식에 대한 선호에 영향을 미치는 정도가 약해지고 있다.

반면에, 음식의 선호는 특정 음식을 어느 정도나 좋아하는가를 말하는 것이며, 음식에 대한 개인이 가지고 있는 음식습관과 상관성이 높다. 역사적으로 인간들은 어떤 형태의 음식에 대하여 비슷하거나 예상할 수 있는 식생활 패턴을 유지하여 왔다. 이러한 식사패턴은 크게 생리학적인 것과 유전학적인 것에 그 기초를 둔다고 한다.

서로 다른 집단과 개인이 이와 같이 식에 대한 욕구를 만족시키기 위하여 주어진 환경(지리적인 환경과 기후)으로부터 선택한 특정 음식은, 집단에 따라 심지어 집단 내의 개인에 따라 다를 수 있다. 이러한 과정을 거쳐 사람들은 시간을 두고 터득한 것으로 독이 없고 건강과 활동에 최적의 것으로 입증된 익숙한 음식을 인정하여 왔다. 따라서 사람들의 일련의 태도는 잠재적으로 집단의 환경 속에서 유용한 음식과 관련하여 발전했다.

이와 같이 누구나 받아들이는 표준적인 음식체계는 그 집단의 음식습관으로 자리 잡게 된다. 그리고 집단구성원들에게 이상적인 음식을 선택하도록 도와줌으로써 만들어진 공유된 음식습관은 궁극적으로 집단의 동질성과 정체성을 표현하고, 또 집단의 경계선을 유지시켜 주는 작용원리가 된다.

특정 음식에 대한 습관과 선호에 영향을 미치는 요인은 무수히 많다. 그러나 이러한 요인들은 독립적으로 영향을 미치지 않고 여러 가지 요인들이 상호작용하여 특정 음식에 대한 선호, 습관 그리고 수용에 영향을 미친다고 한다. 즉, 감각적(sensory), 사회적(social), 심리적(psychological), 종교적(religious), 감정적(emotional), 문화적(cultural), 개인의 건강(health) 그리고 경제(economic)상황 등에 바탕을 둔다고 한다.

① **본질적인 요인**(intrinsic factors)

음식과 직접적인 관계가 있는 본질적(내적)인 요인으로는 조리방식, 음식의 외관, 냄새, 질감(texture), 온도, 향, 색, 그리고 질 등이 있다.

② **비본질적인 요인**(extrinsic factors)

음식의 선호에 영향을 미치는 비본질적(외적)인 요인은 다음과 같다.

★ 환경

환경은 원식재료를 둘러싸고 있는 거시적인 환경과 원식재료를 이용하여 음식을 생산하여 고객에게 제공하는 미시적 측면의 장소를 중심으로 하는 주변 환경적인 측면으로 나누어 살펴본다.

먼저, 원식재료의 조달과 관련 있는 거시적인 환경측면에서는 지리적 조건과 기후

조건을 들 수 있다. 왜냐하면 식재료를 조달할 수 없으면 음식을 만들 수 없기 때문이다. 그 결과 대부분의 사람들은 그 지역에서 생산되는 식재료를 메뉴에 많이 이용한다. 그러나 식품을 둘러싸고 있는 기술적인 환경과 유통환경, 그리고 정치와 경제적 환경 등은 식품을 둘러싸고 있는 시간과 장소적, 그리고 계절적인 제약에서 차츰 벗어나게 하고 있다.

다음으로, 생산된 음식이 제공되는 장소를 기준으로 하는 미시적인 환경측면에서는 주변 환경이 절대적으로 영향을 미친다. 예를 들어 가족들이 모이는 가정에서 어머니가 직접 하신 요리, 특별한 때를 맞아 고급 레스토랑에서의 외식, 시간이 없어 간단하게 패스트푸드 레스토랑에서 해결하는 핑거 푸드(finger food), 병원 카페테리아에서 생리적인 욕구충족을 위해 취하는 식사, 사교모임이 있는 클럽 등에서 즐기는 한 끼의 식사 등은 각각 다른 의미를 가지게 된다.

★ 광고

광고를 통해 음식에 대해 갖는 사람들의 태도가 달라진다는 것은 이미 잘 알려진 사실이다. 그래서 많은 외식업체들이 고객을 유인하기 위해 이 방법을 사용한다. 그렇기 때문에 광고에 의해 사람들은 새로운 음식에 유인된다. 최근 들어 POP(point of purchase)를 중요시하는 것은 다 이와 같은 연유에서이다.

★ 상황적인 기대

우리들이 기대하는 음식의 질은 이 음식이 소비되는 상황과 함수관계[12]에 있다. 그렇기 때문에 특정 음식은 이 음식과 관계되는 사교적(사회적) · 종교적 행사와 함께 어우러질 때 맛있을 것이라고 기대하게 된다.

예를 들어 "사장님으로부터 초대받은 레스토랑이기 때문에 음식은 맛이 있고, 또는 다른 곳에서 경험한 음식과는 다를 것이다"라는 기대를 가지게 되는 것이 상황적인 기대의 일례이다.

---

12) 두 변수(變數) x · y 사이에 x의 값이 정해질 때 y의 값이 따라서 정해지는 관계에서, x에 대하여 y를 이르는 말《$y = f(x)$로 표시함》

★ 시간과 계절의 변화

음식의 선택은 음식을 제공받은 시간(아침, 점심, 저녁 등)과 계절, 요일, 외부의 온도, 날씨 등에도 영향을 받는다.

(3) 생물학적 · 생리적 그리고 심리적인 요인

생물학적 · 생리적 그리고 심리적인 요인에 의해서도 음식에 대한 이해, 지각 그리고 식욕에 대한 변화를 일으켜 선호하는 음식이 달라질 수 있다.

★ 생물학적

성별과 연령, 유전, 특별한 생리적 조건, 체질 등을 말하는 것으로 특정 음식에 대한 이해, 지각 그리고 식욕 등에도 영향을 미친다.

생물학적으로 가장 중요한 것은 섭취된 음식을 효과적으로 소화 흡수하는 것과 신진대사에 필요한 적당한 영양의 공급이다.

유전 역시 음식을 선택하는데 영향을 준다. 예를 들어 어떤 음식에 대한 거부반응은 종종 유전적인 연유에서이다. 또한 성별과 나이 등에 따라서도 음식 선택에 영향을 받는다.

예를 들어 젊은 세대들은 패스트푸드를 좋아하고, 국적 불명의 음식을 좋아하며, 새로운 음식에 대한 호기심이 많아진다. 그러나 나이가 들수록 음식에 관한 한 보수적이 되며, 새로운 음식보다는 익숙한 음식, 향수를 담고 있는 음식을 선호하게 된다.

★ 생리적

신체의 조직과 기능에 대한 변화, 이치나 사리가 아니라 본능적 · 육체적인 변화에 따라 음식에 대한 이해, 지각 그리고 선호가 달라진다.

예를 들어 컨디션이 좋지 않아 식욕이 없다든지, 시차를 이기지 못해 식욕을 회복하지 못한다든지, 추운 겨울날 찬 음식을 선호하지 않는다든지, 반대로 더운 여름에는 찬 음식을 선호한다든지 하는 것이 생리적인 요인의 일례이다.

★ 심리적

인간(생물체) 의식의 작용 및 현상에 관한 정신생활의 특질 변화에 따라 음식의 선호와 지각 등에 영향을 받는다.

예를 들어, 위생, 건강, 체면, 인간과 음식 간의 위계, 유행, 종교 등과 같은 요인들이 음식의 선호에 미치는 심리적 요인의 일례이다.

(4) 개인적인 요인

음식 선택에 영향을 미치는 개개의 또는 사적인 특성 중 일반적으로 많이 언급되는 변수들은 다음과 같다.

★ 기대수준

특정 레스토랑의 음식이 맛이 없을 것이라고 기대했었는데 먹어보니 기대 이상인 경우에 그 음식을 더욱더 선호하게 된다는 것이다. 반대로, 비록 훌륭한 음식이지만 기대수준이 높아 기대했던 음식보다 질이 낮다면 그 음식을 선호하지 않는다는 것이다.

이러한 현상은 어떤 결과에 대해 기대수준이 낮은 사람은 보다 쉽게 만족한다는 사회심리학적인 이론, 즉 기대치 위반이론 또는 기대치 위반효과에서도 증명되었다.

★ 우선사항

우선사항은 기대수준에 간접적으로 관련이 있다고 한다.

예를 들어 비즈니스로 만나 식사를 하고 있는 두 사람의 목적은 비즈니스 자체에 있지, 식사에 있지 않기 때문에 음식 자체는 크게 영향을 받지 않는다는 것이다. 병원에서 제공하는 식사나 기내식 등도 같은 맥락에서 고려된다.

★ 친밀성

안전에 대한 욕구로 표현되는 특정 음식에 대한 친밀성은 음식의 선호에 영향을 미친다.

사람들은 본인이 경험한 음식만을 선호하는 경향이 있고, 제공되는 아이템의 선정에 있어서도 본인에게 익숙한 아이템만을 선택한다고 한다.

★ 다른 사람의 영향

가족의 구성원, 친구, 친척, 상사 등이 음식의 선호에 영향을 미친다.

이러한 현상은 본인이 제공된 음식에 대한 확고한 지식이 없을 때 더욱 두드러진다. 특히 동석한 사람 중에서 음식에 대한 전문성을 가지고 있는 사람 또는 상사의 영향을 많이 받는다고 한다. 즉, 음식에 대한 전문성을 가지고 있는 사람과 상사나 연장자의 권유를 많이 받아들인다고 한다.

★ 식욕, 기분 그리고 감정

「시장이 반찬이다, 또는 특정 레스토랑의 음식의 맛은 그 레스토랑 구성원의 환대 태도에 따라 좌우한다, 또는 고객의 기분에 따라 음식 맛은 변화한다」고 흔히들 말한다.

즉, 「음식의 맛은 고객의 식욕과 기분 그리고 감정에 따라 좌우된다」는 말이다. 그래서 고객을 읽을 수 있으면 성공하는 레스토랑이 될 수 있다는 신조어가 탄생되었으며, 유형의 서비스보다 무형의 서비스가 현대적 의미의 레스토랑 경영에서 더욱 중요시되고 있다.

★ 가족구성원

가족의 사회경제적인 위치, 문화적인 배경, 종교적인 배경 등은 음식의 선정에 지대한 영향을 미친다.

★ 교육수준

개인의 교육수준과 전공, 또는 그가 받은 교육의 내용이 개인의 음식선호와 음식선택 패턴에 크게 영향을 미친다.

(5) 사회경제적인 요인

사회경제적인 요인은 음식의 패턴을 형성하거나, 한시적 또는 영구적인 경제적 한계에 대응하기 위해서 음식의 패턴을 바꿀 때 작용하게 된다. 또한 음식에 대한 안전의 욕구, 즉 습관적으로 즐겼던 음식을 고수하고, 변화에 대한 저항이 강화되기도 한다.

이 밖에도 음식의 선호는 그룹의 수용, 유사성, 그리고 위신(위엄과 신망)을 나타내는 수단이라고 말할 수 있다.

(6) 문화와 종교적인 요인

인간이 먹어온 음식에는 그것을 먹는 사람들의 과거와 연결된 역사가 담겨있다. 음식을 발견하고, 처리하고, 준비하고, 차려내고, 소비하는 데에 적용된 기술들은 음식 자체의 역사와 더불어 문화에 따라 서로 다르다.

사람들은 그저 단순히 음식을 먹기만 하는 것이 아니다. 음식을 소비하는 데에는 언제나 의미가 뒤따랐다고 한다. 그리고 이 의미들은 상징적인 것이며, 또 상징적으로 소통되었다. 또한 그 의미들 역시 나름의 역사를 지니고 있다.

그런 식으로 우리 인간들은 이 단순한 동물적 행위를 그토록 복잡한 것으로 만들게 되었던 것이다. 그 결과 각자가 받은 교육의 정도, 간접체험과 직접체험, 영양에 대한 이해의 정도, 건강에 대한 이해, 수입정도, 사회적인 지위, 전통, 신앙, 가치관,[13] 이데올로기 등 거의 모든 것을 음식의 선택 속성에 포함시킨다.

그리고 식용불가 음식, 동물들은 먹지만 나는 먹지 않는 음식, 사람들은 먹지만 우리들은 먹지 않는 음식, 사람들은 먹지만 나는 먹지 않는 음식, 내가 먹는 음식 등으로 분류하기도 한다.

사실, 생리학적 그리고 환경적으로 유용한 하나의 음식이 소비되는 것은 이 음식에 대한 문화적인 태도에서 기인한다. 그리고 음식에 대한 문화적 태도는 한 사회의 전통, 믿음, 가치 등으로부터 나오고, 이것은 개인의 음식태도에 강한 영향을 준다.

또한 음식습관의 많은 부분들이 종교와, 그리고 신념 및 사회성과 놀라울 만큼 얽혀 있다. 사순절 기간의 금요일에 육식을 먹지 말 것을 요구하는 로마 가톨릭, 쇠고기를 금기식으로 하는 힌두교, 돼지고기 섭취를 금기로 하는 이슬람교(무슬림; Muslim)와 유대교(Jews) 등이 음식선호에 영향을 미치는 종교관의 일례이다.[14]

---

13) 인간이 삶이나 세계에 대하여 옳고 그름, 좋고 나쁨 등의 가치를 매기는 관점이나 기준

14) 무슬림들은 음식을 섭취가 허용된 할랄 푸드(Halal Food)와 허용되지 않은 하람(Haram)으로 양분하고 할랄 푸드 인증을 받은 식품만을 섭취하도록 한다. 그리고 유대교인들은 코셔(kosher) 인증을 받은 식품만을 섭취하도록 권장한다.

특히 음식은 육체적 생존을 위해서 필연적이기 때문에 종교적 영향을 많이 받게 되었다는 것은 너무나 당연하다. 그리고 이러한 필연성은 음식습관을 한 종교적 집단과 다른 종교적 집단으로부터 구분되는 수단으로 삼은 것도 사실이다.

이와 같이 음식의 선호에 영향을 미치는 요인들은 무수히 많다. 이렇게 많은 요인들이 서로 복합되어 특정 음식에 대한 선호에 결정적으로 영향을 미치게 된다. 이러한 요인들은 레스토랑의 유형에 관계없이 메뉴계획자가 메뉴계획에 참고하여야 하는 요인들이다. 그 중 구체적인 요인들도 있고, 포괄적인 요인들도 있어 모든 요인들이 모든 유형의 외식업체에 고려되는 사항은 아니다.

(7) 음식의 특성(음식 자체)

메뉴계획에서 가장 중요시해야 할 것이 음식 자체가 아닌가 생각한다. 감각적 속성(sensory properties)과 같은 음식의 특성이 음식의 선호에 절대적인 영향을 미친다. 음식 자체의 중요한 특성을 정리하면 다음과 같다.

★ 색깔

5감[시(時), 청(聽), 후(嗅), 미(味), 촉(觸)]에서 음식의 선호에 우선적으로 영향을 미치는 감각은 시각이다. 그리고 음식만이 가지고 있는 미각이다. 자연적인 색깔을 이용한 조화가 메뉴계획에서 요구되고 있다.

컬러는 역시 고객이 음식을 선택하는데 심리적으로 영향을 미친다. 색과 식욕은 서로 직접적인 관련이 있다. 밝고 따뜻한 색인 빨강, 주황, 노랑은 소화기관을 포함하여 인간의 자율신경계를 자극하는 반면, 부드럽고 차가운 색은 자율신경계를 이완시킨다.

색의 스펙트럼(spectrum) 상에서 식욕을 가장 잘 돋우는 색은 주황색과 오렌지색 부분이며 이 색상은 보는 이로 하여금 유쾌한 기분이 들게 한다. 그러나 연두색 쪽으로 가면서 식욕이 점점 떨어지는 기분을 느낄 수 있다. 그리고 차가운 녹색이나 청록색이 되면 다시 식욕을 찾고, 그 다음의 파란색에 이르면 식욕은 다시 떨어진다. 산호색, 복숭아색, 연노랑, 연초록과 더불어 주홍색, 홍학색, 호박색, 밝은 노랑 같은 색상은 식욕을 돋운다.

식욕을 돋우지 못하는 색으로는 자홍색, 자주, 남보라, 연두색, 녹황색, 회색, 올리브색 계열, 겨자 색조와 회색조를 들 수 있다.

★ 조직(texture : mouth feel)과 모양

음식의 조직(감이라고도 한다)이란 음식을 입으로 씹었을 때 느끼는 질감을 말한다. 음식물에 사용되는 주요한 형용사는 주로 연한 또는 부드러운(soft), 딱딱한 또는 질긴(hard), 바삭바삭한(crispy), 오도독한(crunchy), 씹히는(chewy), 입에 당기는(smooth), 부서지기 쉬운(brittle), 그리고 거친(grainy) 등이다.

예를 들어 수프는 바삭바삭한 크래커와 조화를 이루고 질감이 연한 감자는 씹히는 스테이크와 조화를 이룬다.

음식과 그 음식에 곁들이는 장식의 모양도 시각적으로 고객의 시선을 집중할 수 있어 음식의 선호에 영향을 미친다. 특히 컬러와 모양은 시각적인 어필뿐만 아니라 메뉴를 다양화시키는데 이용할 수 있어 메뉴계획과정에서 중요시하여야 하는 요인들이다.

★ 농도(consistency)

농도는 음식의 점착성(끈적끈적함)의 정도를 말하는 것으로 음식의 조직과 마찬가지로 메뉴 아이템의 다양성을 제공한다.

음식의 농도를 표현할 때 액체모양의(runny), 젤라틴 질의(gelatinous), 반죽 같은(pasty), 묽은(thin), 진한(thick), 끈적거리는 또는 찐득찐득한(sticky), 그리고 끈적끈적한(gummy) 등과 같은 형용사가 많이 사용된다. 이러한 형용사들은 주로 소스와 그레이비(sauces and gravies)에 많이 사용된다. 질긴 질감의 육류에 진한 농도의 소스가 제공되는 것은 질감과 농도의 조화에서 기인한 것이다.

★ 맛(flavor)

보통 사람들은 단맛, 쓴맛, 신맛, 짠맛, 매운맛, 감칠맛(음식이 입에 당기는 맛) 등을 구별할 수 있다고 한다. 식재료와 향신료 등을 이용하여 맛들 간의 조화를 만들어 내어 원하는 맛을 내는 것이 숙련된 조리사들의 역할이다.

★ 음식의 조리방식

음식을 조리하는 방법은 다양하다. 얼마나 다양한 조리방식을 이용하느냐는 메뉴의 계획과 조리사의 능력, 사용하는 식재료, 그리고 주방시설과 기기에 달려 있다. 그러나 대부분의 호텔 레스토랑은 거의 모든 조리방식을 효율적으로 수행할 수 있는 시설과 기기가 준비되어 있으나, 메뉴계획 시 조리방법을 고려하지 않은 오류 때문에 몇 가지 조리방식만이 이용되고 있다.

메뉴계획에서 조리방식에 대한 언급이 있을 때에는 코스와 코스 간의 조화만을 언급한다. 즉 첫 번째 코스의 음식이 찜 음식이었다면 두 번째 코스의 음식은 찜이 되어서는 안 되고 다른 조리방식을 이용한 음식이어야 한다는 지극히 상식적인 원칙만을 강조한다.

그러나 다양한 조리방식을 통하여 단조로운 메뉴를 다양한 메뉴로 바꿀 수도 있다. 또한 일정 기간 동안 고정된 아이템의 가격을 변화시킬 수도 있다. 그리고 저장고의 상황에 따라 항상 다른 메뉴를 제공할 수도 있다는 점이 강조되어야 한다.

★ 서빙 온도

찬 음식과 더운 음식 간의 조화를 말하는 것으로 그렇게 어려운 것은 아니다. 서빙 온도는 계절에 따라, 또는 식사가 제공되는 때에 따라 영향을 받기도 하는데 상식적인 선에서 관리하면 문제가 없다.

★ 그릇에 담기

주방에서 준비한 음식을 고객에게 제공할 수 있도록 그릇에 담거나 진열(display)하는 것을 말한다. 또는 담긴 음식을, 또는 준비한 음식을 고객에게 제공하는 방법까지를 포함하여 말할 수도 있다.

음식이 담긴 상태, 진열된 상태, 또는 제공되는 방법에 따라 특정 음식에 대한 고객의 만족 정도는 커다란 차이가 있다고 한다. 아무리 값지고 맛있는 음식이라도 시각적으로 고객을 감동시키지 못하면 그 음식은 맛이 없게 된다. 그래서 음식의 외양과 쇼맨십(showmanship)에 많은 중요도를 부여하고 있는 것이 요즘 고급 레스토랑의 추세이다.

2) Ninemeier의 모형

Ninemeier는 메뉴계획에서 고객측면, 관리적인 측면, 그리고 메뉴(음식) 자체를 고려하였다.

그림 2-6 • Ninemeier의 메뉴계획 모형

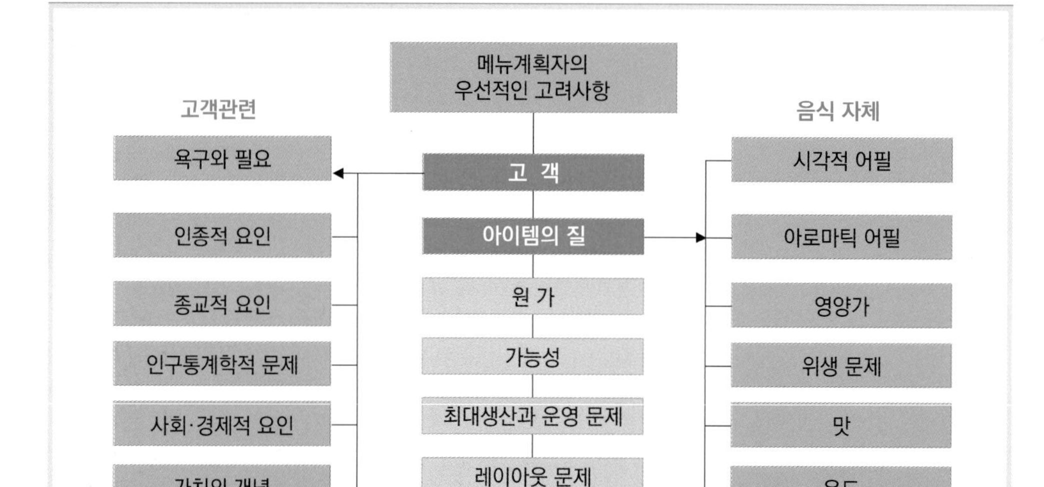

자료 Jack D. Ninemeier(1984), *Principles of Food and Beverage Operations*, AH & MA, p.115., Idem(1986), F & B Control, AH & MA, p.91., Anthony M. Rey and Ferdinand Wieland(1985), *Managing Service in Food and Beverage Operations*, AH & MA, p.44.

이 모형에서는 고객 관련 8개의 변수, 제공될 메뉴 관련 8개의 변수, 그리고 관리적인 측면에서 5개의 변수(원가, 가능성, 최대생산과 운영 문제, 레이아웃 문제, 기기 문제) 등을 메뉴계획과정에서 메뉴계획자가 고려하여야 하는 주요 사항으로 발전시킨 모형이다.

상기와 같은 모든 요인들을 메뉴계획 시 고려한다는 것은 거의 불가능한 일이다. 특히 음식에 대한 개인적인 습관과 선호의 형성까지를 메뉴계획에 고려한다는 것은 추상적인 이론에 불과할 수도 있다.

그래서 메뉴계획 시 고려되는 사항을 과거와 현재의 데이터, 트렌드, 고객(마켓), 조직의 목적과 목표, 예산, 현재의 생산과 서비스시설, 종사원의 수와 숙련도, 공급시장, 재고현황, 생산가능성, 계절성, 다양성(variety), 균형(balance), 원가, 경쟁사, 관리, 이윤 등과 같은 내적인 관점에서 고려하는 사항들과 겨냥하는 고객을 중심으로 하는 매가, 조리방식, 음식의 패턴, 아이템 자체의 특성, 가치 등을 기본적으로 고려하여 메뉴를 계획한다.

즉, 메뉴를 계획함에 있어서 우선적으로 이 아이템이 고객이 원하는 아이템인가, 이 아이템이 수익성이 있는 아이템인가에 대해 질문해 보아야 한다. 그리고 이 아이템을 지속적으로 생산할 수 있는 인적자원과 시설이 갖추어져 있는가에 대한 질문이 이어져야 한다. 그런 다음, 보다 구체적인 고려사항들을 정리해야 한다.

바꾸어 말하면, 겨냥하는 고객을 중심으로 그들이 원하는 아이템, 그들을 만족시킬 수 있는 아이템, 생산이 가능한 아이템, 그리고 수익성이 있는 아이템을 선정하는 것을 메뉴계획이라고 칭할 수 있다. 그리고 이러한 조건들을 만족시킬 수 있는 아이템을 선정하는 과정에서 고려되는 여러 가지의 요인들에 관한 검토를 메뉴계획과정에서 고려해야 하는 변수들이라고 말할 수 있다.

최근에는 메뉴계획에 고려되는 요인들을 시스템화하여 관리하여야 한다는 주장이 우세하다. 즉, 현재의 시설에서 메뉴상에 있는 아이템을 효율적으로 생산할 수 있는가를 평가하는 시설 시스템(physical plant system), 구매 시스템(purchasing system), 마케팅 시스템(marketing system), 종업원과 주방을 종합적으로 평가하는 생산 시스템(production system), 생산된 아이템이 경제적이고 효율적으로 제공될 수 있는가를 평가하는 서비스 시스템(service system) 등으로 체계화하여 관리하여야 한다는 것이다.

그리고 이러한 체계화된 하부시스템들이 유기적인 체계를 구축할 때만이 성공적인 메뉴를 계획할 수 있게 된다. 그러나 메뉴계획은 과학적인 접근방법만으로 되는 것은 아니다. 그렇기 때문에 메뉴계획은 과학과 기교가 어우러진 혼합된 방법론에 무게가 실려야 한다. 즉, 머리와 손과 발이 함께 작동하여야 좋은 결과를 기대할 수 있다.

Ⅱ 메뉴개발 절차

1. 신규로 오픈하는 경우

메뉴개발(새로운 것을 고안해 내어 실용화함)은 외식업체의 운영형태에 따라 달라진다. 그리고 신규로 오픈하는 외식업체인지, 아니면 운영 중인 외식업체인지에 따라 달라진다. 또한 외식업체의 소유형태, 규모, 업종 등에 따라서도 달라진다.

체인과 프랜차이즈의 경우는 규모와 조직 구성에 따라 다르기는 하지만 본사가 메뉴개발을 주도한다. 조직 구성상 본사에 R&D 팀이 있는 경우는 직접 메뉴개발을 하겠지만, 그렇지 못한 경우는 다양한 형태의 외부(外部)화에 의존하게 된다.

이러한 과정을 거쳐 개발된 메뉴는 가맹점 또는 직영점에 제공된다. 그렇기 때문에 본사 차원에서 풍부한 조직력과 자금력, 그리고 노하우와 분석자료를 바탕으로 메뉴개발이 체계적으로 진행되는 것이다. 그러나 개인이 운영하는 대부분의 외식업체의 경우는 열악한 조건에서 전적으로 운영자 또는 조리사에 의해 개발된다고 보면 된다. 하지만 규모가 있는 개인 외식업체의 경우도 전문가에 의뢰하여 체계적으로 메뉴를 개발하는 경우도 있다.

앞서 언급한 메뉴계획 시 고려하는 사항은 공통적인 변수들이다. 이를 보다 구체적으로 접근해 보면 다음과 같은 것들이 우선적으로 고려되어야 한다.

일반적으로 두 가지의 접근방법이 있다. 즉, 입지가 정해져 있는 경우와 원하는 아이템이 결정된 경우이다. 입지가 정해져 있는 경우에는 시장조사부터 시작하는 것이 원칙이다. 그리고 이 시장에 적합한 아이템이 무엇인가를 찾으면 된다. 반대로, 아이템이 결정된 경우에는 이 아이템에 적합한 장소(입지/고객)가 어디인가를 조사하면 된다.

일반적으로 레스토랑을 구상하여 구체화하는 타당성 조사의 진행절차를 보면 다음과 같다.[15)]

---

15) National Restaurant Association, Conducting a feasibility study for a new restaurant, 1998: 1-64.

① 시장조사(research your market area)
② Concept 개발(development a restaurant concept)
③ 선택한 입지 분석(analyzing the selected site)
④ 잠재적인 경쟁자 조사(surveying potential competitors)
⑤ 추정 손익계산서와 재무제표 작성(development a pro forma financial statement)

또 다른 접근방법은 어떤 외식업체를 운영할 것인가에서부터 출발한다. 즉, 어떤 업종의 외식업소를 어떤 업태로 운영하면 성공할 것인가를 구상하는 것이 Concept의 설계이다. Concept의 설계에는 일반적으로 다음과 같은 내용들을 포함한다.

① 누구를 대상으로(겨냥하는 고객) ② 어디에다(입지)
③ 어떤 상품을(메뉴) ④ 어느 정도의 가격으로(가격)
⑤ 어떤 이미지로(restaurant interior와 exterior)
⑥ 어떤 종업원으로(종업원) ⑦ 어떻게 운영할 것인가(운영방식)

또 다른 접근방법을 보면 Concept과 시장(market)이 중심축이 되어 주변의 요소들이 상호관련성을 갖고 전개된다. 즉, 그림 2-7 과 같이 서비스, 메뉴, 입지, 관리, 분위기, 가격, 질 등은 중심축을 이루고 있는 Concept와 시장(market)을 고려하여 구상되어야 한다.

위에서 본 세 가지 접근방법은 서술의 형식이 다를 뿐이지 내용은 동일하다. 즉, 레스토랑을 구상하면서 고려하여야 할 가장 중요한 것이 시장(고객이 있는 곳)과 상품이다. 상품이 있다면 그 상품에 적합한 시장(고객)을 찾으면 되고, 반대의 경우라면 고객이 원하는 아이템을 찾아가는 방식으로 전개하면 된다.

그림 2-7 • **Ninemeier의 메뉴계획 모형**

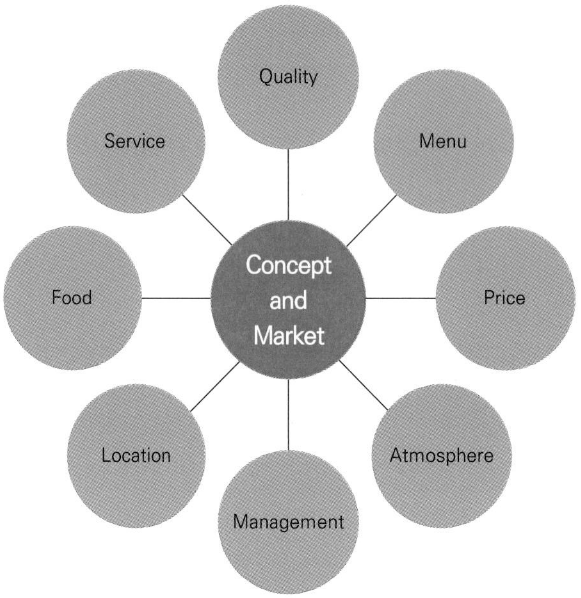

자료 John R. Walker(2011), *The restaurant from concept to operation*, 6th ed., John Wiley & Sons, Inc.: 69.

2. 영업 중인 경우

영업 중인 경우는 기존의 메뉴가 있기 때문에 그 메뉴를 대상으로 다양한 방법으로 분석을 하게 된다. 그리고 분석(양적/질적)의 결과를 바탕으로 기존의 아이템에 대한 조치가 취해진다. 일반적으로 메뉴의 분석방법[16]은 양적 방법이 많이 소개되고 있으나 최종 의사결정 과정에서는 질적인 분석방법의 결과가 많이 적용된다.

일반적으로 메뉴의 분석은 각 아이템에 대한 수익성(profitability)과 선호도/인기도(popularity)를 측정하는 방식이 많이 이용된다. 주로 일정 기간의 매출 자료를 이용한 양적인 분석방법이다. 그리고 분석의 결과에 따라 조치를 취하게 되는데 조치는 여러 가지 변수들을 고려하여 관리자가 결정한다.

16) 5장 메뉴 분석방법 참조

다음 그림2-8 은 기존 연구의 결과를 참고하여 특정 체인업체에서 실행하고 있는 메뉴 효율성 재검토 프로세스를 도식화한 그림이다. 이 내용을 다음과 같이 설명할 수 있다.

현존하는 외식업체의 메뉴에 대한 효율성을 재검토한다. 재검토는 두 가지 분석으로 이루어지는데, 간단한 메뉴 분석과 복잡한 메뉴 분석으로 나눈다.

그림 2-8 • Menu Development Process

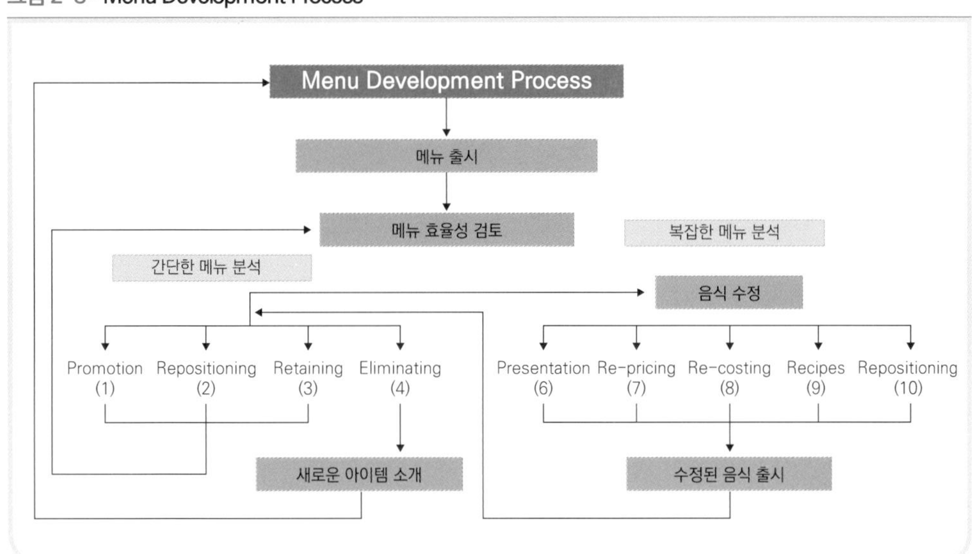

자료 Mazalan Mifli, Menu development and analysis : Menu development process, 4th International Conference "Tourism in Southeast Asia & Indo-China: Development, Marketing and Sustainability", June 24-26, 2000.

먼저, 간단한 메뉴 분석의 경우는 그 결과를 다섯 단계로 나누어 새로운 아이템이 소개된다는 과정을 제시하였다.

1) 판매 촉진(Promotion)

수익성과 선호도가 낮은 특정 아이템에 대한 보다 더 구체적인 효율성을 분석하기 위해 일단 그 아이템을 제거하지 않고, 판매 촉진시키는 방법이다. 즉, 고객에게 그 아이템을 적극적으로 알리는 것이다.

2) 위치 변경(Repositioning)

문제가 있는 아이템(수익성/선호도 등)을 메뉴상에서 그 위치를 재조정하는 방법을 의미한다.

3) 유지(Retaining)

선호도와 수익성이 높은 아이템으로 그 아이템은 그대로 유지하거나 질을 더 높이는 접근방법을 말한다.

4) 삭제(Eliminating)

더 이상 고객의 호응을 얻지 못하는 아이템으로 수익성과 선호도에 문제가 있는 아이템이다. 이 아이템은 메뉴에서 삭제하여야 한다는 의미이다. 그러나 최종적인 결정은 양적인 분석방법의 결과보다는 질적인 분석의 결과를 바탕으로 결정하여야 한다.

5) 새로운 아이템 도입(Introduce New Items)

새로운 추세를 반영하거나, 고객의 요구에 응하기 위한 접근방법으로 새로운 아이템을 추가하는 것이다.

다음은, 복잡한 메뉴 분석의 경우로 그 결과를 다섯 단계로 나누어 수정된 아이템이 제시되는 과정을 제시하였다.

이 접근방법은 기존의 메뉴를 수익성과 선호도에 따라 삭제하거나 유지하거나 또는 재위치시키는 접근방법보다는, 기존 아이템의 골격을 그대로 유지하면서 문제의 아이템을 새로운 모습으로 변화시켜 제공하는 접근방법이다. 즉, 수익성과 선호도에 따라 아이템의 삭제와 추가 등의 접근방법에 의존하지 않고, 아래와 같이 그릇과 담는 모양새를 바꾼다든지, 원가와 가격을 재조정한다든지, Recipes를 수정한다든지, 위치를 다시 조정하는 등과 같이 보다 구체적으로 접근하는 방법이다.

① 포장/담기 등에 대한 고려(Presentation)
② 가격 재설정(Re-pricing)
③ 원가 재조정(Re-costing)
④ Recipe 수정(Recipes modification)
⑤ 위치 재조정(Repositioning)

하지만 메뉴 분석의 결과에 대한 조치는 민감한 문제로 양적인 분석의 결과뿐만 아니라 질적인 분석의 결과 등을 종합하여 최종적인 결정을 내려야 한다.

또 다른 형식으로 현재 영업 중인 레스토랑의 메뉴를 변경하려고 숙고하는 과정에서 고려하여야 하는 변수들을 도식화한 것이 그림2-9 이다.

그림2-9 에서 보는 바와 같이 메뉴 변경을 고려할 때 공통적으로 언급되는 변수들을 중심으로 메뉴 변경 형식이 전개되었다.

예를 들어 식재료 가능성(product availability), 교차생산(product cross utilization), 매가(selling price), 시설 가능성(equipment availability), 생산지역의 물리적인 환경(physical capabilities of the station), 식재료와 동선(product and traffic flow), 종사원의 기능 수준(staff skill levels), 그리고 레스토랑의 테마(theme of the restaurant) 등의 변수를 이용하였다.

그림2-9 Menu Change Format의 구성을 구체적으로 설명하면 다음과 같다.

첫째, Yes와 No라는 두 개의 경로가 존재한다. Yes의 경우는 다음 단계의 변수로 넘어간다(타당성이 있다). No의 경우는 구상 중인 메뉴의 교체를 요구하게 된다(타당성이 없다). 예를 들어, 새로운 메뉴를 생산하는데 요구되는 식재료가 항상 가능한지에 대한 질문(고려)으로 시작된다. 만약 가능하다면 다음 단계를 고려하고(Yes), 가능하지 않다면(No) 새로운 메뉴로 교체하여 다시 논의가 있어야 한다.

그림 2-9 • Menu Change Format(영업 중인 레스토랑의 경우)

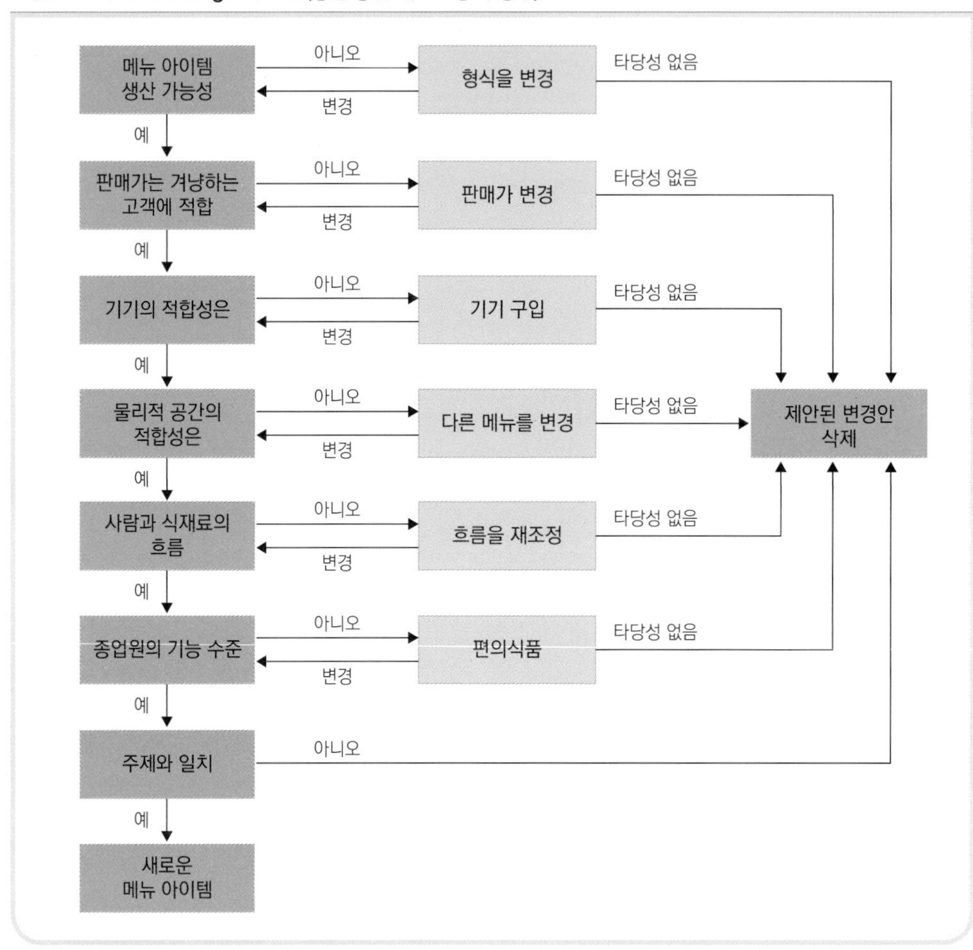

둘째, 새로 제공하고자 하는 메뉴를 생산하는데 요구되는 식재료에 대한 문제가 없다면 다음 단계인 매가에 대한 논의가 진행되어야 한다. 매가는 겨냥하는 시장과 원가(식재료와 인건비) 등을 고려하여 적합한가를 평가하여야 한다. 만약 적합하다면(Yes) 다음 단계인 그 메뉴 아이템들을 생산할 수 있는 시설이 갖춰져 있는가를 논의하는 것이다. 반대로, 구상 중인 매가가 시장이나 원가 등을 고려했을 때 적합하지 않다면(No) 타당성이 없다고 평가하고 구상 중인 아이템에 대한 변경을 고려하여야 한다.

결국, 그림 2-9 Menu Change Format은 위에서 설명한 과정을 거쳐 최종적으로 새로운 특정 메뉴 아이템을 선정하게 된다는 개념을 도식화한 것이다.

또 다른 식자들은 메뉴계획 절차를 아래와 같이 설명하고 있다.

1단계 외부/내부, 그리고 메뉴 자체에 대해 고려한다.

2단계 레스토랑의 Concept를 고려한다.

3단계 고객에게 제공할 메뉴 아이템에 대한 범주를 결정한다.

4단계 잠재력이 있는 아이템을 선정한다.

5단계 특정 아이템을 선정한다.

6단계 메뉴에 대한 밑그림을 작성한다.

7단계 필요하다면 수정한다.

위의 내용을 보다 구체적으로 설명하면 다음과 같다.

1단계 : 우선적으로 고려하여야 하는 내용을 정리한다.

예를 들어 내부요인과 외부요인 중 우선적으로 고려하여야 할 변수들을 정리한다. 우선, 외부적인 요인으로는 겨냥하는 시장(target market), 경쟁(competition), 소비자 트렌드(consumer trends), 브랜드(brand) 등이 고려 대상이다. 그리고 내부적인 요인으로는 메뉴 믹스(menu mix), 이익(profits), 주방 시설(kitchen facilities), 식재료(ingredients), 도구(equipment), 생산 직원(production staff), 서비스 직원(service staff) 등이 고려 대상이다.

그리고 음식 자체에 대한 구체적인 고려사항으로 다양성(variety), 온도(temperature), 영양(nutrition), 질감(texture), 분량의 크기와 음식의 형태(shape and size), 향미(flavor), 컬러(color), 구성과 균형(composition and balance), 가능한 매가(selling price), 그리고 실험 결과(test results) 등을 제시한다.

2단계 : 레스토랑의 Concept를 고려한다.

레스토랑에 대한 전체적인 Concept를 고려한 후, 전체적인 Concept를 구성하는 각각의 하위 Concept도 고려하여야 한다.

3단계 : 고객에게 제공할 메뉴 아이템에 대한 범주를 결정한다.

일반적으로 메뉴 아이템의 범주는 Appetizers, Soups, Fishes, Entrées, Desserts, Salads, Vegetables/Accompaniments, Sandwiches, Beverages 등과 같은 범주를 결정하는 것이다.

4단계 : 잠재력이 있는 아이템을 선정한다.

경쟁사의 메뉴와 사용 중인 메뉴, 표준 Recipe, 재고와 식재료, 메뉴 평가결과, 매니저, 종업원, 그리고 고객들의 의견 등을 종합하여 잠재성이 있는 아이템을 선정한다.

5단계 : 특정 아이템을 선정한다.

다양성(variety), 온도(temperature), 영양가(nutrition), 질감(texture), 크기와 형태(size and shape), 풍미(flavor), 컬러(color), 구성과 균형(composition & balance), 가능한 매가, 그리고 실험 결과 등을 바탕으로 아이템을 선정한다.

6단계 : 메뉴에 대한 밑그림을 작성한다.

7단계 : 필요하다면 수정한다.

III 메뉴의 기본 구성

1. 아이템의 구성순서

동시대의 레스토랑 메뉴의 기본 구성은 과거의 연회 메뉴의 구성에 바탕을 둔다. 그러나 세월과 함께 불어에서 영어로, 불어와 영어에서 각국 언어로 변역되면서 원래의 의미를 잃어가고 있다.

일반적으로 메뉴상에 배열되는 코스는 고객에게 음식이 제공되는 순서를 따른다. 차고 더운 애피타이저(전채)와 맑고 진한 수프 등과 같은 가벼운 음식, 그리고 생선요리 등은 각각 분리된 코스로 메인에 앞서 제공된다.

과거의 연회(Banquets) 메뉴의 구성에서도 가벼운 음식에서 무거운 음식으로, 무거운 음식에서 가벼운 음식으로, 그리고 가벼운 음식에서 무거운 음식으로, 그리고 다시 가벼운 음식으로 메뉴가 구성되어 있다는 점이다.

이와 같은 사실은 로마시대의 귀족인 Apicius가 수집한 레시피(A.D. 100년 경)상 요리의 구성을 검토해 보면 검증할 수 있다.

첫 번째 음식 양상추, 양파, 생선, 그리고 조각으로 자른 삶은 달걀

두 번째 음식 소시지, 시리얼, 꽃배추, 베이컨, 그리고 콩(beans)

세 번째 음식 배, 밤, 올리브, 콩(peas), 그리고 그린 빈(green beans)

그리고 이보다 더 정교한 음식으로 구성된 저녁 메뉴의 구성을 보면, 이 역시 다음과 같이 세 부분으로 구성되어 있다. 즉, 가벼운 음식에서 무거운 음식으로, 그리고 다시 가벼운 음식으로 구성되어 있음을 확인할 수 있다.

① Gustus[17] or Antecena[18]

달걀, 생선, 양상추, 그리고 순무 등으로, 가벼운 와인 또는 무슬림들을 위해서는 술에 꿀을 넣어 달게 만든 와인과 함께 제공하였다고 한다.

② Mensae[19] Primae[20]

일반적으로 육류와 야채 등으로 구성되는 5가지의 요리가 가벼운 술(칵테일 유형)과 함께 차례로 제공되었다고 한다.

③ Mensae Secundae[21]

케이크, 페이스트, 과일, 그리고 열매 등이 와인과 함께 제공되었다고 한다.

이와 같은 연회메뉴의 기록들로부터 그 시대의 개괄적인 연회메뉴의 구성을 알 수 있다. 즉 메인코스 이전의 음식은 가벼운 것으로, 그리고 단 것으로 식사를 마무리하는 것을 보면 기본적인 메뉴 구성은 오늘날도 같은 형식을 따르고 있다는 것을 알 수 있다. 그리고 그 시대의 메뉴 구성의 특징 중 하나가 삶은 달걀은 오-되브르에 반드시 제공되는 음식이었으며, 사과는 후식에 반드시 포함되는 음식이었다는 점이다.

우리가 잘 알고 있는 바와 같이 소화작용은 위액의 분비로부터 시작된다. 그리고 이와 같은 위액의 분비는 시각(음식이 제공되는 상태, 담긴 상태: presentation)과 후각을 통해 식욕을 돋우는 상태로 음식이 제공되었을 때 배가 되며, 우리가 식전에 먹은 아페리티프나 특정한 향신료 등은 음식의 소화과정에서 같은 작용을 한다.

---

17) 어원(gusto) : 미각. 처음 들어오는 음식. 맛봄
18) ante(이전에, 전에), cena(만찬)
19) Mensa라고 쓰고 [mensə]라고 읽는다. 식탁/식사라고 해석하면 되겠다.
20) 첫 번째 식탁(식사)
21) 두 번째 식탁(식사)

이와 같이 소화와 식욕에 대한 과학적인 이론들이 음식의 선택에 영향을 미친다면, 메뉴의 계획에서 가장 첫 번째로 고려하여야 하는 것이 다음과 같은 변수들이다.

① 지방 함유량이 적은 음식으로 시각적으로 조화를 잘 이루는 음식 순으로 코스를 구성

② 향신료(spices)의 균형적인 사용

③ 조리 시 알코올 성분의 음료를 잘 활용하고, 음식은 와인 등과 같은 알코올 음료와 함께 제공

하지만 모든 메뉴가 이와 같은 논리로 구성된 것은 아니며, 시대에 따라 행사에 따라 조금씩 다른 양상을 보인 것들도 있다. 오늘날 우리들이 사용하고 있는 메뉴의 구성은 다음과 같은 과거의 일반적인 연회메뉴 구성의 틀을 따른 것이다. 그리고 세월과 함께 내용의 구성이 점점 단순화되어 왔다.

일반적으로 대형 행사를 위한 연회메뉴는 다음과 같이 구성되었다고 기록하고 있다.

① Soups(뽀따쥬: Potages)
중요한 저녁식사에는 2가지의 뽀따쥬(맑은 것과 진한 것)가 제공된다.

② Hot appetizers 더운 전채요리(오-되브르 쇼: Hors-d'oeuvre chauds)
일반적으로 큰 행사의 저녁식사에서는 생략되었다고 한다.

③ Cold appetizers 찬 전채요리(오-되브르 프와: Hors-d'oeuvre froids)
과거에는 큰 행사의 저녁식사에는 의무적이었으나, 현재는 저녁식사에는 제공되지 않는다고 기록되어 있다. 그러나 점심메뉴의 시작으로 제공된다고 한다.

④ Remove of fish 생선 헐르베(헐르베 드 쁘와쏭: Relevés de poissons)
일반적으로 큰 생선을 약한 불에 약간의 물과 같이 뚜껑이 있는 용기에 넣고 오븐에서 요리하여(braises) 곁들이는 채소, 소스와 함께 제공한다. 또는 생선을 데친(poches) 다음 특별한 소스를 만들어 별도로 제공한다.

⑤ Remove of meats, poultry or game 육류와 가금류, 야생 짐승 헐르베(헐르버 드 부쉐리, 드 볼라이유, 우 드 지비에: Relevés de boucherie, de volaille ou de gibier) 일반적으로 큰 덩어리의 돼지, 소, 양고기를 Roasting한 것이나, 그릇에 넣고 구운 고기(Poêler)를 채소와 함께 곁들인 것.

⑥ 앙트레(레 장트레: Les entrées)
메뉴의 구성에 따라 단일품목 또는 다양한 품목을 서빙.

⑦ 로스팅(르 로: Le rôt)
가금류, 야생 날짐승, 또는 드문 경우이긴 하지만 노루 또는 붉은 색깔의 고기를 제공하였다고 한다. 그리고 이어서 샐러드(간단한 샐러드, 또는 복합적으로 구성된 샐러드)가 제공되기도 하고, Roasting한 육류와 같이 샐러드가 제공되기도 하였다고 한다.

⑧ 찬 로스팅(르 로 프와: Le rôt froid)
더운 음식의 로스트에 이어 빠떼(Pâtés)나 거위 간이 제공되었는데, 이 음식의 맛이 정교하기 때문에 음식의 맛을 해칠 수 있는 샐러드와 함께 제공되지는 않았다고 한다. 그리고 젤라틴으로 요리한 바닷가재 요리, 닭고기 젤라틴, 생선 젤라틴 등이 제공되었다고 한다.

⑨ 앙트르메(Les entremets)
Roasting 다음에 제공되는 야채 요리를 칭하기도 하고, 단 음식을 칭하기도 하였다고 한다. 과거 큰 행사의 저녁식사의 경우 많은 수의 야채요리가 제공되었다고 한다. 그러나 실용적인 측면에서는 단 음식으로 구성된 두 번째 앙트르메를 고려하여 한 가지 야채만 제공되는 것이 효율적이었다고 한다. 그러나 중요한 것은 단 음식은 치즈 이전에 제공하는 것이 아니고, 치즈 다음에 제공하는 것이라고 한다.

⑩ 후식과 과일(레 데써르 에 레 푸뤼: Les desserts et les Fruits)
단 음식으로 구성된 앙트르메 다음에 제공한다.

오늘날 우리가 사용하고 있는 메뉴의 구성은 프랑스의 고전적인 메뉴, 특히 연회메뉴의 구성과 순서에 근거하고 있다.[22] 그 결과 오랜 세월을 거치면서 변화를 겪게 된다. 그리고 변화의 결과는 코스를 표기하는 용어, 그리고 그 코스의 순서에 대한 상이한 내용들이 저서와 논문 등에 제시되고 있어 혼란을 초래하고 있다.

아래는 [Eugen Pauli: *Classical Cooking the Modern Way*, CBI Publishing Co., INC., 1979, p.192]에서 제시한 프랑스 고전 요리의 메뉴 구성을 설명하기 위해서 제시한 메뉴의 구성으로 13개의 코스로 되어 있다.

22) Auge, Gillon, Hollier-Larousse, Moreau, Larousse Gastronomique, 1987, Larousse Paris, pp.678-679.

① **찬 전채요리**	Cold Appetizer	Hors d'oeuvre Froid(오-되브르 프와)
② **수프**	Soup	Potage(뽀따쥬)
③ **더운 전채요리**	Hot Appetizer	Hors d'oeuvre Chaud(오-되브르 쇼)
④ **생선**	Fish	Poisson(쁘와쏭)
⑤ **주 요리**	Main Course	Grosse Pièce(그로스 뻬에쓰)
⑥ **더운 앙트레**	Hot Entrèe	Entrèe Chaude(앙트레 쇼드)
⑦ **찬 앙트레**	Cold Entrèe	Entrèe Froide(앙트레 프와드)
⑧ **셔벗**	Sherbet	Sorbet(소-베)
⑨ **로스트와 샐러드**	Roast and Salad	Rôti et Salade(로띠 에 쌀라드)
⑩ **야채**	Vegetable	Légume(레귐)
⑪ **단 음식**	Sweet Dish	Entremet(앙트르메)
⑫ **입가심**	Savory Dish	Savoury(싸부리)
⑬ **후식**	Dessert	Dessert(데쎄르)

이와 같은 13단계의 고전적인 메뉴의 구성은 그림 2-10과 같이 단순화되어가고 있다. 그림 2-10에서 보는 바와 같이 고전적 메뉴의 현대화 과정에서 많은 코스가 통합되거나 없어졌다. 그러나 사용 가능한 다양한 식재료의 출현으로 메뉴 구성의 유연성과 창의성은 과거에 비해 훨씬 더 커지고 높아지고 있다.

그림 2-10 • **Menu Framework**

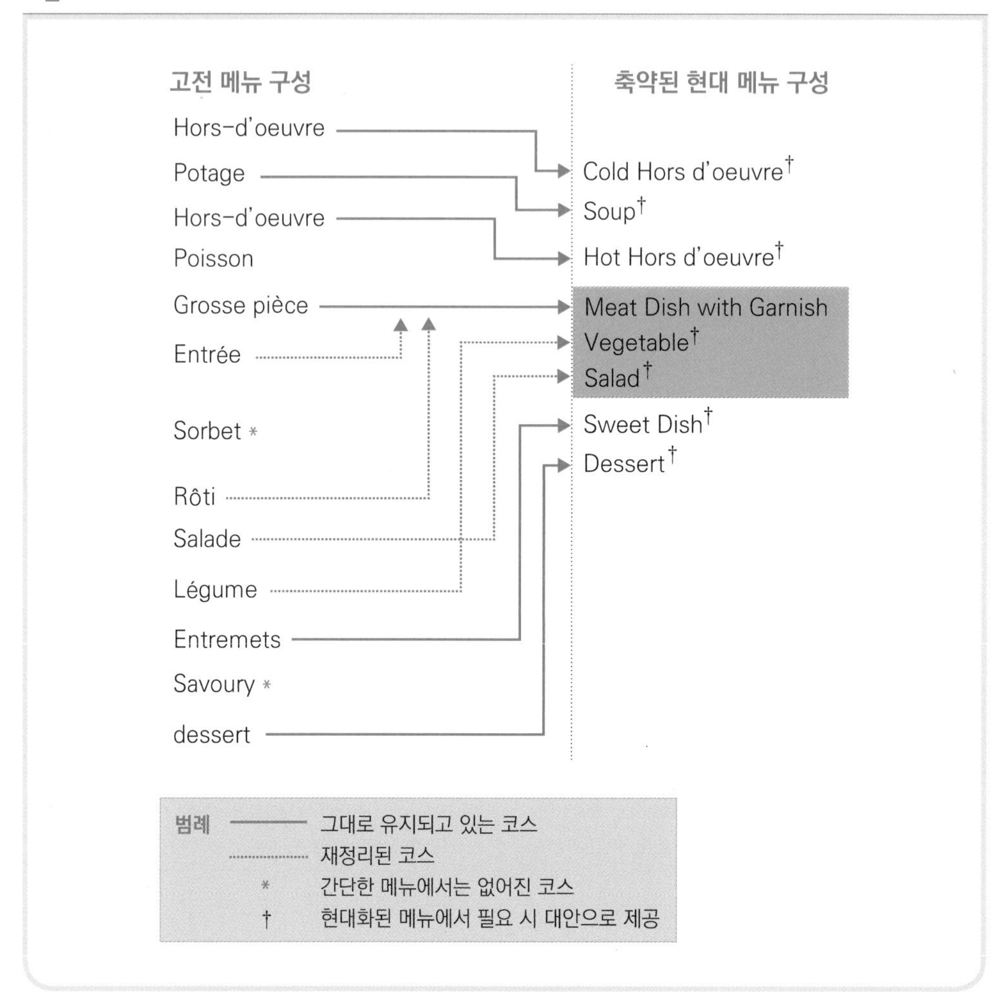

자료 Eugen Pauli, *Classical Cooking the Modern Way*, CBI Publishing Co., INC., 1979, p.192.

실제 레스토랑에서 제공하고 있는 메뉴의 코스는 과거의 고전적인 연회 메뉴의 구성과 순서를 현대적인 감각으로 재구성한 것으로, 식자마다 다른 구성과 순서를 제시하고 있음을 알 수 있다.

예를 들어 "17 course "Full classic" American menu, 2009"에서는 메뉴의 구성을 다음과 같이 설명하고 있다.[23] 그러나 Egg, Sorbet, Salad, Cheese, Beverage를 제외하면 13개 코스로 줄어든다.

23) Culinary Institute of America, Remarkable Service, 2nd ed., John Wiley & Sons, 2009 : 32-34.

FRENCH	ENGLISH	
1. Hors-d'oeuvre(오-되브르)	Appetizer	STARTER
2. Potage(뽀따쥬)	Soup	STARTER
3. Oeuf(어푸)	Egg	STARTER
4. Farineaux(파리노)	Pasta or Rice	STARTER
5. Poisson(쁘와쏭)	Fish	MAIN-COURSE
6. Entrée(앙트레)	Entrée	MAIN-COURSE
7. Sorbet(쏘르베)	Sorbet	MAIN-COURSE
8. Relevé(헐르베)	Joints	MAIN-COURSE
9. Rôti(로띠)	Roast	MAIN-COURSE
10. Légumes(레귐)	Vegetables	MAIN-COURSE
11. Salade(쌀라드)	Salad	MAIN-COURSE
12. Buffet Froid(뷔페 프와)	Cold buffet	MAIN-COURSE
13. Entremet(앙트르메)	Sweets	AFTER
14. Savoureux(싸부뢰)	Savory	AFTER
15. Fromage(프로마쥬)	Cheese	AFTER
16. Dessert(데쎄르)	Cut Fruits & Nuts	AFTER
17. Boissons(브와쏭)	Beverage	

Complied by mr. Amaresh jha

① Hors d'oeuvre ➡ Appetizer

식욕을 자극하기 위한 음식으로 적은 양이 제공된다.

② Potage ➡ Soup

다양한 유형의 수프가 제공된다.

③ Oeufs ➡ Eggs

달걀을 이용하여 만든 소량의 요리가 제공된다.

④ Poisson ➡ Fish

일반적으로 부드럽고 소화가 잘 되는 생선을 이용하여 만든 요리가 제공된다.

⑤ Farineaux ➡ Starches

일반적으로 전분을 많이 함유하고 있는 재료를 이용하여 만든 음식으로 Ravioli, Gnocchi, Spaghetti 또는 Risotto 등이 제공된다.

⑥ Entrée ➡ Light meat

첫 번째 육류 음식이다. 적은 양의 가금류, 소고기, 돼지고기, 양고기를 이용한 요리로 야채와 함께 제공된다.

⑦ Sorbet ➡ Ice(Sorbets)

다음 코스의 음식을 위해 입가심용으로 제공된다. 공연의 막간의 뜻인 [Intermezzo /Intermission]의 의미로 제공되는 음식이다.

⑧ Relevé[24] ➡ Remove(light meat)

전통적으로 큰 덩어리로 자른 고기 덩어리로 뼈를 발라낸 후 Sauce 또는 Gravy와 감자와 야채와 함께 제공된다.

⑨ Rôti ➡ Roast

일반적으로 사냥하여 잡은 엽조류를 Roasting하여 그린 샐러드와 함께 제공된다.

⑩ Légumes ➡ Vegetables

식사가 끝나간다는 의미로 야채요리가 Sauce와 함께 제공된다.

⑪ Salade ➡ Salad

많은 양의 음식을 먹었기 때문에 소화를 돕고 다음 요리를 위해 입을 씻는 의미로 제공된다.

⑫ Buffet froid ➡ Cold buffet

적은 양의 찬 육류(ham, roast chicken) 또는 생선이 제공된다.

24) Relevé(remove): This is the main meat course on the menu. Relevés are normally larger than entrees and take the form of butcher's joints which have to be carved. These joints are normally roasted. A sauce or a roast gravy with potatoes and green vegetables are always served with this course. https://bubbleburst.co.in/17-course-french-classical-menu-examples/

⑬ Entremets ➡ Sweet

단 음식이 제공된다.

⑭ Savoureaux ➡ Savory

식후의 입가심 음식

⑮ Fromage ➡ Cheese

다양한 치즈가 제공된다.

⑯ Fruit ➡ Fruit

신선한 또는 말린 또는 캔에 든 과일이 제공된다.

⑰ Digestif/Tabac ➡ Beverages/Tobacco

커피, 티, 리큐어, 브랜디, 시가 등이 제공된다.

위에서 제시한 고전적인 메뉴의 아이템을 현대적인 감각으로 묶으면 아래와 같이 묶을 수 있다.

(1) Starters

위에서 제시한 "17 course "Full classic" American menu"의 순서에서 ①~④

(2) Main courses

"17 course "Full classic" American menu"의 순서에서 ⑤~⑥, 그리고 ⑧~⑫

(3) Afters

"17 course "Full classic" American menu"의 순서에서 ⑬~⑯

(4) Beverages

"17 course "Full classic" American menu"의 순서에서 ⑰

그러나 위에서 설명한 메뉴의 구성(structure)과 순서(sequence)를 이해하기 위해서는 전통적인 프랑스식 서비스 방식(service à la française)에 대한 이해가 있어야 한다.

고전적인 프랑스식 서비스에서는 메뉴의 구성이 첫 번째 서비스, 두 번째 서비스, 그리고 세 번째 서비스 등과 같은 형식을 취했다고 한다. 그리고 각 서비스마다 많은 수의 음식이 차례로 제공된 것이 아니라 한꺼번에 제공되었다고 한다.

고객이 식탁에 앉기 전에(들어오기 전에) 첫 번째 제공되는 음식이 오늘날의 뷔페음식과 같이 식탁에 진열되어 있었다고 한다. 그래서 첫 번째 제공된 음식을 마치면 자리가 완전히 치워지고(remove) 새로운 음식으로 교체되어야 하는데 이 때 제공되는 음식을 헐르베(Relevé)라고 불렀다. 고전적인 프랑스 메뉴에서 헐르베(Relevé)는 하나의 코스와 같았다고 한다. 그러나 앞서 설명한 "17 course "Full classic" American menu, 2009"에서는 메인(entree) 후에 헐르베(Relevé)가 제공되고 있어 그 순서가 대연회에서 제공된 메뉴의 기록과는 상이하다.

하지만 우리가 알고 있는 아이템이 제공되는 순서(sequence)와 구성(structure)이 절대적인 것은 아니다. 때에 따라서는 기본 틀을 깨뜨리지 않은 범위 내에서 바뀔 수도 있다. 식당에서 제공받은 음식의 수를 코스라고 말하고, 3번 음식을 제공받았을 때를 3코스의 메뉴, 4번의 음식을 제공받았으면 4코스의 메뉴라고 부른다. 그래서 코스가 많으면 많을수록 고급 레스토랑의 이미지를 연상한다.

양식의 대표적인 요리는 프랑스 요리라고 한다. 그래서 대부분의 Recipe가 불어로 되어 있어 다시 영어로 번역되고, 다시 영어는 한국어로 번역된다. 이러한 번역과정을 거치면서 원래의 뜻이 왜곡되는 경우가 있기도 하고, 단편적인 내용만이 참고자료 없이 소개되어 혼란을 초래하기도 한다.

그래서 저자는 프랑스 요리의 백과사전이라고 하는 프랑스판 「Larousse Gastronomique: 라루스 가스트로노미끄」를 참고로 하여 여러 가지 뜻으로 설명되고 있는 아이템의 구성에 대한 내용 중 문제의 소지가 있다고 생각되는 부분만을 다음과 같이 정리한다.

첫째, HORS D'OEUVRE: 오-되브르

오-되브르의 해석을 놓고 국내에서 발간되는 저서마다 다른 해석을 하고 있다. 어떤 책에서 「Hors는 앞(前)을 뜻하고, Oeuvre는 식사를 뜻한다.」고 해석한 것이 원조가 되어 오늘날까지도 유효하게 사용되고 있다.

「Larousse Gastronomique」에서 설명한 Hors d'oeuvre 중에서 중요한 내용만을 간추리면, 오-되브르는 「en dehors de menus: 엉 드오- 드 머뉘」[25]이기 때문에 양과 맛에 세심한 주의가 있어야 하고, 찬 오-되브르와 더운 오-되브르로 나누고, 찬 오-되브르는 특히 점심에 제공되는데, 제공할 수 있도록 상품화된 것과 제공할 수 있도록 주방에서 직접 가공한 것으로 나눈다.

그리고 더운 오-되브르는 옛날에는 「Entrée Volantes: 앙트레 볼랑트, 그리고 Petites Entrées: 쁘띠트 앙트레」라고 하였다고 한다. 그리고 더운 오-되브르는 저녁식사에 제공되었으며, 뽀따쥬 다음에 제공되었다고 한다. 그러나 점심식사에도 찬 오-되브르와 같이 제공되기도 하였다고 기록되어 있다.

세월과 함께 내용물의 구성, 제공되는 순서와 방법 등이 많이 변화하여 많은 레스토랑에서 다양한 오-되브르, 특히 찬 오-되브르가 점심과 저녁식사에 제일 먼저 제공되고 있는 듯하다.

또한 오-되브르를 러시아에서는 「Zakouski」라고 한다고 했는데, 「Zakouski」란 오-되브르로만 구성된 미완성된 일종의 음식으로, 그 음식의 위에 보통 와인과 리큐르를 뿌려 연회가 열릴 룸 곁에 마련된 룸에서 제공된 음식이었다고 한다. 즉 요즘 연회장에 입장하기 전까지 리셉션 룸에서 즐겼던 음식과 같은 것이다.

한때 프랑스에서도 러시아식으로 오-되브르 서빙을 시도하였으나 약간 수정된 형식을 취했다고 한다. 즉 여러 종류의 오-되브르를 만들어 플래터(plater: 큰 은쟁반)에 담아 식탁에 놓고 손으로 집어먹게 하였다고 한다.

---

25) outside of menus

또한 영국의 고급 레스토랑에서 유행했던 식사의 마지막에 「Savory(ies)」란 이름으로 제공된 「Post Hors d'oeuvre」를 프랑스의 고급 레스토랑에서 시도하기도 했는데, 프랑스에서는 그다지 환영을 받지 못했다 한다. 「Savories」란 이름으로 제공된 「Post Hors d'oeuvre」의 특징은 애프터 드링크를 많이 마실 수 있도록 짜고, 후추를 많이 넣어 만들었다고 한다.

둘째, GROSSE PIÈCE: 그로스 삐에스

전통적으로 Grosse pièce(그로스 삐에스) 또는 Pièce de resistance(삐에스 드 레지스탕스)는 Relevé(헐르베)를 칭하는 내용이었다고 한다. 일반적으로 생선이나 육류 등을 로스팅(roasting)하거나 쁘왈레(poêlée)하여 야채를 곁들여 제공되었으나, 큰 가금류가 대신 제공되기도 했다고 한다. 또한 야생 노루와 밤을 뿨레(purée)로 만든 것과 야생 노루에 적합한 소스와 같이 제공되기도 했다고 한다.

셋째, ENTRÉE: 앙트레[26)]

Entrée란 일상적인 언어에서는 「입구, 현관, 들어감, 입장」 등의 뜻을 가지나, 음식의 경우 프랑스에서는 제일 먼저 제공되는 음식을 말한다. 그러나 영어권에서는 Entrée가 주 요리(main dish)로, 한국에서는 요리조리 해석되고 있는 듯하다.

앙트레는 본래의 뜻과는 달리 전통적인 메뉴의 구성에서 세 번째 위치, 즉 전채요리 또는 뽀따쥬, 그리고 생선과 로스트 중간에 제공되는 코스로 되어 있다.

우아한 연회에서는 다종의 차고, 더운 앙트레가 제공되었다고 한다. 더운 앙트레는 흰색 또는 갈색 소스를 곁들이는 음식으로 구성되며, 찬 앙트레의 경우는 무스(mousse), 갈량띤(galantine), 빠떼(pâté), 아스픽(aspic) 등이 제공된다.

주로 멜론 껍질을 설탕에 절인 것(ecorses de melon confites : 에꼭스 드 멀롱 꽁피

26) 영어권에서는 Entrée가 주 요리(main dish)로 이해되고 있다. 그래서 미국에서 발간되는 책들은 Entrée를 주 요리로 설명하고 있다. 또한 한국의 거의 모든 책에서 "Entrée"를 남성명사로 취급하여 찬 앙트레를 "Entrée froid"로, 그리고 더운 앙트레를 "Entrée chaud"로 표현하고 있으나, Entrée는 여성명사로 찬 앙트레는 "Entrée froide"로 표기하고 "앙트레 프화드"로 읽어야 하고, 그리고 더운 앙트레는 "Entrée chaude"로 표기하고 "앙트레 쇼드"로 읽어야 한다.

트), 굴로 만든 파이(tourtes d'huîtres: 뚜-르트 뒤트르), 송아지 내장으로 만든 일종의 순대(andouillettes: 앙뒤이에트), 고기로 속을 채운 일종의 만두(godiveaux: 고디보), 치즈 라므켕(ramequins au fromage: 라므켕 오 프로마쥐) 등이 중세기 때에 많이 제공되었던 앙트레 중의 일부이다.

요즘은 생선, 해산물, 카비아, 프와 그라(foie gras), 생선 테린(terrine de poisson: 떼린 드 쁘와쏭), 밀가루로 만든 요리; 뇨끼(gnocchi), 마까로니(macaroni), 라비올리, 뀌쉬(quiches), 더운 빠떼(pâtés chauds: 빠떼 쇼), 뗑발(timbales), 볼 오 벵(vol-au-vent), 짠 파이류(tartes salées: 따르트 쌀레), 달걀을 이용하여 만드는 요리, 수플레(soufflés), 야채, 돼지고기로 만드는 찬 요리(charcuterie froide: 샤어뀌트리 프화드), 절인 생선, 날 채소, 여러 가지를 혼합한 샐러드(salades composées: 쌀라드 꽁뽀세)를 포함 오-되브르의 영역까지를 포함하여 거의 모든 아이템들이 망라된다.

넷째, SORBET: 쏘르베

이것은 리프레싱 디시(refreshing dish)로 제공되며 음식의 코스에 포함되지 않는다. 또한 셔벗이 제공되는 동안 간단한 인사말이나 전달사항을 전달하기도 한다. 아이스크림과는 달리 지방과 달걀노른자를 사용하지 않고 과일의 즙이나 퓌레(purées), 샴페인, 보드카, 리큐어, 향신료를 달인 것(타임, 차, 박하 등)에 시럽을 넣어 만든다.

18세기 이전까지 우유 또는 크림으로 만든 아이스크림이 없었기 때문에 원래 셔벗은 첫 번째 찬 후식이었다고 한다. 셔벗의 원조는 중국으로 페르시아와 아랍 사람들이 중국에서 만드는 방법을 배워 이탈리아 사람들에게 전수하였다고 한다.

Sorbet은 이탈리아어 Sorbetto가 프랑스화된 것이며, 이탈리아어 Sorbetto도 음료를 뜻하는 튀르키예어의 Chorbet와 아랍어의 Charab에서 파생되었다고 한다.

다섯째, ENTREMETS: 앙트르메

옛날에는 로티(rôti)[27] 다음에 제공되는 음식, 즉 야채나 단 음식(plats de douceur:

27) "Rôti" 또는 "Rôt"로도 쓰는데 후자의 경우는 잘 쓰지 않는다. "Rôti"가 남성명사로 사용되면 구운 고기 요리의 뜻을 가진다. 그러나 "Rôti"가 형용사로 쓰이면 앞에 오는 명사의 성에 따라 변화한다. 예를 들어, 구운 고기의 경우 고기가 여성명사이기 때문에 끝에 e가 와서 "비앙드 로띠(viande rôtie)"가

뻴라 드 두쇠르)을 앙트르메라 불렀다고 한다.

중세기에는 앙트르메가 제공될 때에 음악과 춤 그리고 손재주 묘기(jonglerie)가 있어 흥을 돋우었다고 한다. 그러나 일상적으로 이용되는 앙트르메의 현대적 의미는 치즈 다음에 제공되는 단 음식으로 다음과 같은 3그룹으로 구성되어 있다.

★ 더운 앙트르메(Entremets chauds: 앙트르메 쇼)

각종 베뉘에(beignets), 크레프(crêpes), 과일 플람베(fruits flambés: 프뤼 플앙베), 단 오믈레트(omelettes sucrées: 오믈레트 쉬크레), 그리고 수플레(soufflés).

★ 찬 앙트르메(Entremets froids: 앙트르메 프화)

바바르와(bavarois), 샤얼로트(charlottes), 각종 꽁뽀트(compotes), 크렘(crèmes), 플랑(flans),[28] 차게 한 과일(fruits rafraîchis: 프뤼 라프레쉬), 메렝귀(meringues), 푸딩(puddings) 등.

★ 아이스크림류(entremets glacés: 앙트르메 그라세)

각종 아이스크림, 과일의 퓌레(purée)로 만든 아이스크림, 셔벗, 파르페(parfaits),[29] 수플레 등.

그러나 정통적인 레스토랑의 메뉴에서는 단 음식(sweet dish-entremet: 앙트르메) 전에 치즈가 제공된다.

된다. 반면에, 구운 닭고기의 경우 닭이 남성명사이기 때문에 끝에 e가 오지 않아 "Poulet rôti(뿔레 로띠)"가 된다. 복수 남성명사가 앞에 올 때에는 s만을 추가하고 여성 복수명사가 앞에 오면 es가 추가된다.

28) 일종의 짠 또는 단 파이로 크림에 달걀을 넣어 만든 내용물에 과일, 마른 포도, 닭의 간, 해산물을 넣어 만든다. 주방에서 아빠레이 아 플랑(appareil à flan)이라고 하면 크림에 달걀을 넣은 것을 말한다. 여기서 아빠레이라는 말은 쉽게 설명하면 어떤 음식을 만들기 위해서 준비한 내용물을 말한다. 즉 만두를 만들기 위한 만두속, 송편을 만들기 위한 송편속에 넣을 내용물을 말한다.

29) 윤기와 단단함을 유지하기 위해서 생크림을 많이 넣고 만든 찬 후식으로 원래는 모카커피만을 넣어 만든 아이스크림에만 파르페(parfaits)라는 말을 사용했다고 한다. 그러나 요즘은 크림 앙글레즈(créme anglaise: 설탕과 달걀노른자를 믹서에 넣고 저어 불어나게 한 후 뜨거운 밀크를 넣어 65℃ 이내의 온도에 조리하여 각종 향료를 넣어 만든 것), 시럽에 달걀노른자나 향료를 넣은 것이나 과일의 퓌레(purée)에 향료를 넣은 기본적인 준비물에 생크림을 넣어 만든 아이스크림류를 말하기도 한다.

여섯째, SAVOURY: 싸부리

Savo(u)ry란 짜고, 양념(특히나 후추)을 많이 넣어 만든 음식을 말하는 것으로 생선, 육류 또는 단 앙트르메 다음에 제공되는 입가심 요리를 말한다.

전채요리가 식욕을 돋우기 위한 목적으로 제공되었고, Savo(u)ry는 Post Hors d' oeuvre로 제공되어 식사 후에 술을 많이 마시게 하기 위한 목적으로 제공되었다고 한다. 그러나 요즘에는 자취를 감추었다.

일곱째, FRIANDISE: 프리앙디즈: FRALINE(영)

과자나 사탕에 부여된 용어로 일반적으로 달고, 고급스럽고, 맛이 있어 식사와 식사 사이에 제공되어 손으로 집어먹었다고 한다. 커피 또는 티와 같이 서빙하기도 하고, 후식이 끝난 다음 여러 가지를 담아 식사를 마무리하는 제일 마지막에 제공되기도 한다.

그러나 고급 레스토랑이라고 할지라도 일상적인 식사에서는 메인을 중심으로 메인 전에는 전채요리 또는 뽀따쥬, 때에 따라서는 앙트레가 제공되고, 메인 다음에는 샐러드 ➡ 치즈 ➡ 후식이 제공된다. 메인코스 전에 Sorbet이 제공되기도 하며, 생선의 경우도 메인으로 구성되는 것이 일반적이나, 야채의 경우는 메인에 곁들이는 것이 일반적이다.

한국의 경우 많은 레스토랑에서 메인에 샐러드가 제공되기도 하는데, 그 순서가 메인이 서빙되기 전 또는 메인과 같이, 또는 메인이 끝난 다음에 제공되기도 하나 지역과 레스토랑에 따라 다르다. 식욕을 돋우기 위해서 메인 전에 제공하는 것이 옳다고 말하기도 하며, 소화를 돕기 위해서 메인을 먹고 난 다음에 제공하는 것이 옳다고 말하기도 한다. 그러나 메인과 함께 제공하는 경우는 설명할 만한 근거가 없으나, 한국인들이 고기와 야채를 함께 먹기 때문에 관습적으로 야채와 함께 제공될 수도 있다. 또한 외국의 대중적인 스테이크 하우스에서도 고기와 같이 먹을 수 있도록 샐러드를 함께 제공하는 경우는 일반적이다.

여덟째, 기타

고급 레스토랑의 메뉴에서 흔히 볼 수 있는 내용으로 다음과 같은 용어들이 쓰인다.

★ Amuse-Bouche(아무즈 부쉬: 주전부리)

식사 전에 제공되는 예술적인 감각으로 메인 요리에 구애받지 않고 제공되는 소량의 음식이다. 손님들의 입을 즐겁게 한다는 뜻(mouth pleaser)을 가지고 있다. 20세기 후반에 프랑스에서 고전 요리에 대항하여 소개된 새로운 요리(Nouvelle cuisine)를 구성하는 한 부분이었다.

Amuse-Bouche가 1980년대 후반부터 1990년대 후반까지 별로 인기가 없었으나 1990년대 후반부터 확산되어 요즘은 고급 식당에서 일반적으로 제공되고 있다. 그리고 주방장의 요리 실력을 자랑할 수 있는 창의적인 요리와 요리기술로 자리 잡아가고 있다.

★ Petit Four(쁘띠 푸르)

작은 오븐(small oven)이라는 뜻으로 작은 모양의 과자류(confectionery) 또는 풍미있는(savory) 후식코스이다.

★ Mignardises(민이아르디즈)

작은 크기의 과자류(pastries)와 사탕(sweets)으로 구성되며 보통 후식 다음에 커피와 함께 제공된다.

★ Delices et Gourmandises(델리스 에 구르망디즈)

달콤하고 맛있는 초콜릿, 쿠키, 과일젤리, 생과자, 패스트리 등으로 구성하여 제공한다.

2. 메뉴 구성의 사례

오늘날 대부분의 레스토랑에서 제공하는 메뉴의 구성은 특별한 연회가 아니면 전채요리나 수프 중에 하나, 그리고 메인과 디저트로 구성되는 3코스 메뉴의 구성이 일반적이다. 그러나 전채요리, 수프, 뜨거운 전채요리(생선 파스타 등), 메인, 그리고 후식 등 코스를 늘리는 경우도 있으나, 특정 레스토랑의 메뉴의 구성이 또 다른 특정 레스토랑 메뉴의 구성보다 더 낫다고 평가하기는 어렵다. 코스의 수가 많으면 많을수록 가격은 비싸지고, 고급 레스토랑이라는 이미지를 갖게 된다.

다음에 제시하는 메뉴의 구성은 서울에 소재하는 호텔과 일반 대중 레스토랑(프렌치, 이태리, 한식당, 중식당, 일식당)의 메뉴로 메뉴의 구성을 알아보기 위해 제시하였다.

1) FRENCH RESTAURANT의 메뉴 구성 사례

국내 S호텔의 French Restaurant A la Carte Menu와 LWT 81층에 위치한 프랑스 요리를 선보이는 모던한 분위기의 Stay의 저녁 메뉴, 그리고 France Lyon 근교에 있는 Restaurant Paul Bocuse[30)]의 메뉴를 조사한 것이다.

(1) S호텔의 French Restaurant A La Carte Menu의 구성

신라호텔 사이트에 제시한 메뉴를 중심으로 접근해 보면; 점심과 저녁 두 종류의 메뉴가 제시되어있다.

전채, 수프, 메인(생선, 육류, 채소), 후식과 같은 구성을 따르고 있기는 하지만 알라까르트 메뉴의 경우는 카테고리를 넣고 그 하부에 다양한 아이템을 나열하는데, 세트 메뉴의 경우는 카테고리를 삭제하고 아이템을 나열한다.

여기서는 점심과 저녁 모두 세트 메뉴로 카테고리 없이 아이템을 나열하였다. 그리고 제공되는 음식과 어울리는 와인을 함께 제시하고 있다는 점 또한 기존의 메뉴와는 다른 점이다.

결국, 메뉴의 구성은 형식보다는 고객의 측면에서 구성되어야 한다는 점이 메뉴 구성에 반영된 결과로 이해하면 되겠다.

---

30) 40 Quai de la Plage, 69660 Collonges au Mont d'Or. (Tél.: +33 4 72 42 90 90)

점심 메뉴

CONTINENTAL'S WINE PAIRING

2 GLASSES OF WINE

Champagne - Serge Mathieu Brut Blanc de Noir 2010 (100 ml)
Red - Les Pagodes de Cos (100 ml)

₩ 66,000

3 GLASSES OF WINE

Champagne - Serge Mathieu Brut Blanc de Noir 2010 (100 ml)
White - Sandhi Santa Rita Hills Chardonnay (100 ml)
Red - Les Pagodes de Cos (100 ml)

₩ 99,000

4 GLASSES OF WINE

Champagne - Serge Mathieu Brut Blanc de Noir 2010 (100 ml)
White - Sandhi Santa Rita Hills Chardonnay (100 ml)
White - Eric Morgat Savenniéres Fidés (100 ml)
Red - Les Pagodes de Cos (100 ml)

₩ 132,000

GOURMET

CAVIAR — Osetra Caviar, Beef Tartare, Laver Cream Sauce
(Additional charge of ₩80,000)
오세트라 캐비아, 국내산 쇠고기 한우 비프 타르타르,
라버 크림소스 (80,000원 추가)

TUNA — Tuna Mariné, Beet Salad, Smoked Warm Mayonnaise
참치 마리네, 비트 샐러드, 훈연 마요네즈

OCTOPUS — Sous-vide Octopus, Paprika Soup
부드럽게 익힌 문어, 파프리카 수프

COD — Pan-seared Cod, Seasonal Mushrooms, Brown Butter Sauce
대구, 제철 버섯 구이, 브라운 버터 소스

DUCK — Pan-seared Duck Breast, Corn Tortellini, Apple Cider Sauce
오리 가슴살 구이, 옥수수 토르텔리니, 애플 사이더 소스

or
RED-TILEFISH — Roasted Red-Tilefish, Tomato Sauce
(Additional charge of ₩28,000)
옥돔구이, 가지 캐비아, 쿠스쿠스 샐러드, 콜리플라워 퓌레,
커리 토마토소스 (28,000원 추가)

or
BEEF — Char-grilled Korean Beef Steak, Candied Shallots,
Stewed Burdock, Pepper Sauce
(Additional charge of ₩48,000)
한우 숯불 구이, 샬롯 절임, 우엉조림, 페퍼 소스
(48,000원 추가)

MOUSSE — Orange Chocolate Mousse, Caramel Ice Cream
오렌지 초코 무스, 캐러멜 아이스크림

3 COURSES ₩ 110,000 | 4 COURSES ₩ 130,000 | 5 COURSES ₩ 155,000

자료 https://www.shilla.net/seoul/dining/viewDining.do?contId=FRC#ad-image-0

저녁 메뉴

CONTINENTAL'S WINE PAIRING

APERITIF BAR

4 GLASSES OF WINE

Champagne - Serge Mathieu Brut Blanc de Noir 2010 (100 ml)
White - Sandhi Santa Rita Hills Chardonnay (100 ml)
White - Eric Morgat Savenniéres Fidés (100 ml)
Red - Les Pagodes de Cos (100 ml)
₩ 132,000

5 GLASSES OF WINE

Champagne - Serge Mathieu Brut Blanc de Noir 2010 (100 ml)
White - Sandhi Santa Rita Hills Chardonnay (100 ml)
White - Eric Morgat Savenniéres Fidés (100 ml)
Red - Sang des Cailloux Rouge (100 ml)
Red - Les Pagodes de Cos (100 ml)
₩ 165,000

6 GLASSES OF WINE

Champagne - Serge Mathieu Brut Blanc de Noir 2010 (100 ml)
White - Sandhi Santa Rita Hills Chardonnay (100 ml)
White - Eric Morgat Savenniéres Fidés (100 ml)
Red - Sang des Cailloux Rouge (100 ml)
Red - Les Pagodes de Cos (100 ml)
Dessert - Clemens Busch Marienburg Spätlese Gold Kapsel (80 ml)

₩ 198,000

DIGESTIF

Cognac - Rémy Martin X.O (30 ml) or Hennessy X.O (30 ml)

₩ 33,000

CHEF'S TASTING

LANGOUSTINE	Langoustine, Vanilla Sauce, Squid-ink Purée 랑구스틴 구이, 바닐라 소스, 오징어 먹물 퓌레
RED-TILEFISH	Roasted Red-Tilefish with Tomato Sauce, Kaviari Osietra Caviar, Clear Pork-Broth 토마토소스 옥돔 구이, 카비아리 오세트라 캐비아, 맑은 포크 브로스
DUCK	Duck Confit, Buckwheat Galette, Cepe Sauce, Black Truffle 오리 콩피, 메밀 갈레트, 세페 소스, 블랙 트러플
SORBET	Apple Sorbet, Calvados XO 사과 소르베, XO 칼바도스
BEEF	Char-grilled Korean Beef Steak, Candied Shallots, Stewed Burdock, Pepper Sauce 한우 숯불 구이, 샬롯 절임, 우엉조림, 페퍼 소스
HONEY	Grapefruit, Rooibos Sherbet, Honey Tuile 자몽, 루이보스 셔벗, 허니 튈
CHOCOLATE	Modern Chocolate Soufflé, Milk Bavarois, Matcha Ice-cream 초코 수플레, 밀크 바바루아, 마차 아이스크림

₩ 300,000

자료 https://www.shilla.net/seoul/dining/viewDining.do?contId=FRC#ad-image-0

(2) LWT SIGNIEL 호텔 Stay의 저녁식사와 점심 메뉴 구성

모던 스타일의 프렌치 음식을 강조하는 레스토랑으로 저녁식사 메뉴는 다음과 같이 구성되어 있다.

STAY
MUST
TRY
248.000

Modern amuse bouche
Homemade beef jerky tart, clam with Brussels sprout, sea urchin cream cylinder
수제 소고기 육포 타르트, 대합과 미니 양배추, 성게 크림 롤
(소고기: 호주산)
2015 Nicolas Feuillatte Brut Blanc de Blancs, Champagne, France

Tomato
Smooth extraction jelly, pastel tomato confit, seasonal micro herb
Tomato sorbet, passion fruit gel, fromage blanc
토마토 익스트랙션 젤리, 파스텔 토마토 콩피, 마이크로 허브
토마토 셔벗, 패션 후르트 겔, 프로마쥬 블랑
2020 Auxey-Duresses, Olivier Leflaive, Burgundy, France

King crab
Royal sweet and sour
Daikon radishes and ponzu gel
킹크랩 샐러드와 폰즈 젤리, 오세트라 캐비어
2019 Domaine de l'Alliance "Définition" Sec, Bordeaux, France

Langoustine
Fine tart, caviar, beurre blanc sauce
제주 딱새우 타르트, 뵈르블랑 소스
2018 Chablis 1er Cru "Les Vaillons", Billaud Simon, Burgundy, France

Lobster
Naturally cooked, seafood stuffed cappelletti with omija glazing
Lemon infused milk foam, apple condiment
천천히 익힌 랍스터와 카펠레티, 오미자 글레이징, 사과 컨디먼트, 레몬 밀크 폼
2019 Nuits-St-Georges "Les Grandes Vignes", Daniel Rion, Burgundy, France

Beef
Hanwoo tenderloin
Braised burdock, crispy mushroom powder, beef jus
최상급 한우 안심구이, 우엉, 양송이 버섯, 비프 주스
(소고기: 국내산 한우, 육수: 호주산)
2016 Château Monbousquet, Saint-Émilion, Bordeaux, France

To optimize your dining experience each menu is prepared for the entire table.
Dish can be tailored for vegetarian upon request.
고객님의 풍부한 식사 경험을 위해 테이블 메뉴를 통일하여 주시기 바랍니다.
메뉴는 요청에 따라 채식으로 변경 가능합니다.

Executive Chef : Hans Zahner
Chef de Cuisine : Alexandre Guillo

Please let us know if you have any food allergies or special dietary requirements. All prices are in Korean Won (KRW) and inclusive of service charge and VAT.
알레르기 등의 음식 관련 민감 반응 또는 특별한 식이 조절식이 있으시면, 직원에게 알려주시기 바랍니다. 메뉴 가격은 원화이며, 봉사료와 세금이 포함되어 있습니다

그리고 점심메뉴 구성은 가격에 따라 각각 다르게 구성되어 있다.

STAY
Fun
118.000

Modern amuse bouche
Homemade beef jerky tart, clam with Brussels sprout
수제 소고기 육포 타르트, 대합과 미니 양배추
(소고기: 호주산)

Egg
Slowly cooked and deep fried, fermented kelp vinegar gel, caviar cream
계란 튀김, 다시마 발효 식초 겔, 캐비어 크림
(프로슈토 꼬또: 이탈리아산 돼지)

Lobster
Naturally cooked, seafood stuffed cappelletti with omija glazing
Lemon infused milk foam, apple condiment
천천히 익힌 랍스터와 카펠레티, 오미자 글레이징, 사과 컨디먼트, 레몬 밀크 폼

Or

Poultry
Slowly cooked chicken breast with white soybean paste glazing,
Hen of the woods & leg confit tart, mushroom extraction
백된장 글레이징 닭 가슴살과 양송이 익스트랙션 치킨 소스, 잎새버섯 타르트
(닭 가슴살, 육수: 국내산 닭, 오징어 먹물: 스페인산 오징어)

Or

Beef
Hanwoo tenderloin
Braised burdock, crispy mushroom powder, beef jus
최상급 한우 안심구이, 우엉, 양송이 버섯, 비프 주스

To optimize your dining experience each menu is prepared for the entire table.
Dish can be tailored for vegetarian upon request.
고객님의 풍부한 식사 경험을 위해 테이블 메뉴를 통일하여 주시기 바랍니다.
메뉴는 요청에 따라 채식으로 변경 가능합니다.

Executive Chef : Hans Zahner
Chef de Cuisine: Alexandre Guillo

알레르기 등의 음식 관련 민감 반응 또는 특별한 식이 조절식이 있으시면, 직원에게 알려주시기 바랍니다. 메뉴 가격은 원화이며, 봉사료와 세금이 포함되어 있습니다
Please inform us of any food allergies or special dietary requirements. All prices are in Korean won (KRW) and inclusive of service charge and VAT.

STAY
Emotion
148.000

Modern amuse bouche
Homemade beef jerky tart, clam with Brussels sprout
수제 소고기 육포 타르트, 대합과 미니 양배추
(소고기: 호주산)
2015 Nicolas Feuillatte Brut Blanc de Blancs, Champagne, France

Egg
Slowly cooked and deep fried, fermented kelp vinegar gel, caviar cream
계란 튀김, 다시마 발효 식초 겔, 캐비어 크림
(프로슈토 꼬또: 이탈리아산 돼지)
2020 Auxey-Duresses, Olivier Leflaive, Burgundy, France

Lobster
Naturally cooked, seafood stuffed cappelletti with omija glazing
Lemon infused milk foam, apple condiment
천천히 익힌 랍스터와 카펠레티, 오미자 글레이징, 사과 컨디먼트, 레몬 밀크 폼
2019 Nuits-St-Georges "Les Grandes Vignes", Daniel Rion, Burgundy, France

Poultry
Slowly cooked chicken breast with white soybean paste glazing,
Hen of the woods & leg confit tart, mushroom extraction
백된장 글레이징 닭 가슴살과 양송이 익스트랙션 치킨 소스, 잎새버섯 타르트
(닭 가슴살, 육수: 국내산 닭, 오징어 먹물: 스페인산 오징어)
2019 Châteauneuf-du-Pape, Clos du Mont-Olivet, Rhône, France

Or

Beef
Hanwoo tenderloin
Braised burdock, crispy mushroom powder, beef jus
최상급 한우 안심구이, 우엉, 양송이 버섯, 비프 주스
(소고기: 국내산 한우, 육수: 호주산)

To optimize your dining experience each menu is prepared for the entire table.
Dish can be tailored for vegetarian upon request.
고객님의 풍부한 식사 경험을 위해 테이블 메뉴를 통일하여 주시기 바랍니다.
메뉴는 요청에 따라 채식으로 변경 가능합니다

알레르기 등의 음식 관련 민감 반응 또는 특별한 식이 조절식이 있으시면, 직원에게 알려주시기 바랍니다. 메뉴 가격은 원화이며, 봉사료와 세금이 포함되어 있습니다
Please inform us of any food allergies or special dietary requirements. All prices are in Korean won (KRW) and inclusive of service charge and VAT.

자료 https://www.lottehotel.com/seoul-signiel/ko/dining/restaurant-stay-modern.html

결국, 예로 살펴본 메뉴의 구성은 기본적인 원칙을 따라 구성되고 있음을 알 수 있다.

(3) Restaurant Paul Bocuse 메뉴 구성

프랑스 Lyon 근교에 있는 명성이 높은 레스토랑으로(Michelin Guide ☆☆☆) 미식가들의 로망이었던 레스토랑이다.[31)]

사이트에는 2023년 가을 A LA CARTE MENU와 가격을 달리한 3가지의 코스메뉴(MENU PAUL BOCUSE, MENU BOURGEOIS, MENU OVER THE SEASONS)를 제시하고 있다.

먼저, A LA CARTE MENU의 구성을 보면 다음과 같이 5개의 코스로 구성되어 있다.

ENTRÉES (시작, 개시의 뜻을 가짐. 즉, 전채요리로 해석하면 됨) : Starters
POISSONS (생선) : Seafood
VIANDES (육류) : Meats
FROMAGES (치즈) : Cheeses
DELICES ET GOURMANDISES (맛있고 달콤함. 즉, 후식으로 해석하면 됨) : Desserts

31) 2018년 1월 Paul Bocuse 사망 이후 별 1개를 잃고 2023년 현재 별 2개(☆☆)이다.

Autumn Carte 2023

Starters

Jambonnettes of frogs from France *Patrice François*, carpe from ponds of the Dombes, cressonnière sauce
Grilled leek on a thin puff pastry wafer, lemon pearl mousseline, Ossetra Imperial Caviar 92 €
Marbled duck foie gras confit with artichoke and puff pastry brioche 89 €
Gratin of blue lobster, homemade buckwheat flour crozets 130 €

Seafood

Wild sea bass stuffed in puff pastry shell, Choron sauce (*for two persons*) 220 € per piece
Quenelles of lobster and pikeperch, Champagne sauce, Tradition Elite caviar 94 €
Filets of sole from French fishing "Fernand Point" 98 €
Red mullet dressed in crusty potato scales 90 €

Meats and poultry

Origine France

Bresse chicken *PDO* declined in two ways, cream sauce with morel mushrooms 89 €
Filet of deer from Alsace, Grand Veneur sauce with blackcurrant flavours 92 €
Vol-au-vent of sweetbreads, seasonal mushrooms, yellow wine sauce 98 €
Pigeon cooked in a casserole, juice lightly infused with hay 88 €

To share

Truffled Bresse chicken *PDO* cooked in a bladder, cream sauce with morel mushrooms
(*served whole for two or four persons*) 290 € per piece

Cheeses

Fresh and matured cheese from our terroirs 50 €
Fromage blanc (unfermented cottage cheese) with double cream 25 €

Sweet partition

The choice among all our Delicacies and Temptations on the desserts trolley 50 €

The delicacies served on the plate 45 €

Lovely Apple
candied with elderberries, aromatic hibiscus flower infusion
or
Cocoa origin
New Guinea beans with woody and vegetal flavours, refreshed with cocoa pulp

Dishes are subject to variation in market supply and quality. Consequently, ad hoc adjustments of menu may occur.
TAX AND SERVICE INCLUDED
Other suggestions may be prepared according to season and market availability

자료 https://bocuse.fr/media/original/autumn-carte-2023.pdf

MENU PAUL BOCUSE와 MENU BOURGEOIS 그리고 MENU OVER THE SEASONS의 구성은 AMUSE-BOUCHE, 그리고 범주를 표시하지 않고, 전채, 메인, 치즈 그리고 후식으로 구성하였다.

Menu

Prepared for the entire table

Amuse-bouche

———

Grilled leek on a thin puff pastry wafer, lemon pearl mousseline,
Ossetra Imperial Caviar

———

Pan-fried and glazed duck foie gras from "Sud-Ouest", "Minestrone" spirit

———

Gratin of blue lobster, homemade buckwheat flour crozets

———

Whole truffled Bresse chicken *PDO* cooked in a bladder,
cream sauce with morel mushrooms

———

Fresh and matured cheese from our terroirs

———

Lovely Apple
candied with elderberries, aromatic hibiscus flower infusion
or
Cocoa origin
New Guinea beans with woody and vegetal flavours, refreshed with cocoa pulp

330 € per person

Comme il est difficile d'être simple Vincent Van-Gogh

L'équipage du Restaurant Paul Bocuse et ses meilleurs ouvriers de France vous souhaitent un bon appétit.
Gilles Reinhardt 2004 - Olivier Couvin 2015
Benoit Charvet, champion du monde des desserts glacés 2018

자료 https://bocuse.fr/media/original/autumn-carte-2023.pdf

Menu Bourgeois

Amuse-bouches

Jambonnettes of frogs from France *Patrice François*,
carpe from ponds of the Dombes, cressonnière sauce

Medallion of monkfish 'en viennoise' with lobster coral,
Paimpol beans and clams cooked in a sauté pan

Wild sea bass stuffed in puff pastry shell, Choron sauce (for two persons)

or

Bresse chicken declined in two ways, cream sauce with morel mushrooms

Fresh and matured cheese from our terroirs

The choice among all our Delicacies and Temptations on the desserts trolley 290 €

Menu Over the Seasons

Amuse-bouches

Marbled of duck foie gras confit with artichoke, puff pastry brioche

Quenelles of lobster and pikeperch, Champagne sauce & Tradition Elite caviar

or

Orloff veal chuck, citrus juice condiment

Fresh and matured cheese from our terroirs

The choice among all our Delicacies and Temptations on the desserts trolley 220 €

For our young guests *(12 or younger)* 115 €
Suggestions of one starter and one course – Desserts

자료 https://bocuse.fr/media/original/autumn-carte-2023.pdf

Restaurant Paul Bocuse는 오랫동안 Michelin Guide에서 별 세 개를 획득한 세계적으로 명성을 유지하던 레스토랑이었다.

메뉴의 구성은 그리 복잡하지 않으며, 현대적인 의미의 일반적인 구성 원칙을 지키고 있다. 그리고 계절마다 메뉴의 구성을 새롭게 하고 있는 듯하다.

(4) NOÉ의 사례

NOÉ Restaurant은 미국 LA에 소재하고 있으며, 메뉴의 구성을 보면 그 범주가 전형적이다.

시작(starter) ➡ 메인(entrée) ➡ 그리고 메인과 함께 제공되는 곁들이는 음식인 사이드(side) ➡ 마지막으로 후식(dessert)으로 구성되어 있다.

Welcome to Summer at NOÉ

the flavors of local ingredients and cuisine inspired by the whims of the season

Starter	Price
Spring Salad, baby greens, fennel, orange, shaved purple carrot, sunflower seeds, strawberry vinaigrette[V, Gf]	12
Artichoke Salad, *roasted artichoke, hearts of palm, mixed greens, capers, parmesan, lemon vinaigrette*[V, Gf]	12
Baby Beets, shallot, *citrus, house greek yogurt, quinoa puff*[V, Gf]	13
Little Gem, creamy gorgonzola, smoked pork belly, cherry tomatoes, cucumber ribbons, dill[V, Gf]	14
Lamb Arancini, *lamb, mozzarella, roasted red pepper, leeks, truffle aioli*	15
Vegan Carrot-Coconut Soup, parsnip chips, smoked coconut, micro arugala[V, Gf]	15
Caprese, *burrata, marinated heirloom tomatoes, garden basil, pickled red onions, aged-balsamic reduction*[V, Gf]	15
Yellowtail Sashimi, salted cucumber, pickled ginger, wasabi, soy[Gf]	16
Pan Seared Scallops, *sweet corn pudding, grilled baby leek, nectarines, pickled peppers, chive oil*[Gf]	18
Ahi Tuna Tartare, *cucumber, avocado, pine nut, togarashi oil, pickled jalapeno, sesame, wonton chip*	18

Entrée	
Vegetarian Pasta, *portabella mushroom, peas, tomatoes, spinach, basil cream, pine nuts*[V]	24
Cured Pork Bolognese, *artisan spaghetti, shaved midnight moon, fennel pollen*	26
Rainbow Trout, *roasted asparagus, red lentils, slow-roasted tomatoes, mustard brown butter*[Gf]	26
Scallops Risotto, *seared diver scallops, arborio, crab, shrimp, bay scallops, pea shoots*[Gf]	32
Seared Ahi Tuna, furikake rice, edamame, marinated seaweed, sauce sake ponzu[Gf]	32
ORA King Salmon, sunchoke puree, red quinoa, heirloom carrots, mustard greens, chervil cream[Gf]	29
Roasted Organic Chicken, wild red rice, blistered corn, bell pepper, white cheddar, saffron chicken jus	28
Kurobuta Pork Chop, *yukon puree, chorizo bacon-braised tomatoes, haricot vert, spiced pork jus*[Gf]	33
Seafood Bouillabaisse, *mussels, clams, scallop, shrimp, salmon, crab, grilled bread*	35
Domestic Lamb Rack, *orange cauliflower puree, pickled parsnip, red chard, port wine jus*[Gf]	36
CAB Tenderloin, *fried pee wee potatoes, blue cheese polenta, kale, caramelized shallot glaze*[Gf]	38
14oz Prime Hand Cut Rib Eye, yokon mash, charred rapini, caramelized shallot glaze[Gf]	45

Side	
Haricot Vert, *wild mushrooms, chorizo, smokey braised tomatoes*[Gf]	9
Smash-Fried Pee Wee Potatoes, green garlic aioli[V, Gf]	9
Broccoli Rabe-Rapini, *lemon, garlic butter*[V, Gf]	10
Wild Red Rice, blistered corn, leek, bell pepper, white cheddar[V]	10
Five Cheese Mac, *leek béchamel, herb gratin*[V]	12

Dessert	
White Coffee Crème Brûlée *chocolate covered espresso beans, fresh berries, chocolate straws*[Gf]	12
S'mores Bar *Semi soft chewy oatmeal, cinnamon chocolate ganache, m,arshmallow, passion-berry puree, graham cracker & honey ice cream*	12
Srawberry Panna Cotta *Poached rhubarb, English cream panna cotta, freeze dried strawberry crumble, strawberry sorbet*	12

Restaurant & Bar

Three Course Tasting Menu 50

1st Course (choice of one)

Artichoke Salad, *roasted artichoke, hearts of palm, mixed greens, capers, parmesan, lemon vinaigrette*[Gf]

Caprese
burrata, heirloom tomatoes, garden basil, pickled red onions, aged-balsamic reduction

Entrée (choice of one)

Domestic Lamb Rack, *orange cauliflower puree, pickled parsnip, red chard, port wine jus*

ORA King Salmon, sunchoke puree, red quinoa, heirloom carrots, mustard greens, chervil cream

Dessert

White Coffee Crème Brûlée *chocolate covered espresso beans, fresh berries, chocolate straws*[Gf]

Gluten Free (gf) Vegetarian (V) 20% Service Charge will be added to parties of 6 or more

Notice: Consuming raw or undercooked meats, poultry, seafood, shellfish, or eggs may increase your risk of foodborne illness

2) ITALY RESTAURANT의 메뉴 구성 사례

Italian Restaurant의 메뉴 구성은 과거로부터 이어져 오는 원칙을 유지하고 있다. 일반적으로 다음과 같은 구성 원칙이 있다. 그러나 모든 식당이 이와 같은 기본적인 구성 원칙을 지켜야 하는 것은 아니다.

★ Aperitivo(아페리티보)

식전주와 식후주, 식욕을 돋우는, 입맛을 나게 하는 등과 같은 의미로 사용된다. 그리고 명사로는 식욕 증진제, 입맛을 돋우는 음식이 된다. 그래서 Antipasto(음식)와 Aperitivo(음료)가 혼용되어 사용된다.

★ Antipasto(안티파스토)

안티파스토(전채요리)의 의미로 사용된다. 멋과 맛으로 다음 요리를 기대하게 만드는 창의성이 많이 요구되는 요리이다. 일반적으로 찬 것과 더운 요리로 나누어지나, 찬 요리가 제공되는 것이 일반적이다.

★ Zuppa(주파)

수프를 말한다.

★ Prima(프리마)

시간과 공간적으로 처음, 최초의, 제일의 등과 같은 뜻으로 쓰인다. 첫 번째 코스 요리를 말한다. 일반적으로 따뜻한 요리가 제공된다. 그러나 Antipasto보다는 무거운 요리이나 다음에 제공되는 두 번째 코스 요리보다는 가벼운 요리가 제공된다.

★ Secóndo(세콘도)

제2의, 두 번째의 뜻을 가지고 있다. 주 요리 코스이다. 이 코스에서는 다양한 육류와 생선을 주재료로 만든 요리가 제공된다. Primo 또는 Secondo 코스에서 제공되는 요리는 지역성과 상황을 고려하여 메뉴를 구성하는 것이 중요하다.

★ Contorno(콘토르노)

주 요리에 곁들여 나오는 야채(따위)를 의미한다. 일반적으로 Secondo 코스에서 제공되는 요리와 곁들이는 요리(side dish)로 별도의 그릇에 담아 제공된다. 날것(salad), 또는 조리한 야채가 주재료가 되며, 차게 또는 뜨겁게 제공된다.

★ Insalata(인살라타)

샐러드를 의미한다. 만약 Contorno의 구성이 잎줄기채소가 주를 이루고 있다면 샐러드는 생략될 수도 있다. 만약 그렇지 않다면 가벼운 샐러드로 구성할 수 있다.

★ Formaggio & Frutta(포르마기오 & 프루타)

치즈와 과일을 의미한다. 첫 번째 제공되는 후식이다. 주로 레스토랑이 위치한 지역에서 생산되는 치즈와 계절 과일이 주가 되어야 한다. 지역에서 생산되는 치즈는 Antipasto or Contorno 메뉴를 구성하는데 사용할 수도 있다.

★ Dolce(돌체)

단, 달콤한, 부드러운, 감미로운의 뜻을 가지고 있다. 후식의 의미이다. 치즈와 과일이 제공되고 나면 후식이 제공된다.

★ Caffè(Tè)(카페, 테)

커피(티)의 의미이다. 식사가 끝나면 진한 커피 또는 티가 제공된다.

★ Digestivo(디제스티보)

소화를 돕기 위한 식사 후의 술을 의미한다. 식후주로 소화를 돕기 위해 마시는데, 커피 다음에 제공된다.

아래는 국내 특1등급 호텔과 대중 이태리 레스토랑의 메뉴 구성을 정리한 내용이다.

(1) FOUR SEASON 호텔의 이탈리안 레스토랑 보칼리노(Boccalino)

아래는 이탈리안 레스토랑의 단품메뉴이다.

보칼리노의 단품메뉴의 구성은 다음과 같이 영어와 이탈리아어를 혼용하여 표기하였다.

APPETIZERS & SOUPS
PASTA
PIZZA
ENTRÉES
SIDES
DESSERT

자료 http://www.fourseasons.com/kr/seoul/dining/restaurants/boccalino/

APPETIZERS & SOUPS

OCTOPUS SALAD

Sun-dried Tomato Pesto, Fried Artichoke, Olives, Parsley Dressing

선드라이 토마토, 튀긴 아티초크, 올리브, 파슬리 드레싱
KRW 28,000

BEEF CARPACCIO

Rocket Pesto, Cipriani Sauce, Parmesan, Black Truffle

루꼴라 페스토, 치프리아니 소스, 파마산 치즈, 블랙 트러플
KRW 28,000

ARANCINI

Deep-fried Rice Ball, Bolognese, Mozzarella, Tomato Sauce

볼로네제, 모차렐라, 토마토 소스
KRW 18,000

MUSSELS PLATTER

White Wine Sauce, Black Pepper, Chilli Flakes, Garlic, Focaccia

화이트 와인 소스, 흑후추, 칠리 플레이크 , 마늘, 포카치아
KRW 22,000

ANTIPASTI MISTI

Selection of Italian Cold Cuts, Cheese, Tuscan Chicken Pâté

이탈리안 콜드컷, 견과류, 치킨 파테
KRW 26,000

BURRATA CAPRESE

Burrata Cheese, Marinated Cherry Tomatoes, Basil Pesto, Balsamic Caviar

부라타 치즈, 마리네이드한 토마토, 바질 페스토, 발사믹
KRW 25,000

CAULIFLOWER SOUP

ZUPPA DI PESCE

PASTA

FETTUCCINE LOBSTER

Whole Lobster, Crustacean and Butter Sauce, Lemon, Bottarga

바닷가재, 갑각류 버터 소스, 레몬, 보타르가
KRW 88,000

SPAGHETTONI VONGOLE

Clams, Fresh Chilli, White Wine Sauce, Parsley

조개, 칠리, 화이트 와인 소스, 파슬리
KRW 39,000

MACCHERONCINI CARBONARA

Egg Sauce, Pancetta Chips

크리스피한 돼지고기, 판체타 칩 (블랙 트러플 추가 15,000원)
KRW 40,000 (ADD BLACK TRUFFLE FOR KRW 15,000)

GNOCCHI GORGONZOLA

Gorgonzola Sauce, Caramelized Walnuts

고르곤졸라 소스, 카라멜라이즈 한 호두
KRW 35,000

GRANDMA'S LASAGNA

Layers of Green Pasta, Bolognese Sauce, Sun-dried Tomato

그린 파스타, 볼로네제 소스, 선드라이 토마토
KRW 38,000

TRUFFLE RAVIOLI

Ricotta, Mascarpone, Cream Butter Sauce, Hazelnuts, Rocket

리코타, 마스카포네, 크림 버터 소스, 헤이즐넛, 루콜라
KRW 38,000

PIZZA

MARGHERITA

Tomato Sauce, Mozzarella, Basil

토마토 소스, 모차렐라, 바질
KRW 37,000

VEGETARIANA

Sautéed Vegetables, Mixed Greens

구운 야채, 그린 샐러드
KRW 37,000

DIAVOLA

Spicy Salami, Black Olive

매콤한 살라미, 블랙 올리브
KRW 39,000

TRUFFLE

Crispy Homemade Lardo, Bechamel

홈메이드 라르도, 베사멜
KRW 58,000

QUATTRO FORMAGGI

Gorgonzola, Brie, Parmesan, Provolone

고르곤졸라, 브리, 파마산 치즈, 프로볼로네
KRW 42,000

PARMA HAM

Basil Pesto, Pistachios

바질 페스토, 피스타치오
KRW 50,000

계속 →

ENTRÉES

PIZZA OVEN-BAKED PRAWNS

Herb Panure, Lemon-Peppercorn Butter Sauce

화덕에 구운 왕새우, 허브 파뉘르, 레몬 페퍼콘 버터 소스
KRW 48,000

SEA BASS CARTOCCIO

Baked Sea Bass in Paper Parcel, Acqua Pazza Broth, Clams, Olives, Capers, Lemon

종이 안에서 구워진 농어, 아쿠아파짜 소스, 조개, 올리브, 케이버, 레몬
KRW 62,000

CHICKEN BREAST

Broccolini, Mashed Potatoes, Mustard Chicken Jus

브로콜리니, 매쉬 포테이토, 머스타스 치킨 주스
KRW 42,000

VEAL OSSOBUCO

Traditional Braised Veal Shank, Saffron Fregula Risotto, Gremolata

전통적인 기법으로 브레이징 한 송아지 정강이 요리, 사프란 프레굴라 리소토, 그레몰라타
KRW 78,000

HANWOO 1++ SIRLOIN (180 G)

Cauliflower Purée, Spicy Cauliflower, Beef Jus

콜리플라워 퓨레, 매콤한 콜리플라워, 비프 주스
KRW 98,000

MIXED GRILLED MEAT PLATTER FOR TWO

Short Rib, Lamb, Chicken Breast, Braised Beef, Roasted Garlic, Mashed Potatoes, Baked Cherry Tomatoes, Rosemary Jus

소갈비, 양 갈비, 닭가슴살, 브레이징 한 비프, 구운 마늘, 매쉬드 포테이토, 구운 토마토, 로즈메리 주스
KRW 248,000

SIDES

TRUFFLE MASHED POTATOES

트러플 매쉬드 포테이토
KRW 12,000

GARDEN SALAD

가든 샐러드
KRW 9,000

PARMESAN ASPARAGUS

파마산 아스파라거스
KRW 11,000

SAUTÉED MUSHROOMS

버섯 소테
KRW 11,000

SAUTÉED SPINACH

시금치 소테
KRW 11,000

DESSERT

TIRAMISU

티라미수
KRW 16,000

SEASONAL FRUIT

제철 과일
KRW 15,000

LIMONCELLO TART

리몬첼로 타르트
KRW 16,000

SORBETTI

Pear, Mango, Raspberry

배맛, 망고맛, 라즈베리맛
KRW 8,000

VANILLA CREAM PROFITEROLE

바닐라 크림 프로피트롤
KRW 15,000

AFFOGATO AL CAFFE

Vanilla Ice Cream, Fresh Cream, Espresso Affogato

바닐라 아이스크림, 생크림, 에스프레소 아포가토
KRW 15,000

GELATI

Vanilla Bean, Milk, Bitter Chocolate

바닐라빈맛, 우유맛, 비터 초콜릿맛
KRW 8,000

자료 https://www.fourseasons.com/seoul/dining/menus/boccalino-dinner/

앞서 살펴본 메뉴의 구성을 보면 레스토랑마다 다양한 형식으로 표기하고 있음을 알 수 있다.[32] 그러나 가장 중요한 것은 고객의 측면을 강조하여 고객이 이해하기 쉽도록 메뉴를 구성하고 표기하고 있다는 점이다. 즉, 고전적인 메뉴의 구성을 따르기보다는 메뉴 구성의 기본적인 틀 속에서 유연하게 메뉴를 구성하고 표기하고 있다는 점을 알 수 있다.

32) 단수 또는 복수, 남성, 여성, 이탈리아어 또는 영어, 또는 영어 등 다양한 형식으로 표기하고 있다.

3) 한식당 메뉴의 구성

전통적인 한국음식의 상차림은 밥, 국, 김치를 기본으로 하여 여기에 나물류, 찜류, 찌개 및 선류, 회 등의 반찬을 곁들이는 반상차림이다. 즉, 한국음식의 경우 음식이 코스별로 제공되는 서양식과는 다르게 후식을 제외한 모든 음식이 한꺼번에 제공되는 특징을 가지고 있다. 그러나 식생활의 서구화와 상업적인 외식시장의 발전으로 한식 메뉴의 구성은 많은 변화를 겪고 있다. 그 중 대표적인 변화가 한상차림의 식문화를 코스별로 나누어 제공하는 제공방식의 변화이다.

이와 같은 변화는 고급 한정식집을 중심으로 차츰 일반화되고 있는데, 문제는 한상차림으로 구성된 메뉴를 어떻게 분해하여 코스를 만들며, 만들어진 코스마다 어떻게 이름을 부여할 것인가이다.

일반적인 시도는 서양음식의 제공 순서를 차용하여 따르며, 코스의 길이는 한식이 가지고 있는 첩상의 개념을 도입하고 있는 듯하다. 즉, 고급 한정식일수록 코스가 많아지며, 메뉴의 구성도 복잡해진다. 그러나 통일된 기준은 없으며, 관리자와 조리사의 아이디어와 그들이 가지고 있는 한식과 서양음식에 대한 지식의 정도에 따라 각각 다른 접근을 시도하고 있는 듯하다.

(1) 국내 유명 식당의 점심과 저녁 메뉴 구성

★ 모던 한식 메뉴를 지향하는 한정식집의 메뉴 구성

점심상 Lunch Course / KRW 185,000

주안상 ; 우리 술과 7종 한입거리

참치 회 무침과 캐비어

대게 잣 죽

금태찜

트러플 콩국수

MAIN

은어 솥밥과 제철반상
or
양갈비 된장구이

숙성 한우 1++ 채끝구이 +20,000

DESSERT

이보생맥산

다과 카트와 커피 또는 차

추가 메뉴

송이 육회 +49,000

호박꽃 튀김 +20,000

흙내음 +19,000

(주말, 공휴일 런치는 식전음료포함 215,000입니다.)

계속 →

저녁상 Dinner Course / KRW 295,000

김치 카트

우리 술과 작은 안주를 곁들인 주안상

참치 회 무침과 캐비어

송이 찜탕

호박꽃 튀김

금태찜

MAIN

그 유명한 한우 떡갈비
or
숙성 한우 1++ 채끝구이

은어 솥밥과 제철반상

DESSERT

이보생맥산

다과 카트와 커피 또는 차

추가메뉴

송이 육회 +49,000

트러플 콩국수 +35,000

봄의 흙내음 +19,000

미식상 Chef Tasting Course / KRW 340,000

김치 카트

우리 술과 작은 안주를 곁들인 주안상

대게 캐비어 잣죽

송이 육회

호박꽃 튀김

금태찜

트러플 콩국수

MAIN

그 유명한 한우 떡갈비
or
숙성 한우 1++ 채끝구이

은어 솥밥과 제철반상

DESSERT

흙내음

다과 카트와 커피 또는 차

자료 http://www.kwonsooksoo.com/menu.asp

★ 전통 한식 메뉴를 지향하는 한정식 메뉴 구성

LAYEON

라연 羅宴

환영 음식
Welcome Dish

버섯 수란과 잣죽
Poached Egg and Wild Mushrooms with Pine Nut Porridge

옥돔구이
Pan-fried Red Tilefish with Wild Parsnip Pesto

국내산 한우요리_전복 떡갈비, 갈비찜 중 선택
갈비찜 선택 (₩60,000 추가)
Grilled Korean Beef Short Rib Pattie Stuffed with Abalone or
Braised Korean Beef Short Ribs in Sweet Soy Sauce (₩60,000 extra)

진지_육회 비빔밥, 전복 비빔 솥밥 중 선택
Mixed Rice with Vegetables and Korean Beef Tartare or
Hot Pot Rice with Vegetables and Abalone

밤 아이스크림
Chestnut Ice Cream with Red Bean Mousse

다과
Korean Tea and Refreshments

₩ 195,000

NOK

VEGETARIAN MENU

녹

綠

환영음식
Welcome Dish

채소 전채
Seasonal Vegetable Appetizer

영양 잣죽
Nutritious Pine Nut Porridge

채소구이
Assorted Pan-fried Seasonal Vegetables

진지_채식 비빔밥
Mixed Rice with Vegetables

후식
Dessert

다과
Korean Tea and Refreshments

₩ 195,000

베지테리언 메뉴는 비건 메뉴로 구성되며, 요청 시 다른 베지테리언 메뉴로도 변경이 가능합니다.
Our Vegetarian menu is vegan and may be adjusted upon request.

식재료는 수급상황에 따라 변경될 수 있습니다.
Ingredients may changes according to availability.

자료 https://www.shilla.net/seoul/dining/viewDining.do?contId=KRN#ad-image-0

위에 제시한 메뉴 구성의 내용을 분석해 보면 한상 차림의 음식을 코스별로 구성한 것으로 판단된다. 예를 들면 양식과 같이 전채요리라는 첫 번째 코스의 하부에 구체적인 아이템을 배열하고, 수프라는 또 다른 코스에 구체적인 아이템을 배열하는 일품요리 메뉴가 아닌 정찬 메뉴의 형식을 유지하고 있다.

이를 보다 구체적으로 설명하면 3개의 코스 메뉴(예: A B C)를 제공하는 특정 한식당의 경우, A 코스를 선택한 고객에게는 사전에 정해진 아이템으로 구성된 음식들이 제공되는 형식이다. 즉, 손님이 본인이 원하는 것을 직접 주문하여 메뉴를 구성하는 일품요리가 아니라, 사전에 정해진 정식메뉴의 형태라는 점이다. 그렇기 때문에 정해진 규칙이 없으며 비교적 자유롭게 메뉴를 구성할 수 있다는 장점이 있다.

4) 일식 카이세키 메뉴 구성

일반적으로 일식 가이세키 메뉴 구성은 다음과 같은 내용과 순서를 따른다.

① **사키쓰케(진미)**; 先附(さきつけ)

코스의 첫 번째 요리로 고객이 주문한 메뉴를 잠깐 기다린다는 의미를 갖고 담백하면서 가벼운 요리나 간단한 술안주 개념의 요리를 냄. 계절에 맞는 식재료를 사용하여 제공한다.

② **젠사이(전채)**; 前菜(ぜんさい)

양식에서의 애피타이저 개념의 요리로 일본요리 특징의 색과 모양 및 공간, 계절감각을 최대한 살려낸다. 무침, 튀김, 구이, 초회, 두부 요리 등 다양한 요리법을 사용하며 3종, 5종, 7종 등 홀수로 가짓수를 맞춰 메뉴를 구성한다. 정식 코스의 최초의 요리로 고객의 시선이 집중되며 다음에 나오는 요리를 예측하게 하기 때문에 코스에서 매우 중요한 역할을 한다.

③ **스이모노(맑은국)**; 吸物(すいもの)

맑은 국으로 전채요리나 술안주로 입 안에 남아 있는 단맛을 씻어 주는 역할을 한다. 간을 거의 하지 않고 입안을 개운하게 함과 동시에 뚜껑을 열었을 때 계절의 향기를 느끼게 하는 담백한 맛이 나도록 하는 것이 중요하다. 그리고 재료는 제철 생선뼈나 조개류 또는 채소를 갈아 육수의 베이스로 사용한다.

④ **오스쓰쿠리(사시미)**; お造り(おつくり)[33]

보통 사시미라고 불리며 가짓수는 홀수로 3종이나 5종, 7종으로 담아낸다. 제철 생선으로 구성하며 참치, 흰살 생선, 등이 푸른 생선, 조개류, 오징어, 성게 알 등으로 제공한다.

⑤ **야키모노(구이)**; 焼物(やきもの)

구이 요리로 메뉴의 중간에 제공된다. 보통은 생선구이를 내지만 근래에는 쇠고기나 닭고기 등을 내기도 한다. 주재료인 생선을 아름답고 멋있게 굽는 것이 핵심이다. 제철에 맞는 생선을 주로 사용하며 소금을 뿌려 굽는 방법과 간장이나 된장에 절여 밑간을 한 후 굽는 방법이 있다. 통째로 구운 것은 사각 접시에, 살만 구운 것은 둥근 접시에 담는 것이 일반적이다.

⑥ **니모노(조림)**; 煮物(にもの)

조림 요리로 생선이나 채소를 이용하여 조리한다. 코스가 진행되는 가운데 잠깐 쉼으로써 다음 요리에 기대감을 주는 경우가 있다.

⑦ **아게모노(튀김)**; 揚物(あげもの)

튀김 요리로 일반적으로 덴푸라라고 많이 알려져 있다. 재료는 제철 생선이나 채소를 사용하며 간단한 손질만 한 후 또는 2가지 이상 재료를 섞어 튀겨낸다.

⑧ **무시모노(찜)**; 蒸物(むしもの)

찜 요리로 증기를 이용하여 조리하는 요리이다.

⑨ **스노모노(초무침)**; 酢物(すのもの)

초무침으로 재료에 식초로 간을 한 무침 요리이다.

---

33) 코스에서 오스쓰쿠리(사시미) 다음 야끼모노(구이), 니모노(조림), 무시모노(찜), 스노모노(초무침) 등은 다 제공되지 않고 코스 컨셉에 맞는 요리 한 가지나 두 가지가 추가되며, 시이자카나(추천요리)라고 해서 코스의 중간 이후에 나오는 일품요리 개념으로 제공된다. 그리고 식사로 코스가 마무리된다.

⑩ **식사**; 食事(しょくじ)

밥이나 면 종류가 제공되며 쯔께모노(채소절임)와 된장국을 같이 제공한다.

⑪ **구다모노(후식)**; 果物(くだもの)[34)]

과일이나 요깡(일본 전통과자 중의 한 종류), 떡, 아이스크림, 단팥죽, 모나카(일본 전통과자 중의 한 종류) 등이 있다.

다음은 국내 특1등급 호텔의 일식당과 대중 일식당의 메뉴 구성을 조사하여 정리한 것이다.

★ 국내 특1등급 호텔의 일식 레스토랑 메뉴 구성

	L	M	C	S
진미(사끼스께)	×	×	○	○
전채(젠사이)	○	○	×	○
맑은국(스이모노)	○	○	○	○
사시미(오츠쿠리)	○	○	○	○
구이(야끼모노)	○	○	○	○
조림(니모노)	○	×	○	×
튀김(아게모노)	○	○	○	○
찜(무시모노)	○	○	×	○
초회(스노모노)	×	○	×	×
식사(쇼규지)	○	○	○	○
후식(구다모노)	○	○	○	○

34) 후식에서 요깡은 일본 전통과자 중의 한 종류로 팥이나 밀가루, 녹말, 설탕을 섞어 한천으로 굳힌 일본 화과자의 일종이다. 모나카는 찹쌀가루를 얇게 밀어 구운 피에 팥, 깨 등 앙금을 넣어 만든 전통과자이다.

★ 국내 대중 일식 레스토랑의 메뉴 구성

	G	S	K
진미(사끼스께)	×	○	×
전채(젠사이)	○	×	○
맑은국(스이모노)	○	○	○
사시미(오츠쿠리)	○	○	○
구이(야끼모노)	○	○	○
조림(니모노)	○	×	×
튀김(아게모노)	×	○	○
찜(무시모노)	×	×	○
초회(스노모노)	○	○	×
식사(쇼규지)	○	○	○
후식(구다모노)	○	○	○

5) 중국 식당 메뉴의 구성

중국 음식 메뉴는 한자로 구성되어 있고, 요리의 이름에 주재료와 조리법이 다 표현되어 있어, 한자를 이해하면 좀 더 빨리 메뉴를 이해할 수 있다.

대부분 중국요리 코스명의 마지막에 그 요리에 해당되는 주재료가 들어가거나 혹은 탕 요리는 湯(탕) 혹은 羹(갱) 자가 쓰인다. 육류 같은 경우에는 일반적으로 肉(육) 자가 들어가면 돼지고기를 의미한다. 그리고 밥이나 면류는 飯(반) 혹은 麵(면)이라고 표기되기 때문에 마지막 한자만 이해를 한다면 조금 더 쉽게 메뉴를 이해할 수 있다.

중식 코스에서 냉채(전채에 해당)는 대부분 찬 음식으로 구성되며 따뜻하게 제공되는 부분은 극히 드물다. 재료로는 해파리, 관자, 오향장육, 닭고기, 전복, 소라가 보편적으로 쓰이며, 재료에 가짓수로 3品(품) 혹은 4品(품)으로 나뉜다. 그리고 가격대가 조금 높은 코스에는 전복이 포함되며, 현재는 3품 4품으로 표기를 안 하고, 일반적으로 냉채 혹은 拼盤(평반)으로 표기를 한다.

중식 코스는 양식처럼 뚜렷한 메인이 없으며, 가격대별로 요리를 구성하여 가격에 맞게 요리에 들어가는 재료에 차별화를 두며, 일반적으로 코스별로 4~5가지의 요리가 제공된다. 가격대가 조금 낮은 코스에는 냉채 다음에 탕요리(양식의 스프)가 제공되며, 가격대가 조금 높은 경우에 배(扒: 볶아놓은 음식 위에 소스류를 얹은 요리)라는 조리법으로 만든 요리가 제공된다. 다만, 불도장(佛跳牆) 같은 경우 업장에 따라서 높은 가격 코스에 두 번째로 혹은 마지막에 제공될 수가 있다.

양식은 곁들이는 요리(side dishes)라는 게 있어서 메인에 약간의 야채를 함께 제공하는데(메인과 함께 또는 별도로), 중식 같은 경우는 곁들이는 요리(side dishes)라는 개념이 없기 때문에 따로 메인이 없고 코스 구성으로 해물과 육류가 잘 조합된 코스 메뉴가 제공된다. 코스 중에서도 가격대가 높은 코스는 샥스핀, 전복 혹은 불도장이 포함되며, 일반적으로 이 3가지가 포함된 코스는 가격대가 높은 편이다.

중식 코스요리는 서양요리처럼 전채, 주 요리, 후식이 코스 구성의 기본 골격이다. 그러나 레스토랑 혹은 행사의 성격에 따라 코스의 구성이 달라지기도 한다. 중국인들은 짝수를 좋아하므로 보통 전채 2종류, 주요리 4종류, 후식 2종류를 기본으로 하고 전채와 주요리 사이에 탕채(서양의 수프) 혹은 배(扒)차이[35]를 첨가시키는데 많을 때에는 전채 4종류, 주요리 8종류, 후식 2종류로 메뉴를 구성하기도 한다.

위의 기본적인 틀을 중심으로 중식 메뉴의 구성을 보다 구체적으로 살펴보면 다음과 같다.

첫째, 전채(前菜)

전채로는 냉채를 많이 내는데, 찬 음식이라서 다 생 음식이 아니라 미리 데치거나 조리를 한 후 식힌 요리이다. 식사 시작 전에 술과 함께 곁들이기 좋은 음식이다. 냉채라고 해서 반드시 차게 제공되는 것은 아니다. 조리하자마자 뜨거울 때 테이블에 올리는 경우도 있다.

찬 요리 2가지와 뜨거운 요리 2가지를 내는 것이 보통이다. 냉채를 몇 종류 배합시켜 담아 내놓는 요리를 병반(拼盤)이라고 하는데 접시에 담은 모양이나 맛의 배합에 세심한 신경을 써서 식욕을 돋우게 한다. 조리법으로는 무침 요리인 拌(반), 훈제 요리

35) 볶아놓은 음식 위에 소스류를 얹은 요리

인 燻(훈)이 많이 쓰인다.

둘째, 주 요리(大菜)

따차이(大菜)라고 하는 주 요리는 湯(탕), 튀김(炸), 볶음(볶음류 요리), 유채[36] 등의 순서로 나오는 것이 일반적이나, 순서 없이 나오기도 한다. 대규모의 연회에서는 찜,[37] 삶은 요리[38] 등이 추가된다.

또한 우리나라의 국이나 서양의 수프에 해당하는 탕채[39]는 전채가 끝나고 주 요리에 들어가기 전에 입안을 깨끗이 가시고 주 요리의 식욕을 돋우게 한다는 의미로 나오는 요리이다. 주 요리의 중간이나 끝 무렵에 내는 경우도 있다. 처음에는 걸쭉하거나 국물기가 많은 조림 등을 내며 끝에는 국물이 많은 요리를 제공한다. 그러나 요즘은 주로 유(溜)채 혹은 배(扒)채를 전채 다음으로 많이 제공한다. 유채는 쉽게 생각하면 흔히 먹는 유산슬이란 요리 형태라고 보면 되고, 배채는 볶아놓은 재료 위에 다시 녹말소스를 얹어 놓은 요리로, 흔히 전가복(볶아놓은 음식 위에 또 다른 소스를 끼얹은 요리)이란 요리로 생각하면 된다. 이 중간에 육류와 해산물도 포함이 된다.

셋째, 후식(甛品)

코스의 마지막을 장식하는 요리이며, 앞서 먹었던 요리의 맛이 남아있는 입안을 단맛으로 가시라는 의미가 포함되어 있다. 보통 복숭아 조림, 중국 약식, 사과탕 등 산뜻한 음식이 쓰이며, 현재는 대부분 과일이 제공된다. 단 음식이 나오면 일단 코스가 끝났다고 보아야 한다.

---

36) 溜: 쉽게 설명하자면 유산슬 조리법. 조미한 물 녹말을 얹은 요리

37) 蒸: 중식에서는 찜은 다증이라는 조리법

38) 삶아서 차게 식히거나 혹은 수육처럼 따뜻하게도 제공된다.

39) 湯: 국물요리

중식 메뉴는 양식 메뉴와는 달리, 메뉴의 구성이 식재료와 요리방법을 중심으로 전채 ➡ 메인 ➡ 후식의 순으로 구성된다. 즉, 전채 ➡ 메인 ➡ 후식의 기본 원칙 하에서 각각 식재료의 종류와 요리방법별로 나누어 메뉴를 구성하고 있다.

다음은 특 1등급 호텔의 중식당 3곳의 메뉴를 정리한 것이다. 이 메뉴의 구성을 보면 코스 요리로 가격을 기준으로 코스에 특정 이름을 명명한다. 그러나 재료별로 음식을 구성한 A La Carte Menu가 존재하기는 하나 한국에서는 큰 의미가 없는 듯하다. 즉, 한식 메뉴의 구성처럼 코스별로 음식을 구성하여 제공하는 식이라고 이해하면 된다.

★ 중국 식당 메뉴 구성의 일례

메뉴의 구성	ㅇㅇ호텔PS	ㅇㅇ호텔MH	ㅇㅇ호텔KR
1	美味特色拼盆 특선전채	萬豪特色冷盤 만호특품냉채	宏图大展拼盘 홍토 대전 병반
2	紅燒靑尾大排翅 홍초소스 상어 꼬리지느러미 찜	海燕佛跳牆 제비집불도장	竹笙烩官燕 죽생 제비집
3	北京片皮鴨 북경오리	一品海蔘鮑魚 일품해삼전복	翡翠自然松茸极品鲍鱼 비취 자연송이 길품 전복
4	古法佛跳墻 고법 불도장	金瑤銀絲蒸龍蝦 활바닷가재찜	鲜龙虾(豆豉, 姜葱, 千烧汁) 활 바닷가재(로딩콩, 생강파, 칠리)
5	漁香原隻海蔘 어향소스 통해삼 찜	北京烤鴨 북경오리	主厨特选韩牛牛腩雪花肉 조리장 특제소스 한우 채끝살
6	食事 식사	黑醋牛柳煎鵝肝 흑식초한우안심과 푸아그라	北京烤鸭 북경 카오야
7	甛品 후식	食事 식사	主食 식사
8		水煮紅豆沙元宵或 季節水果 찹쌀떡탕과 계절과일	餐后甜品 후식

위의 중국 식당 메뉴 구성에서 살펴본 바와 같이 중식당의 경우도 한식당의 메뉴 구성과 같이 A LA CARTE 구성이 어려워 보인다. 그 결과 주로 코스를 중심으로 메뉴가 구성되며, 코스의 구성은 메뉴의 기본적인 구성인 전채, 메인, 후식의 순을 따르고 있다고 판단한다.

이와 같이 메뉴의 구성은 과거의 정통적인 메뉴 구성의 원칙에서 벗어나 레스토랑의 수준과 Concept에 따라 다양하다. 우선, 코스의 명칭은 프랑스 레스토랑과 이태리, 그리고 일식 레스토랑의 경우는 과거에서부터 전해 내려오는 원칙을 유지하고 있으나, 코스의 수는 레스토랑의 수준과 가격에 따라 많이 다르다는 것을 알 수 있다. 그러나 시작, 메인, 그리고 후식이라는 틀은 그대로 유지하고 있다.

반면에, 한식과 중식의 경우는 순서를 정한 공통적인 원칙이 없어(한상 차림이기 때문에), 순서에 따라 부여된 명칭이 각각 다르다는 점을 알 수 있다. 그 결과 한상 차림의 음식을 코스로 분리해서 코스에 따라 음식을 구성하고 있다. 즉, 고객의 입장에서 메뉴가 구성되는 것이 아니라, 판매자의 입장에서 메뉴가 구성되고 있다는 점을 알 수 있다.

6) 와인 리스트 구성 사례

일반적으로 와인을 분류하는 기준은 색깔, 당분함량, 용도, 입안에서 느껴지는 와인 맛의 무게감인 바디(body), 양조방법, 그리고 저장 기간 등이다. 이와 같은 기본적인 분류기준을 바탕으로 포도품종, 생산지역, 생산연도, 가격, 다양성 등을 추가로 고려하여 와인 리스트를 구성하면 된다. 즉, 고객이 원하는 와인을 고르는데 필요한 기본적인 정보가 제공되어야 한다는 의미이다.

예를 들면, 아래의 와인 리스트는 색깔을 기준으로 와인 리스트를 범주화하고, 그 하위에 구체적인 와인명과 다른 정보를 제공하고 있다.

» WINE LIST

- White
- Red
- Champagne & Sparkling Wine
- Rose
- Dessert

또한 와인의 맛(풍미)을 기준으로 당분 함량이 높은 와인에서 낮은 와인으로 와인을 범주화하기도 했다. 맛이 더 달콤하고 매우 부드러운 와인부터 시작하여 더 드라이하고 맛이 강한 와인으로 구성된다.

SPARKLING WINES
Listed from milder to stronger

SWEET WHITE/BLUSH WINES[40)]
Listed from sweetest to least sweet

DRY LIGHT TO MEDIUM INTENSITY WHITE WINES
Listed from milder to stronger

DRY MEDIUM TO FULL INTENSITY WHITE WINES
Listed from milder to stronger

DRY LIGHT TO MEDIUM INTENSITY RED WINES
Listed from milder to stronger

DRY MEDIUM TO FULL INTENSITY RED WINES
Listed from milder to stronger

자료 https://www.starwoodhotels.com/pub/media/1010/BQT_wine_list.cgi.pdf

다음은 NOÉ Restaurant & Bar가 제공했던 "Progressive Wine List"이다.[41)] 포도품종을 기준으로 범주를 구분하고, 맛을 기준으로 (Sweet → Strong으로) 순서별로 배열했다.

40) 캘리포니아의 엷은 "핑크색 와인"을 말한다. 일반적으로 미국에서 블러시 와인(Blush wines)은 엷은 핑크빛에서 살구빛 정도에 이르는 와인을 가리킬 때 쓰는 용어로 적포도를 으깬 후 색소가 많이 녹아나기 전에 고형성분을 제거한 주스를 발효시켜 만든 와인이다.

41) 251 South Olive Street LA. California 90012

Half Bottle Sparkling

Half Bottle White

- Sweet
- Light and Medium Intensity
  Listed from milder to stronger
- Full Intensity

Half Bottle Red

- Light Intensity
- Light and Medium Intensity
  Listed from milder to stronger
- Full Intensity

Champagne & Sparkling

- Dry
  Listed from milder to stronger

Sauvignon Blanc

- Light Intensity
  Listed from milder to stronger

Interesting Sweet Whites

- Sweet and Off-Dry
  Listed from sweetest to least sweet

Interesting Dry Whites

- Light Intensity White/Rosé Wines
  Listed from milder to stronger
- Medium Intensity White Wines
  Listed from milder to stronger

Chardonnay

- Medium Intensity
  Listed from milder to stronger
- Full Intensity
  Listed from milder to stronger

Pinot Noir

- Light Intensity
  Listed from milder to stronger
- Medium Intensity
  Listed from milder to stronger

Merlot

- Medium & Full Intensity
  Listed from milder to stronger

Interesting Reds

- Light and Medium Intensity Red Wines
  Listed from milder to stronger
- Full Intensity Red Wines
  Listed from milder to stronger

Rhone Varietal Reds & Syrah

- Light, Medium and Full Intensity

Meritage[42)]

- Medium and Full Intensity
  Listed from milder to stronger

Zinfandel

- Medium and Full Intensity
  Listed from milder to stronger

Cabernet Sauvignon

- Medium Intensity
  Listed from milder to stronger
- Full Intensity
  Listed from milder to stronger

Dessert & Port Wine

자료 https://www.omnihotels.com/-/media/images/hotels/laxctr/restaurants/menus/laxctr-noe-summer-wine-list-0815.pdf?la=en

42) Merit(장점)와 Heritage(유산)의 합성어로 Meritage는 Blending한 와인의 법적인 지위를 설립하기 위해 1980년대 후반 캘리포니아(California) 양조장이 만들어냈다.

다음은 영국 런던에 있는 Spring[43]이란 레스토랑의 Wine List이다.

HOUSE COCKTAILS

HOUSE MADE MINERALS AND SEASONAL JUICES

BY THE GLASS
- SPARKLING
- WHITE
- ROSE
- RED
- CORAVIN [44]
- SWEET

SPARKLING

ROSE

WHITE(France/Italy/Greece/Germany/Austria/Spain/Portugal/Australia/Rest of the New World)

RED(France/Italy/Slovenia/Germany/Austria/Spain/Australia/Rest of the New World)

SWEET

FORTIFIED

HOUSE MADE RIQUEURS

SPIRITS(Vodka & Gin/Brandy/Rum & Tequila)

WHISKY(Irish/American/Eau de Vie)

자료 http://springrestaurant.co.uk/wp-content/uploads/2017/03/Wine-list-070417.pdf

43) Somerset House, New Wing, Lancaster Place, London, WC2R 1LA

44) 가느다란 바늘과 아르곤가스를 이용, 와인마개인 코르크를 제거하지 않은 상태에서 병 안에 있는 와인을 따를 수 있도록 고안된 도구이다. 이러한 도구를 이용하여 서빙하는 와인을 꼬라뱅(Coravin wines)이라고 칭한다.

와인 리스트의 경우는 식료와 달라 더 다양한 형태로 구성되어 있다. 모든 음료를 한 곳의 메뉴(리스트)에 모아서 제공하기도 하고, 분리하여 제공하기도 한다. 그리고 다양한 종류의 알코올음료를 제공하는 곳도 있으나, 몇 가지 한정된 알코올음료만을 제공하는 곳도 있다.

결국, 음료리스트도 정한 원칙은 있으나, 업장의 수준에 따라 고객의 입장에서 구성하면 문제가 없을 것으로 생각한다. 즉, 정보제공과 마케팅도구로, 그리고 관리도구로서의 역할을 강조해야 할 필요가 있다.

 메뉴아이템 선정 절차와 방법

1. 아이템 선정 절차

메뉴판(북)에 제공할 아이템을 선정하는 절차와 방법은 레스토랑의 소유 형태와 규모, 업종과 신규 오픈하는 레스토랑인가? 기존 영업 중인 레스토랑인가? 등에 따라 다르다. 일반적으로 다음과 같은 절차를 따른다.

1) 미팅소집

개업 준비 중인 레스토랑과 영업 중인 레스토랑의 메뉴(계획)개발의 절차는 다르다. 영업 중인 레스토랑의 경우 관리자가 메뉴를 교체하여야 할 필요성을 느끼면 그동안의 평가와 분석 자료를 바탕으로 새로운 메뉴계획을 위한 미팅을 소집한다.

미팅에 참여하는 관계자는 규모와 소유형태, 그리고 업장의 유형 등에 따라 다르기는 하지만, 일반적으로 해당 업장의 지배인과 주방장, 그리고 식음부서의 총책임자와 부책임자, 그리고 식음료 원가 담당자와 구매담당자 등이다. 즉, 메뉴와 직접적인 관련이 있는 관계자들로 구성하면 된다.

이 모임을 주관하는 책임자는 미팅에서 최고경영자의 철학과 가이드라인을 언급한 후, 필요한 정보를 제공한다. 그리고 미팅에 참석한 모든 사람들로부터 아이템의 선정에 대해서 제안을 듣는다. 주로 원가와 질, 식자재의 공급시장 상황, 재고 상황, 가격과 분량, 고객의 취향, 식사패턴, 생산가능성(시설, 생산과 서빙부문 종업원의 수준 등), 선호도, 수익성, 다양성, 최근 트렌드 등에 대한 내용들을 논의한 후 1차적으로 메뉴상에 제공될 아이템을 선정한다.[45)]

---

45) 아이템 선정에 참고하여야 하는 내용을 다음과 같이 정리하기도 한다.
① 준비방식, 분량의 크기, 원가, 영양가 분석 등이 정리되어 있는 표준 Recipe 파일
② 사용 중인 메뉴 카피와 고객에게 제공되는 음식을 찍은 사진
③ 참고가 될 수 있는 요리책, 전문잡지 등
④ 선호했던 아이템

1차적으로 선정되는 아이템의 선정기준은 원가, 수익성, 레스토랑의 주제와 일치, 경제적으로 생산할 수 있는 기기 유무와 용량의 적합성 여부, 주방공간의 적합성 여부, 종업원 수와 기능의 적합성 여부, 원식자재의 조달가능성 여부, 재고상황, 설정된 질의 표준유지 여부, 그리고 위생상의 문제점 유무 등이다.[46]

2) 시험

1차적으로 선정된 아이템이 고객의 욕구와 필요를 충족시킴과 동시에 조직의 목표를 달성할 수 있는 아이템인가를 실험(test)을 통하여 최종적으로 결정하여야 한다. 즉

---

⑤ 시장상황
⑥ 고객의 조언
⑦ 식재 배달 스케줄
⑧ 정리해 둔 메뉴 아이템 리스트(가격이 포함된)
⑨ 판매기록
⑩ 생산기록

46) 메뉴를 개발함에 있어 참고하여야 할 사항들을 다음과 같이 정리하기도 한다.
① 시장조사(Conduct a market study)
② 경쟁사 분석 수행(Perform a competitive analysis)
③ 레스토랑 평론가 또는 비평가들과 인터뷰(Interview restaurant critics/reviewers)
④ 푸드 쇼에 참가(Attend food shows)
⑤ 통일된 주제 개발(Develop unified theme)
⑥ 최근 트렌드를 반영(Include current trends)
⑦ 영양가에 대한 내용을 분석(Analyze nutritional content)
⑧ 메뉴 아이템에 대한 균형과 다양성을 확인(Ensure variety and balance of menu items)
⑨ 정확하게 메뉴가격을 결정(Price the menu accurately)
⑩ 원식재료가 가능한가를 확인(Check on availability of food products)
⑪ 조리사의 기능수준, 그리고 주방의 각 스테이션과 메뉴와의 균형유지(Match the menu with the skill level of kitchen personnel and balance the production station)
⑫ 인건비 통제(Control labour costs)
⑬ 전채와 후식에 대한 판매촉진으로 매출을 증가(Increase sales with menu merchandising of appetizers and desserts)
⑭ Recipe를 테스트하고, 수정(Test recipes and make adjustments)
⑮ Recipe를 표준화(Standardize recipes)
⑯ 맛에 대한 Testing(Conduct a taste testing)
⑰ 곁들이는 음식, 음식 담기, 그리고 양에 대한 표준을 작성(Establish garnish, plating and portion standards)

선정된 모든 아이템을 생산한 후 생산 상의 문제점(시설, 기기, 기능, 식자재의 공급시장 상황, 조리방식 등), 서비스 상의 문제점, 맛, 양, 시각적인 어필, 소스, 가니시, 원가, 매가, 수익성, 경쟁사 등의 문제점을 찾아내어 고려하게 된다. 그런 다음 메뉴상에 제공될 최종적인 아이템을 선정하게 되고, 조리사와 서빙 종사원을 대상으로 선정된 아이템에 대한 생산교육과 서빙교육을 실시한 후 고객에게 제공되어야 한다.

이 실험에는 소비자 또는 전문가로 패널(panel)이 구성되는 것이 원칙이나, 대부분의 외식업체 또는 호텔에서는 내부의 관계자들이 시식하는 것으로 대신한다. 그러나 내부의 몇몇 관계자들의 기호가 그 아이템이 제공될 특정 레스토랑 타깃 고객의 기호와 선호를 대신할 수 없다는 점을 알아야 한다.

3) 품질관리

실험을 거쳐서 메뉴상에 제시될 최종적인 아이템이 선정되면 그 아이템의 내용과 모양, 맛, 원가, 분량, 조리방식, 서빙방법 등이 항상 표준을 유지할 수 있도록 표 2-3 과 같은 표준 양목표(recipe)를 작성한다. 레스토랑에 따라 다른 이름으로 사용되고 있지만, 표준 Recipe, 또는 표준 양목표로 칭한다.

이 카드에 포함될 내용은 다를 수도 있지만, 이 카드의 중요성을 인식하고 있는 관리자는 그 아이템을 만드는데 요구되는 모든 재료의 양과 단위, 단위당 원가, 만드는 방법, 특정시점에서 1인분을 만드는데 소요되는 총원가, 매가, 이 아이템을 만드는데 요구되는 요리사의 수준, 아이템을 완성하는데 걸리는 시간, 조리에 요구되는 도구, 완성된 음식을 담을 그릇의 명칭과 크기, 서빙방법, 그리고 조리가 완성되어 제공할 그릇에 담겨진 상태로 찍은 사진 등이 포함되어야 한다.

표 2-3 • **표준 양목표의 일례**

아이템명	FILET DE BOEUF AU POIVRE, POMMES SAUTÉES À CRU (필레 드 뵈프 오 쁘와브르 뽐 쏘떼 아 크뤼)				
레시피 #	12				
1인분량	150g				
원 가	10,000원		사 진		
매 가	25,000원				
원가율	40%				
주 재 료	**단위**	**내 역**	**양**	**단위당 원가**	**계**
Fillet of beef	kg		0.150		
Pepper corns	kg	Crashed	0.080		
Oil	ℓ		0.040		
Butter	kg		0.040		
소 스					
Cognac	ℓ		0.040		
Thickened brown veal stock	ℓ		0.040		
Double cream	ℓ		0.100		
Butter	kg		0.040		
곁들이는 가니시					
Potatoes	kg	Sliced	2.000		
Oil	ℓ		0.200		
Butter	kg		0.040		
Parsley	kg		0.020		
조미료					
Salt	kg		약간		
만드는 방법 및 요구되는 기능	수준 ○○의 요리사가 한다.				
담는 방법	사진과 같이 ○○인치 접시에 담아 제공한다.				
준비하는데 소요되는 시간	30분 정도				
조리에 소요되는 시간	22분 정도				

이와 같은 준비가 있을 때만이 이 아이템은 누가 언제 만들어도 같은 재료로, 같은 맛을 내는 아이템으로 생산할 수 있어 계속적으로 같은 품질을 유지할 수 있다. 또한 생산과 서빙부서의 종사원들에게 교육용으로 활용할 수도 있다.

2. 아이템 선정 방법

성공적인 메뉴란 가장 경제적으로 고객의 욕구와 필요를 최대한 만족시킴과 동시에 조직의 목표를 달성할 수 있는 메뉴를 말한다. 이러한 메뉴가 되기 위해서는 아이템의 선정이 성공적으로 이루어져야 한다.

대부분의 레스토랑의 경우는 일정 기간 동안 고정된 메뉴를 제공한다. 그리고 일정 기간(예: 6개월 또는 1년)이 지나면 영업결과(메뉴)에 대한 평가와 분석을 거쳐 메뉴상의 아이템을 조정한다. 즉, 유지할 아이템, 추가할 아이템, 삭제할 아이템, 내용을 수정할 아이템 등을 결정하여 새로운 메뉴가 구성되는 것이 일반적이다. 메뉴 아이템도 일반 제품과 마찬가지로 도입기 ➡ 성장기 ➡ 성숙기 ➡ 그리고 쇠퇴기로 이어지는 수명주기(life cycle)가 있다. 그렇다면 외식업체의 경우도 각 외식업체마다 현재를 기준으로 전체적인 흐름을 파악해 보면 상품의 주기처럼 주기가 있을 것이다.

예를 들어, 특정 외식업체의 주기를 성장(growth), 유지(maintenance), 성숙(maturity), 쇠퇴(decline) 그리고 전환(transition) 등으로 구분하여 메뉴를 관리하는 것이다. 그러나 제품의 경우는 각 주기에 따라 각각 다른 전략을 가지고 체계적으로 대처하고 있지만 메뉴의 경우는 매개하는 변수들이 너무 많아 그리 쉽지는 않다.

그러나 같은 아이템에 같은 가니시, 같은 소스, 같은 요리방식 등 내용에 대한 변화 없이 고객에게 지속적으로 같은 메뉴가 제공되고 있다면 고객들의 반응은 당연히 우호적이지는 않을 것이다. 특히 고정메뉴를 사용하고 있는 호텔 레스토랑의 경우 아이템의 수를 제한하면서 균형을 유지하고, 다양한 아이템을 고객에게 제공한다는 것은 그리 쉬운 일은 아니다.

그 결과 일반적으로 아이템을 선정하는 책임자가 선호하는 아이템, 본인의 수준으로 생산이 가능한 아이템, 경쟁사에서 제공하는 아이템, 가장 일반적인 아이템, 잡지에 소개된 아이템, 요리책에 소개된 아이템 등을 종합하여 기존의 메뉴를 보충 또는 보완하는 수준에서 아이템을 선정한다.

이와 같은 방법으로 아이템을 선정하면 일관성이 없어지고, 표준의 유지가 어렵고, 레스토랑의 주제와 Concept에 일치하는 아이템을 유지하면서, 조직의 목표와 고객을 동시에 만족시킬 수 있는 아이템을 선정하기란 거의 불가능하게 된다.

그렇기 때문에 유능한 조리사는 마스터 메뉴 색인(master menu index), 또는 메뉴 레퍼토리(menu repertory)의 관리를 통하여 메뉴 아이템 선정을 효율적으로 수행해 가고 있다. 원래 메뉴 색인 또는 메뉴 레퍼토리라는 용어는 같은 내용이나 저자에 따라 각각 다르게 사용했을 뿐이다.

1) 마스터 메뉴 색인(Master Menu Index), 또는 메뉴 레퍼토리(Menu Repertory)

마스터 메뉴 색인, 또는 메뉴 레퍼토리를 실용성 있게 만든다는 것은 매우 어려운 일이다. 그렇기 때문에 메뉴개발이라는 과제를 안고 있는 주방의 책임자는 일상생활이 메뉴개발과정의 일부가 되어야 한다. 즉, 메뉴개발과 관련된 많은 자료를 수집하여 필요시 사용할 수 있도록 잘 정리해 관리할 수 있는 능력이 요구된다. 그리고 새로운 메뉴개발이 요구될 때 평상시 사용할 수 있도록 준비해둔 자료를 이용하면 된다.

이와 같이 개인적으로 아래와 같이 자료의 관리만 잘 할 수 있으면, 요구되는 아이템의 선정을 가장 경제적이고 효율적으로 할 수 있어 그 효용성이 대단히 높다고 말할 수 있다.

마스터 메뉴 색인 또는 메뉴 레퍼토리는 다음과 같은 절차와 방법에 의해서 만들어진다.

첫째, 아이템을 헤딩에 따라 분류한다.[47)]

먼저 아침, 점심, 저녁, 크리스마스, 신년, 어린이날 등 아이템이 제공되는 때(occasion)에 따라 메뉴를 대분류하여 각각 다른 번호를 부여한다. 그리고 쉽게 구분할 수 있도록 색깔로 구분한 다음, 그 하부를 다음 예와 같이 분류한다.

---

47) 여기에 제시하는 방법은 하나의 아이디어임. 이와 같은 아이디어에 따라 현재의 레스토랑 상황에 적합한 방식으로도 만들면 됨.

- 전채요리(appetizers)
- 수프(soups)
- 메인(mains)
- 소스(sauces)
- 샐러드와 드레싱(salads and dressings)
- 디저트(desserts)

예를 들어 일상적인 메뉴는 1을, 그리고 그 색깔은 빨강으로 한다. 또는 크리스마스 특별메뉴는 12를, 그 색깔은 흰색으로 한다. 그리고 그 하부를 다시 전채요리, 수프 등으로 구분하여 각각 번호를 부여한다. 예를 들어 전채요리는 (−1), 수프는 (−2) 등으로 고유번호를 부여한다.

둘째, 다시 그 하부를 분류한다.

먼저 전채요리의 하부를 더운 전채와 찬 전채로 분류하고, 더운 전채는 다시 야채로 만드는 전채, 과일로 만드는 전채 등으로 분류한다. 예를 들어 더운 전채요리는 (−1−1)로, 찬 전채요리는 (−1−2)로 구분한다.

셋째, 다시 그 하부를 분류하여 메뉴에 제공되는 정확한 아이템의 이름으로 분류한다.

예를 들어 전채요리의 하부에 찬 전채요리, 그리고 찬 전채요리의 하부에 날 채소를 바탕으로 만드는 아이템, 조리한 채소를 바탕으로 만드는 아이템, 절인 채소를 바탕으로 만드는 아이템, 속을 채운 채소를 바탕으로 만드는 아이템, 각종 곡물을 이용하여 만드는 아이템, 과일을 바탕으로 만드는 아이템, 갑각류를 이용하여 만드는 아이템 등으로 분류한다.

또한 찬 전채요리(−1−2)의 하부를 날 채소, 조리한 아이템, 그리고 과일 등으로 나눈 다음, 날 채소를 바탕으로 만드는 요리에 −1을 부여하여(−1−2−1), 또는 조리한 아이템을 이용하여 만드는 요리에는 −2를 부여하고(−1−2−2), 과일을 바탕으로 만드는 전채요리에는 −5를 부여하여(−1−2−5) 등과 같이 참조번호를 부여한다.

그리고 구체적인 아이템의 이름으로 세분화하는데, 과일을 바탕으로 만들어지는 아이템의 하부에 메뉴에 제공될 최종 아이템의 이름, 예를 들어 「Raw and Cooked Ham with Various Melons」(−35)로 정리한다.

가령 일상적인 메뉴의 하부에 전채요리, 그 하부에 찬 전채요리, 그 하부에 과일을 바탕으로 만드는 전채요리, 그리고 그 하부에 「Raw and Cooked Ham with Various Melons」라는 메뉴상에 제시될 최종적인 아이템까지를 참조번호(1−1−2−5−35)로 표기할 수 있다.

이것은 우리가 사용하는 컴퓨터에 파일을 관리하는 것처럼 사용하기도 쉽고 또한 찾기도 쉽게 관리되어져야 한다. 아무리 훌륭하고 방대한 자료라도 잘 정리정돈 되어 있지 않으면 소용이 없는 것과 마찬가지다. 마스터 메뉴 색인 또는 메뉴 레퍼토리도 원할 때, 원하는 곳에서, 원하는 내용을 신속하게 찾아, 효율적으로 사용할 수 있도록 항상 시의성 있게 수정 · 보완하여 관리하여야 한다.

2) Master Menu Index의 실제

다음은 마스터 메뉴 인덱스의 실제 사례를 정리한 것이다.

여기에 정리한 사례들을 메뉴 관련 전공서적에 많이 언급되는 내용 중 인용빈도가 높은 것들이다.

(1) Nancy Loman Scanlon

Nancy Loman Scanlon이 제시한 메뉴상에 제공될 아이템의 선정절차는 Douglas C. Keister와 Eugen Pauli와 같으나 특이한 것은 메인 아이템과 곁들이는 음식(가니시)을 조합하는 표 2-4 와 같은 아이디어이다.

표 2-4 • Nancy Loman Scanlon의 아이템 선정절차의 일례

메인 아이템 \ 가니시	1	2	3	4	5	6	7	8	9	10	11	12
Salmon Steak	A	B	C	D	E	F	G	H	I	J	K	L
Filet of Sole												
Swordfish												
Prime Rib												
Braised Beef												
Sirloin Steak												
Sauteed Veal												
Veal Breast												
Lamb Chops												
Poached Chicken												
Chicken Breast												
Duck Breast												
Duck l'Orange												

* A, B, C 등은 가니시(메인에 곁들이는 음식)의 이름을 뜻함.
자료 Lancy Loman Scanlon(1992), Marketing by Menu, VNR, p.96.

표 2-4 와 같이 세로축에 제공되는 메인 아이템을 나열하고, 가로축에 아이템과 일치하는 곁들이는 음식(가니시)을 표시한다.

예를 들어 Salmon Steak와 조합되는 가로축의 번호(가니시의 이름)에 ○표를 하여 (예: 1, 3, 5, 7, 9, 11) 특정일은 Salmon Steak와 A의 가니시, 그리고 또 다른 특정일은 C의 가니시, 그리고 또 다른 특정일은 가니시 E와 같이 제공하여, 가니시를 활용하여 아이템 자체를 새롭게 보이게 할 수도 있다.

곁들이는 아이템(가니시)과 메인 아이템과의 조화를 색깔과 영양가, 조리방식, 제공되는 소스, 계절 등을 잘 고려하여 조합하여야 한다.

(2) Douglas C. Keister

Douglas C. Keister는 아이템을 다음과 같이 그룹으로 대분류하고, 대분류된 그룹의 하부를 보다 구체적으로 분류하는 방법을 이용하였다.

첫째, 먼저 아이템을 아래와 같이 그룹별로 대분류하였다.

- 전채요리(appetizers)
- 수프(soups)
- 주 요리(mains)
- 소스(sauces)
- 감자(potatoes)
- 채소(vegetables)
- 샐러드와 드레싱(salads and dressings)
- 후식(desserts)

둘째, 대분류된 각 아이템의 그룹을 다시 하위 그룹으로 분류한다.

대분류된 항목을 하위 그룹으로 다시 분류했다. 예를 들면 주 요리를 육류, 생선과 해산물, 기타의 하위 그룹으로 나누고, 육류를 다시 쇠고기, 양고기 등으로 분류한다.

- 육류(meat)
  - 쇠고기(beef)
  - 양고기(lamb)
  - 돼지고기(pork)
  - 송아지 고기(veal)
  - 가금류(poultry)
  - 기타(variety)
- 생선과 해산물(fish and seafood)
- 기타(variety)

(3) Eugen Pauli

먼저 각 아이템에 대하여 레시피 파일(recipe file)을 만들어 전채, 수프, 생선, 육류, 채소, 샐러드 등으로 구분하여 번호를 부여한다. 각 그룹의 구분을 용이하게 하기 위해서 전채, 수프 등의 색깔을 달리한다. 그리고 원할 때, 원하는 아이템을 쉽게 찾기 위해서 목록을 만드는데, 이것을 색인(index)이라고 부른다.

색인은 메인 그룹과 하부 그룹으로 나누고, 메인 그룹에 간단한 설명을 추가한다. 그리고 하위 그룹에 있는 각 아이템의 Recipe에도 다음 예와 같이 참조번호를 부여한다.

첫째, 메인 그룹으로 대분류한다.

- – 17 = Mains(main group)

메뉴를 그룹으로 나누어 고유번호를 부여한다. 예를 들어 전채요리, 수프, 생선 등으로 대분류한 후, 분류된 각 그룹에 고유번호를 부여한다. 여기서는 17을 메인에 부여하였다.

둘째, 메인 그룹을 조리방식에 따라 분류한다.

메인 그룹(–17) 하부에 조리방식에 따라 고유번호를 부여하는데 여기서는 1, 2, 3, 4를 부여하였다. 즉 17.1의 경우는 메인 요리로, 조리방식은 소떼(sauteing: saut)이다.

- – 17.1 = Sauteing(Subgroup 1 of the mains)
- – 17.2 = Broiling(Subgroup 2 of the mains)
- – 17.3 = Braising(Subgroup 3 of the mains)
- – 17.4 = Stewing/Simmering(Subgroup 4 of the mains)

셋째, 색깔에 따라 다시 소분류한다.

메인의 하부에 부여한 조리방식의 번호에 다시 하위번호를 부여하여 스튜잉(stewing)하는 아이템 중에서 흰 색깔의 육류를 지칭하는 번호를 부여하였다. 즉 메인으로 조리방식은 스튜잉(stewing)이고, 고기의 색깔은 흰 색깔의 육류이다.

- – 17.4.1 = Stewed white meats(Subgroup 1 of stewing)
- – 17.4.2 = Stewed red meats(Subgroup 2 of stewing)

넷째, 메뉴상에 기록될 최종적인 아이템명을 표시한다.

메뉴상에 표시되는 최종적인 아이템이다. 즉 메인 아이템으로, 조리방식은 스튜잉(stewing)이고, 재료는 붉은 색깔의 육류로, 최종적인 아이템의 명칭은 헝가리언 굴라시(Hungarian Goulash)이다.

- – 17.4.2.1 = Hungarian Goulash(final recipe number)

(4) Jack E. Miller

Jack E. Miller도 위에서 설명한 다른 저자들과 같은 아이디어로 정리하는데, 여기서는 다음 그림 2-11과 같이 정리하였다.[48)]

그림 2-11을 보다 구체적으로 설명해 보면 최종 아이템까지의 단계를 4단계로 나눌 수 있다.

① 1단계는 메뉴 그룹

② 2단계는 식재료에 따른 분류

③ 3단계는 조리방식

④ 4단계는 최종 아이템명

48) 저자의 아이디어에 따른 것으로 조리방식으로의 분류는 본래 고기의 상태(solid, cubed, ground, roast, cooked)를 기준으로 한 분류였다.

그림 2-11 • **메뉴 레퍼토리의 일례**

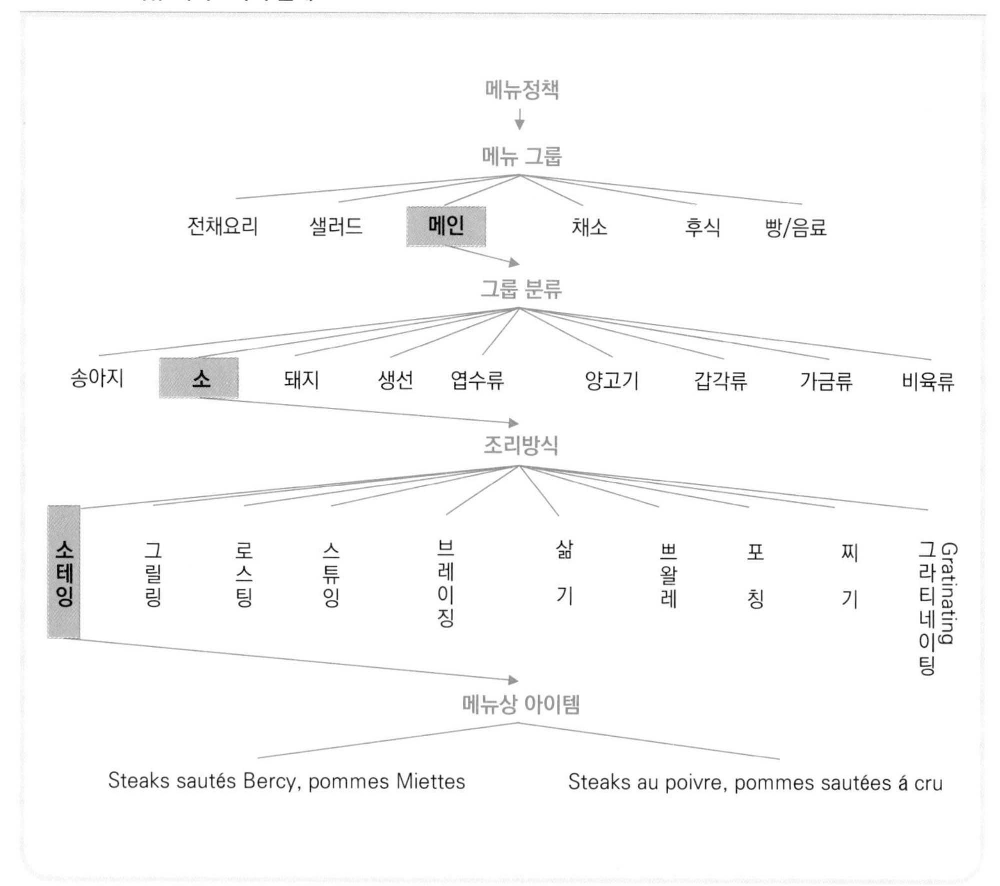

* Jack E. Miller의 기본 아이디어를 재수정

메뉴계획의 궁극적인 목적은 가장 경제적으로 고객의 욕구를 충족시킴과 동시에 조직의 목적을 달성할 수 있는 아이템의 선정에 있다. 그런데 이렇게 중요한 아이템의 선정이 업장 주방장을 중심으로 실행된다면 앞서 언급한 두 가지의 조건(조직의 목표와 고객의 만족)을 충족시킬 수 있는 아이템의 선정에는 한계가 있기 마련이다.

그리고 이와 같은 한계를 극복할 수 있는 방안이 마스터 메뉴 색인, 또는 메뉴 레퍼토리를 이용하는 방법이다. 하지만 마스터 메뉴 색인, 또는 메뉴 레퍼토리는 하루아침에 만들어지는 것이 아니라 경륜, 그리고 꾸준한 노력이 더해질 때 질과 양적으로 바람직한 메뉴관리 도구가 되는 것이다.

와인 리스트의 경우도 이와 같이 레퍼토리를 만드는 것이 중요하다. 와인의 경우는 당도, 색깔, 지역, 질, 생산자, 수입상(shipper), 수입국, 포도의 종류, 수확연도, 가격범위, 음식과의 조화 등과 같은 변수를 중심으로 개발할 수 있다.

3. 아이템의 수와 다양성

메뉴(북) 상에 제시될 아이템을 선정함에 있어서 아이템에 대한 다양성에 관한 논란은 계속되고 있다. 기능중심적인 주방장일수록 아이템의 수(數)와 다양성을 강조한다. 반면에, 관리중심적인 주방장의 경우 아이템의 수와 다양성을 강조는 하지만 접근방법론에서는 기능중심적인 주방장과 의견을 달리한다.

과거에는 질보다는 양이, 그리고 기능보다는 미(美)가 메뉴계획(개발)에 고려되는 주요한 변수였다. 하지만 오늘날의 메뉴는 양보다는 질을, 그리고 美보다는 기능을 중요시하는 추세이다. 이러한 점을 고려할 때 아이템의 수를 제한하는 것이 관리적인 측면에서도 유리하다는 주장이 우세하다.

메뉴상에 제공하는 아이템의 수가 많을지라도 고객이 선호하는 아이템의 수는 지극히 한정적이다. 이러한 현실에도 불구하고 대부분의 메뉴계획자(개발자)들이 아이템의 수를 고집한다. 아이템의 수를 줄이는 것이 아이템의 수와 다양성을 제한하는 것으로 생각하고 있기 때문이다.

그러나 하나의 원식재료를 이용하여 각각 다른 여러가지의 아이템을 만들거나(cross-utilization), 하나의 원식재료를 이용하여 다양한 아이템을 만드는(by-products) 기교, 클립-온(clip-on) 또는 팁-온(tip-on), Speciality 또는 Signature 아이템, Set Menu, 조리방식, 사용하는 식재료, 컬러 등을 통하여 한 차원 높은 다양성을 고객에게 제공할 수 있다는 것이다.

Speciality 아이템의 뜻은 특정 장소에서 제공하는 아주 훌륭한 상품을 말한다. 즉, 그곳에서만 경험할 수 있는 특별한 식료와 음료를 말한다. 그리고 Signature 아이템은 특정한 사람(주방장, 또는 오너), 레스토랑 등과 동일시되는 특별한 아이템을 의미한다. 즉, 특정 요리사와 동일시되는 아이템으로 간판 메뉴를 말한다.

이와 같이 Speciality 아이템과 Signature 아이템을 보유하는 것은 단골고객이 특정 레스토랑을 재방문하게 되는 동인이 된다. 그리고 단골고객들의 재방문이 높아지면 수익이 높아지고, 신규고객을 유인할 수 있는 수단이 되기 때문에 메뉴개발에서 아주 중요한 고려사항이다.

동일한 메뉴 제공으로는 단골고객을 재방문하게 만들 수 없고, 신규고객을 유인할 수도 없게 된다. 그렇기 때문에 우리 레스토랑에서만 경험할 수 있는 Speciality 아이템과 Signature 아이템을 적극 활용하여야 한다.

고객에게 제공되는 메뉴는 일정 기간 동안 사용된다. 그렇기 때문에 메뉴상에 제공되는 아이템을 추가하거나 삭제하기 위해서는 메뉴(판)를 교체하여야 한다. 그러나 메뉴(판)를 교체하기 위한 비용 또한 고려되어야 한다.

그렇기 때문에 Speciality 아이템과 Signature 아이템, 클립-온(clip-on)[49] 또는 팁-온(tip-on), Set Menu 등을 통해 메뉴를 다양화하여야 한다. 클립-온 또는 팁-온 메뉴를 통해 일반적인 아이템도 조리방식과 구성, 소스, 곁들이는 음식, 사용하는 그릇, 그릇에 담는 방식 등을 수정·보완하여 고객에게 신선한 아이템의 느낌, 다양한 아이템의 느낌, 더 나아가서는 메뉴 교체의 효과까지도 기대할 수 있다.

아이템의 수를 줄이는 것은 고객에게 단조롭고 반복적인 아이템을 제공하는 것이라고 말할 수 있지만, 이러한 문제는 메뉴관리의 기교로 쉽게 해결될 수 있는 문제들이다.

게다가 아이템의 수가 제한되면, ① 고객이 아이템을 선택하는데 소요되는 시간이 줄어들어 회전율을 높일 수 있고, ② 식자재의 재고를 줄일 수 있고, ③ 메뉴의 전문성

49) 메뉴의 적절한 위치에 일정한 공간을 두어 그 공간에 특별한 아이템, 수익성이 높은 아이템을 끼워 넣은 메뉴를 말한다.

을 추구할 수 있으며 ④ 생산과 서비스에 소요되는 시간이 줄어들고, ⑤ 질과 표준의 유지가 용이하고, ⑥ 주방공간과 기기를 축소할 수 있으며, 그리고 ⑦ 생산과 준비에 요구되는 인건비를 절감할 수 있는 등의 장점이 있다는 것을 메뉴계획자들이 알아야 한다.

그렇다면 어느 정도가 이상적인 아이템의 수라고 말할 수 있을까? 여기에 대한 해답은 없다고 해도 과언이 아니다. 그러나 아이템의 수가 많으면 많을수록 고객의 측면에서는 유리하나 관리적인 측면에서는 불리할 수밖에 없다. 그렇기 때문에 이상적인 아이템의 수를 찾기 위해서는 특정 레스토랑의 주어진 환경에서 계속적인 마케팅 활동과 메뉴의 분석과 평가를 통하여 스스로 이상적인 아이템의 수와 다양성 정도를 찾아내야만 하며, 와인 리스트의 경우도 같은 맥락에서 접근하여야 한다.

결론

새로운 외식업체를 오픈하기 위한 단계에서 메뉴는 식음부문의 운영에 요구되는 모든 부분에 영향을 미치기 때문에 전문가의 손에 의해서 계획되어야 한다. 반면에, 영업 중인 레스토랑의 경우는 평가와 분석된 결과를 바탕으로 보다 구체적으로 메뉴가 관리되어야 하는데 주로 아이템의 수, 다양성, 조리방식, 판매가, 생산시설, 종업원의 수와 스킬, 구매시장의 조건, 원가, 경쟁 등이 메뉴계획 과정에서 고려되어야 한다.

생산지향적인 메뉴계획에서 판매지향적인 메뉴계획으로, 한 부서 또는 개인의 독단적인 메뉴계획 중심에서 시스템적인 메뉴계획으로 바뀌어야 한다. 또한 모든 아이템이 생산지점에서 준비되어 조리되는 기존의 전통적인 생산방식에서 가능한 아이템의 준비과정을 최소화하여 생산 공간을 효율적으로 관리할 수 있는 방안 또한 모색되어야 한다.

또한 외식업체를 찾는 고객들이 영양가적인 면만을 고려하는 것도 아니며, 음식의 내용만을 기준으로 외식업체를 선정하는 것도 아님을 고려할 때, 메뉴계획은 과학이 아니고 과학과 기교의 조합이라는 점 또한 잊어서는 안 된다. 그리고 아이템의 수를 최소화하고, 메인 주방의 기능을 강화하여 각 업장 주방에서 생산에 요구되는 시간과 공간, 기기, 그리고 인원을 최적화하고 재고를 최소화할 수 있는 메뉴계획의 기교가 요구된다. 또한 주 메뉴의 기능을 축소하고 특별 메뉴형태(팁-온 또는 클립-온, 세트 메뉴 등)를 이용한 메뉴의 유연성을 강조하는 메뉴계획이 요구된다.

우리나라 외식업체(호텔 레스토랑을 포함)에서 제공되는 아이템은 동종의 레스토랑이면 대동소이하다. 고객이 원하는 아이템이 그렇게 한정적일까, 아니면 제공하는 아이템이 한정적일까? 아마도 후자의 경우일 것이다. 고객에게 제공할 수 있는 아이템의 수는 무한정이다. 특히 원하는 아이템은 계절에 관계없이 구매할 수 있어 기존의 관념에서 10% 정도의 상상력과 노력만 더하면 다른 레스토랑과 100% 차별화될 수 있는 아이템, 새로운 개념의 아이템, 중·저가의 아이템, 또는 고급스러운 아이템으로 만들 수 있다.

값비싼 원식자재를 이용하여 값비싼 요리를 만드는 조리사는 손만을 이용하여 요리를 하는 조리사이다. 하지만 값싼 원식자재를 이용하여 비싼 요리를 만드는 조리사는 손과 머리로 요리를 하는 조리사라고 말할 수 있다. 이런 유(類)의 조리사만이 새로운 아이템을 개발하고, 차별화하여 경쟁에서 우위에 설 수 있게 된다.

메뉴와 와인 리스트의 계획은 이러한 문제점과 변화를 고려하여 새로운 개념에서부터 시작하여 ➡ 기존의 문제점을 파악하고 ➡ 파악된 문제점에 대한 해결방안을 구체화한 다음 ➡ 새로운 개념에 따라 메뉴와 와인 리스트를 계획하고 ➡ 시의성 있게 피드백하면 성공적인 메뉴와 와인 리스트가 계획되게 된다. 특히 소비자들은 선천적인 맛보다는 후천적인 맛에 더 길들여져 있다는 점과 소비자 측의 음식에 대한 직·간접적인 학습경험은 나날이 축적되어 항상 새로운 것을 요구하고 있다는 점 또한 잊어서는 안 된다.

또한 트렌드(trend)와 패드(fad)를 구분할 수 있는 역량을 갖추어야 한다. 이제는 발명이 아니라 탐색 능력을 가지고 현존하는 것들을 조립하고 조합하여 새로운 것을 만들어 낼 수 있는 능력이 새롭게 정의되는 창조능력이다. 그리고 이와 같은 능력을 갖추기 위해서는 기본에 충실하여야 한다. Back to the basic이 절실히 요구되는 시기이다. 그리고 이와 같은 능력을 갖춘 사람이 동시대를 살아가는 메뉴계획자의 상이 되어야 한다.

참/고/문/헌

1장과 2장

- 미각의 역사, 폴 프리드먼 지음, 주민아 옮김, 21세기 북스, 2009: 301.
- 보건복지부, 한국영양학회, 2015 한국인 영양소 섭취기준(요약본), p.5.
- 신상헌 지음(2010), 한 권으로 끝내는 와인특강, 예문, pp.16~29.
- 이상민 · 최순화, 소비시장 고급화와 기업의 대응, 정책 2001-15-0764, 삼성경제연구소, 2001, 3, p.16.

- Amir Shani and Robin B. Dipietro, Vegetarians: A Typology for Foodservice Menu Development, FIU Review, Vol. 25(2), p.67.
- Ahmed Elbadawy Anwar Mohammed Balomy, Eleri Johns, Ahmed Nour EL-Din Elias and Rania Taher Dinana(2013), Journal of Tourism Research & Hospitality, Vol. 2(2), pp.1~10.
- Allen Z. Reich(1990), *The Restaurant Operator's Manual*, VNR, p.183.
- Anthony J. Strianese(1989), *Dining Room and Banquet Management*, Delmar Publishers Inc. pp.3~20.
- Anthony M. Rey, Ferdinand Wieland(1985), *Managing Service in Food and Beverage Operations*, AH & MA, pp.44, 46, 51.
- Arno Schmidt(1986), *Food and Beverage Management in Hotels*, A CBI Books, p.9.
- Auge, Gillon, Hollier-Larousse, Moreau(1987), Larousse Gastronomique, Larousse Paris, pp.678~679.
- Bahattin Ozdemir, Osman Caliskan(2014), A review of literature on restaurant menus: Specifying the managerial issues, International Journal of Gastronomy and Food Science 2(2014), pp.3~13.
- Bernard Davis and Sally Stone(1985), *Food and Beverage Management*, 2nd ed., London : Butter Worth Heinemann, p.81.
- Candy L. Stoner, Menus(1986/9) : *Design Makes the Difference*, Lodging Hospitality, p.71.
- Culinary Institute of America(2009), Remarkable Service, 2nd ed., John Wiley & Sons, pp.32~34.
- Dave Pavesic(2005), The psychology of menu design: Reinvent your silent salesperson to increase check averages and guest loyalty, Restaurant startup & Growth, Feb 2005, p.37.
- Deborah H. Sutherlin(1993), *Food and Recipe Standardization*, VNR's Encyclopedia of Hospitality and Tourism, p.110.
- Diane Kochilas(1991), *Making a Menu, Restaurant Business*, Nov/20, p.92.
- Donald E. Lundberg(1985), *The Restaurant from Concept to Operation*, John Wiely & Sons, p.43.
- Doris Z. Hochman(1991/12), *Making a Menu, Food and Service*, p.17.
- Douglas C. Keister(1974), *Food and Beverage Control*, Prentice-Hall, pp.145, 151.
- Edward A. Kazarian(1989), *Foodservice Facilities Planning*, 3rd ed., VNR, pp.57, 59, 60~62.
- Eleanor F. Eckstein(1984), *Menu Planning*, 3rd ed., AVI, pp.3~4, 182~187.
- Erick Green, Galen G. Drake, and F. Jerome Sweeney(1986), *Profitable F & B Management :*

Operations, Ahrens Series, p.23.
- Eugen Pauli(1979), *Classical Cooking the Modern Way*, CBI, pp.15~19. 192.
- Faye Kinder and Nancy R. Green(1978), *Meal Management*, 5th ed, Macmillian Publishing Co., p.374.
- Franz K. Lemoine(1970), *Profile of a Restaurant Organization*, The Culinary Institute of America, p.5.
- G. E. Livingston(1979), *Food Service Systems : Analysis, Design, and Implementation*, Academic Press, pp.2, 20~39.
- Gail Bellamy(1992/3), *Menus That Sell*, Restaurant Hospitality, pp.75~76.
- Hrayr Berberoglu(1988), *How to Create Food and Beverage Menus*, Ontario, Canada: Food and Beverage Consultants, pp.7~8.
- Hrayr Berberoglu(1990), *The Complete Food and Beverage Cost Control Book*, 3rd ed., Ontario Canada : F & B Consultants, pp.12~13.
- Jack D. Miller(1992), *Menu : Pricing and Strategy*, 3rd ed., VNR, pp.2~3, 24, 40.
- Jack D. Ninemeier(1984), *Principles of Food and Beverage Operations*, AH & MA, pp.21~22, 115, 107, 119.
- Jack D. Ninemeier(1986), *F & B Controls*, 2nd ed., AH & MA, pp.87~90, 91~93.
- Jack D. Ninemeier(1990), *Management of Food and Beverage Operations*, 2nd ed., AH & MA, p.103.
- Jaksa Kivela(1994), *Menu Planning for the Hospitality Industry*, Hospitality Press- Melbourne, p.84.
- James Keiser and Elmer Kallio(1974), *Controlling and Analyzing Costs in Food Service Operations*, John Willey & Sons, pp.114, 116.
- James Keiser(1993), *Cost Control in Foodservice*, VNR's Encyclopedia of Hospitality and Tourism, p.159.
- Jay Solomon(1992/12), *A Guide to Good Menu Writing*, Restaurant USA, p.27.
- Jerome J. Vallen and James R. Abbey(1987), *The Art and Science of Hospitality Management*, AH & MA, pp.203~204.
- John B. Knight and Lendal H. Kotschevar(1979), *Quantity Food Production : Planning and Management*, CBI, p.114.
- John Cousins, Dennis Lillicrap, Suzanne Weekes(2014), Food and Beverage Service, 9th ed., Hodder Education, pp.90~91.
- John R. Walker(2011), The restaurant from concept to operation, 6th ed., John Wiley & Sons, Inc., pp.69, pp.114~143.
- John W. Stokes(1982), *How to Manage a Restaurant*, 4th ed., WCB, p.66.
- Judi Radice(1987), *Menu Design 2 : Marketing the Restaurant Through Graphic*, PBC International, p.14.
- Kate Drew(1986), *Menus : Spoiled for Choice*, Int. J. of Hospitality Mgt. Vol. 5 no. 45, pp.215~216.
- Lendal H. Kotschevar(1975), *Management by Menu*, National Institute for the Foodservice Industry, pp.45~46, 66.
- Lendal H. Kotschevar and Diane Withrow(2008), *Management by Menu*, 4th ed., John Wiley & Sons, Inc., pp.61~129.

- Leo Yuk Lun Kwong(2005), The application of menu engineering and design in Asia restaurants, Hospitality Management 24 (2005), p.92.
- Linda Duke(2009), Sante, June 2009, p.19.
- Lothar A. Kreck(1984), *Menus : Analysis and Planning*, 2nd ed., VNR, pp.29~30, 147, 193, 204~229.
- Mahmood A. Khan(1991), *Concepts of Foodservice Operations and Management*, 2nd ed., VNR, pp.4, 41, 48, 56.
- Mahmood Khan, Michael Olsen and Turgut Var(1993), *VNR's Encyclopedia of Hospitality and Tourism*, VNR, pp.89, 91.
- Manfred Ketterrer(1991), *How to Manage a Successful Catering Business*, 2nd ed., VNR.
- Marian C. Spear(1995), *Foodservice Organizations : A Managerial and Systems Approach*, 3rd ed., Prentice-Hall, pp.37~38.
- Mark G. Westfield(1985), *Menu Planning Considerations for Deluxe Restaurants Services American Cuisine*, The Degree of MPS, Graduate School of Cornell University.
- Mazalan Mifli, Menu development and analysis: Menu development process, 4th International Conference "Tourism in Southeast Asia & Indo-China: Development, Marketing and Sustainability", June 24~26, 2000.
- Micel Maincent(1987), *Technologie Culinaire, Editions B.P.I*, pp.103~131.
- Nancy Loman Scalon : *Marketing by Menu*, 2nd ed., VNR, pp.8, 45~46, 92~98, 119.
- National Restaurant Association(1998), Conducting a feasibility study for a new restaurant, pp.1~64
- Norma J. Gray, *17 Steps to developing a winning menu*, NRA News, 1986, February, pp.16~20.
- Philip Pauli(1999), Classical Cooking the Modern Way(Methods and Techniques) 3rd ed., John Wiley & Sons, Inc., p.193.
- Prosper Montagne et Gottschalk(1938), Larousse Gastronomique, Librairie Larousse-Paris, p.677.
- Regina S. Baraban and Joseph F. Durocher(1989), *Successful Restaurant Design*, VNR, p.7.
- Robert A. Brymer(1989), *Introduction to Hotel & Restaurant Management* : A Book of Readings, 5th ed., KH, p.98.
- Robert D. Reid(1989), *Hospitality Marketing Management*, 2nd ed., VNR, pp.360~362.
- Ronald F. Cichy(1984), *Sanitation Management : Strategies for Sucess*, AH & MA, pp.31~34, 163, 320.
- Sidney W. Mintz, 조병준 옮김(1998), 음식의 맛, 자유의 맛, 지호, pp.47~48, 54.
- T. F. Chiffriller(1982), *Successful Restaurant Operation*, A CBI Book, p.204.
- USDA(July 2001), MyPlate and MyPyramid: Can they be used together?
- William L. Kahrl(1975), *Foodservice Productivity and Profit Ideabook*, Cahners Books, p.20.
- William L. Kahrl(1978), *Menu Planning/Merchandising*, Lebhar-Friedman Books, pp.14, 20, 31~34, 42.
- https://brailleworks.com/quality-assured-braille-menus/
- https://bubbleburst.co.in/17-course-french-classical-menu-examples/
- http://digital.library.unlv.edu/collections/menus/origins-menu-we-know-it-today
- http://digital.library.unlv.edu/collections/menus/history-restaurant-menus
- http://en.wikipedia.org/wiki/Restaurant#Greece_and_Rome

- http://en.wikipedia.org/wiki/Menu
- http://health.chosun.com/site/data/html_dir/2016/06/20/2016062000985.html
- https://ko.wikipedia.org/wiki/%ED%9C%98%EA%B2%8C
- http://springrestaurant.co.uk/wp-content/uploads/2017/03/Wine-list-070417.pdf https://www.coravin.com/
- http://terms.naver.com/entry.nhn?docId=2212676&cid=43667&categoryId=43667
- https://www.bocuse.fr/media/original/588095b11c172/carte-menu-ete2017.pdf
- http://www.cnpp.usda.gov/sites/default/files/archived_projects/FGPPamphlet.pdf
- http://www.jw-marriott.co.kr/common/pdf/Olivo_Dinner.pdf
- http://www.fourseasons.com/kr/seoul/dining/restaurants/boccalino/
- http://www.foodtimeline.org/restaurants.html
- http://www.lespiedsdansleplat.com/bonus/historique-restaurant.php
- http://www.lottehotel.com/seoul/ko/dining/resturants.asp?type=RE&seq=2&diningCd=CF
- http://www.lottehotel.com/signielseoul/ko/dining/resturants.asp?type=RE
- http://www.menudesigns.com/table-menu-holders
- https://www.musthavemenus.com/category/takeout-menus.html
- http://www.MyPyramid.gov
- https://www.omnihotels.com/-/media/images/hotels/laxctr/restaurants/menus/laxctr-noe-summer-wine-list-0815.pdf?la=en
- http://www.patio42.co.kr/files/post_rWsPls.pdf
- https://www.shilla.net/seoul/dining/viewDining.do?contId=FRC#ad-image-0
- https://www.starwoodhotels.com/pub/media/1010/BQT_wine_list.cgi.pdf
- http://www.telegraph.co.uk/news/worldnews/1353970/Origins-of-first-restaurant-challenged-after-200-years.html
- https://www.tucsonnational.com/files/tusntl-legends-beer-wine.pdf
- http://www.yankodesign.com/2012/08/01/order-by-smell/

메뉴가격결정

제 3 장

메뉴가격결정

I 메뉴가격결정에 대한 개요

1. 레스토랑의 경영활동

레스토랑에서 고객에게 제공하는 총서비스 개념에서의 상품을 식사경험(체험)(meal/drink experience)이라고 칭하기도 한다. 그리고 고객이 외식할 때 경험하는 유형과 무형으로 구성된 일련의 사건(event)을 식사경험으로 정의하기도 한다.

이와 같은 맥락에서 레스토랑의 상품을 살펴보면, 식료와 음료 같은 핵심상품(주상품)과 핵심상품을 포장하는 식(食)공간 환경, 그리고 핵심상품을 고객에게 전달하는 일련의 과정과 결과에서 경험하는 서비스 상품으로 구분할 수 있다. 그러나 레스토랑의 경영활동 측면에서 가장 강조되어야 할 것은 먹고 마시는 주 상품, 즉 메뉴이다.

레스토랑에서 고객에게 제공하는 먹고 마시는 주상품은 제조(가공)라는 일련의 과정을 거친다. 특히 식료의 경우는 원식재료를 구입하여, 먹을 수 있도록 메뉴라는 상품을 만들어 고객에게 제공하기 때문에 생산과정이 제조업의 성격을 띠게 된다.

일반적으로 제조하는 상품의 성격과 내용에 따라 제조기업의 경영활동이 각각 다르기는 하겠으나, 제조업의 경영활동은 그림3-1 과 같이 상품을 만드는데 요구되는 원식재료 등을 구매하는 구매활동, 구매된 원재료를 이용하여 상품을 만드는 과정인 제조

과정, 그리고 만들어진 상품을 판매하는 판매과정으로 구분된다. 이러한 과정을 투입 ➡ 과정(변환) ➡ 산출이라는 시스템 모형으로 설명하기도 한다.

아래 그림3-1의 제조기업의 경영활동과 같이 외식업체의 경우는 고객에게 제공될 메뉴상의 아이템을 제조하는 과정과 제조된 메뉴상의 아이템을 판매하는 두 기능이 기능적으로 분리되어 있다. 그렇기 때문에 고객에게 제공될 메뉴상의 아이템을 제조하는 과정은 식품 제조업의 개념으로 접근하면 된다.

그림 3-1 • **제조기업의 경영활동**

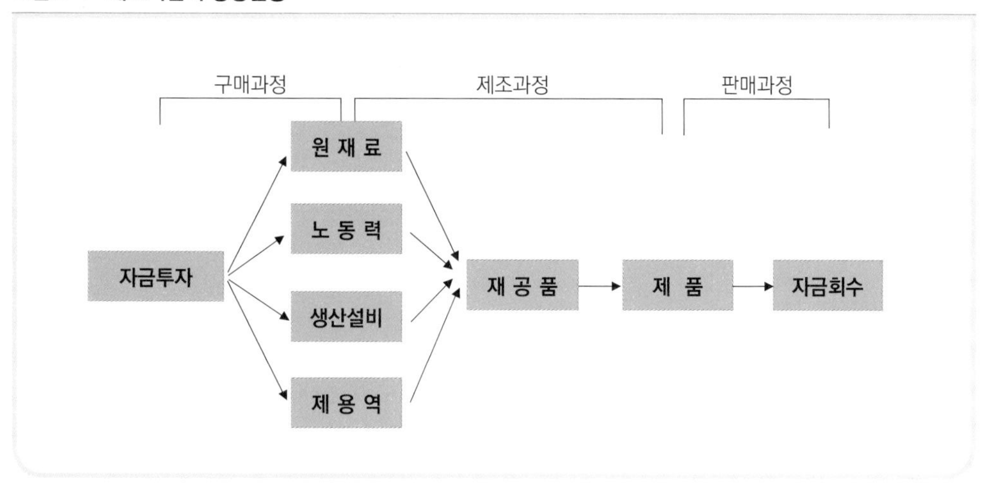

자료 송상엽 외 2인 공저, 원가 · 관리회계, 웅지아카데미, 2001, 제4판, p.14.

2. 원가의 개념과 분류

원가(cost)란 어떤 재화나 용역(서비스)을 얻기 위하여 희생된 경제적 자원을 화폐단위로 측정한 것이라고 정의한다. 즉 수익을 얻기 위한 목적으로 새로운 재화의 취득 또는 생산, 판매, 관리활동과 관련하여 정상적으로 소비된 재화나 용역의 화폐적 가치를 의미한다.

이와 같이 정의되는 원가의 범위를 협의와 광의로 구분할 수 있다. 협의의 경우는 물건을 만들기 위하여 들어가는 원가를 의미한다. 예를 들어 제조업의 제품제조원가, 소매업의 상품구입원가, 용역업의 용역원가 등 매출원가에 해당되는 원가로서 가장 1차적인 원가(매출원가)를 의미한다.

반면에, 광의의 원가는 물건을 만들어 판매하고 수금하기까지에 직 · 간접적으로 들어가는 그림 3-2 와 같은 모든 지출원가(총원가)를 의미한다.

그림 3-2 • 원가관리를 위한 원가분류체계

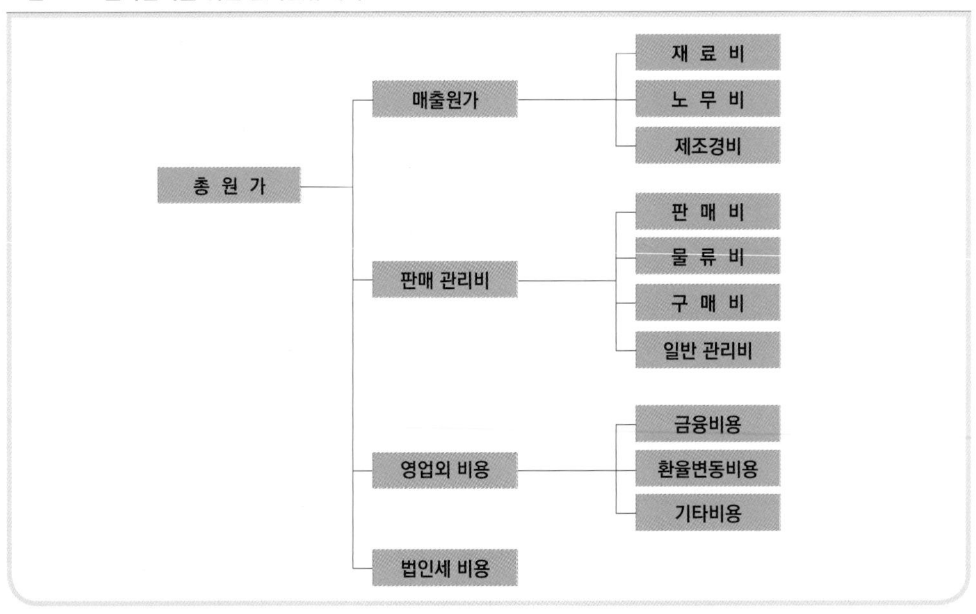

자료 강영수, 원가관리실무 테크닉, 한솜, 2001, p.27.

그리고 원가는 그 사용목적에 따라 여러 가지 유형으로 분류될 수 있으며 이를 측정하는 방법 또한 다양하다.

일반적으로 제품원가 계산을 위한 원가를 그림3-3 과 같이 제조원가와 비제조원가로 분류하고, 다시 제조원가를 원가대상에 대한 추적 가능성에 따라 직접비와 간접비로 분류한다.

그림 3-3 • 원가의 분류

첫째, 제조원가

하나의 제품을 생산하기 위해서는 원재료와 원재료를 가공하기 위한 노동력 및 생산설비 등이 필요하다. 제조원가(manufacturing costs)란 이와 같이 제품을 생산하는 과정에서 소요되는 모든 원가를 의미한다. 이는 그림3-4 와 같이 직접재료비, 직접노무비, 제조간접비로 분류된다.

그리고 제조원가 중 직접재료비와 직접노무비는 특정 제품과 직접적인 관련성이 있기 때문에 직접비 또는 기본원가(prime costs)라고 한다. 그리고 직접노무비와 제조간접비를 합하여 가공비(conversion costs)라고 하는데, 이는 원재료를 완제품으로 전환하는데 소요되는 원가를 의미한다.

그림 3-4 • 제조원가

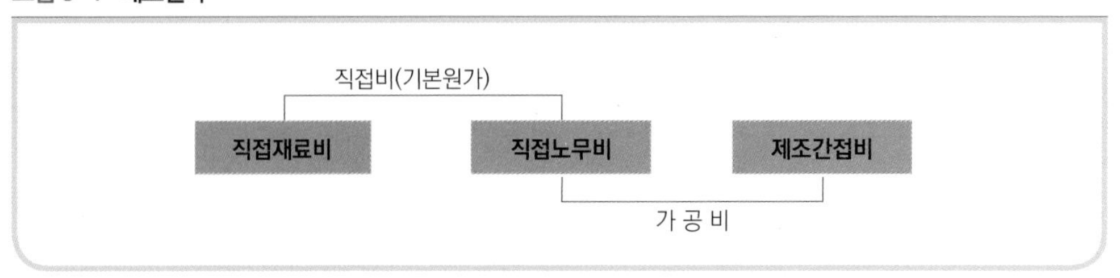

자료 임세진, 원가관리회계, 제4판, 우리경영아카데미, 2003, p.16.

둘째, 비제조원가

기업의 제조활동과 직접적인 관련이 없이 단지 판매활동 및 일반관리활동과 관련하여 발생하는 원가로서 보통 판매비와 일반관리비라는 두 항목으로 구성되어 있다.

셋째, 직접원가(direct costs)

주어진 원가대상에 대하여 "경제적으로 실행 가능한"(비용측면에서 효율적임) 방법으로 특별히 식별되거나 추적이 가능한 원가이다.

넷째, 간접원가(indirect costs)

주어진 원가대상에 대하여 "경제적으로 실행 가능한 방법"으로 특별히 식별될 수 없거나 추적이 용이하지 않은 원가이다.

다섯째, 변동원가(variable costs)

원가요인에 직접적으로 비례하여 총액이 변하는 원가이다.

여섯째, 고정원가(fixed costs)

원가요인이 변한다 할지라도 총액이 변하지 않는 원가이다.

일곱째, 총원가

변동원가와 고정원가를 합계한 원가이다.

여덟째, 단위원가

총원가를 어떤 기준(예를 들어 생산수량)으로 나누어 계산한 원가로서 평균원가라고도 한다.

3. 원가의 형태

원가형태란 제품의 생산량이나 판매량 또는 작업시간 등의 조업도 수준이 변화함에 따라 원가발생액이 일정한 양상으로 변화할 때 그 변화하는 형태를 말한다. 이와 같은 원가의 형태를 파악하여야만 예상조업도에서 발생할 것으로 예상되는 미래의 원가를 추정할 수 있고, 과거의 성과를 평가하기 위한 원가목표치를 계산할 수 있다.

원가를 형태에 따라서 구분하면 크게 변동비와 고정비로 구분할 수 있는데, 원가를 형태에 따라서 변동비와 고정비로 구분하기 위해서는 일정한 기간이 전제되어야 한다는 점이다.

1) 변동비

변동비(variable costs)는 조업도의 변동에 따라 원가총액이 비례적으로 변화하는 원가를 말한다. 예를 들어 직접재료비, 직접노무비 및 매출액의 일정비율로 지급되는 판매수수료 등을 들 수 있다.

조업도와 변동비 간의 관계를 도표로 나타내면 그림3-5와 같다.

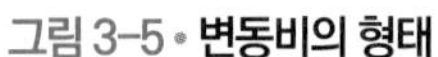

그림 3-5 • 변동비의 형태

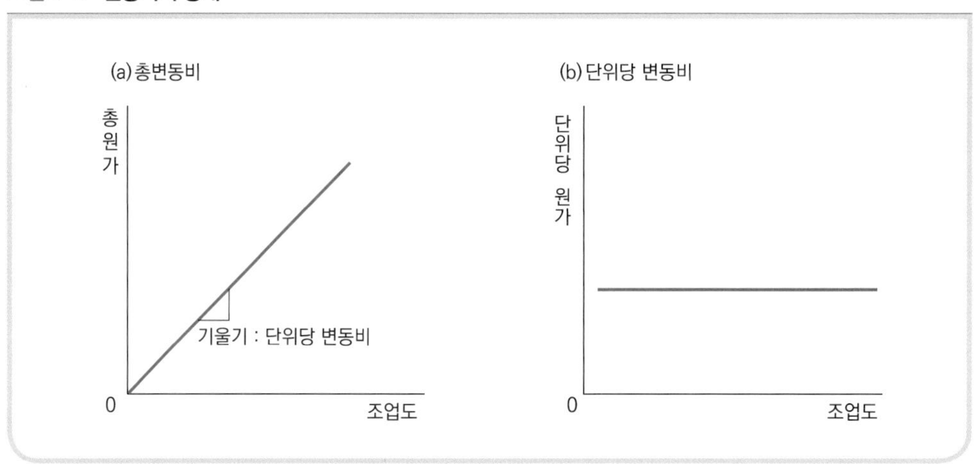

자료 임명호, 고급 원가관리회계 -이론과 연습-, 제4판, 한성문화, 2001. 9. 7.

그림3-5 에서 (a)는 총변동비와 조업도와의 관계를 나타내고 있는데 총변동비선의 기울기는 단위당 변동비를 의미한다. 그리고 (b)는 단위당 변동비와 조업도와의 관계를 나타내고 있는데 변동비의 경우에 조업도 단위당 원가는 조업도의 증감에 관계없이 일정하다. 즉, 변동비의 총액은 조업도에 따라 비례적으로 변동하지만 단위당 변동비는 일정하다는 것을 알 수 있다.

2) 고정비

고정비(fixed costs)란 조업도의 변동과 관계없이 원가총액이 변동하지 않고 일정하게 발생하는 원가를 말한다. 예를 들어, 공장건물이나 기계장치에 대한 감가상각비, 보험료, 재산세, 임차료 등을 들 수 있다.

조업도와 고정비 간의 관계를 도표로 나타내면 그림3-6 과 같다.

그림 3-6 • **고정비의 형태**

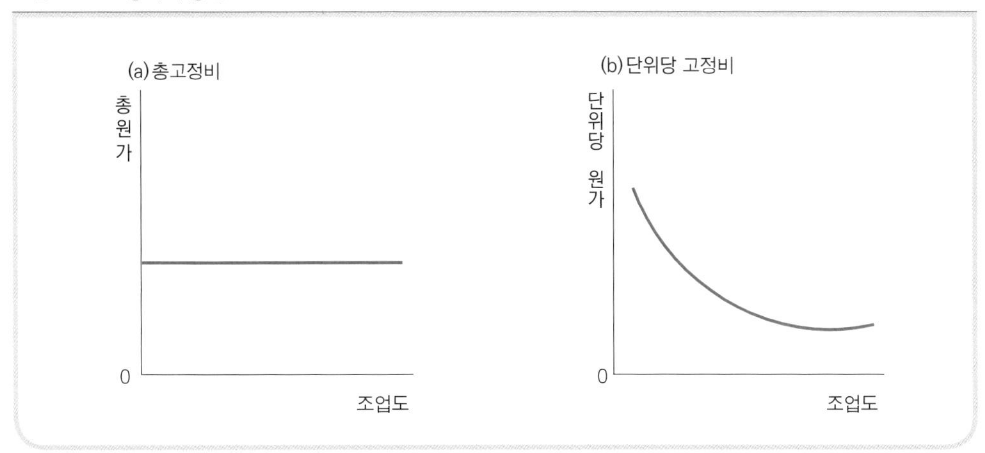

자료 송상엽 외 2인 공저, 원가 · 관리회계, 웅지경영아카데미, 2001, 제4판, p.486.

그림3-6 에서 (a)는 고정비 총액과 조업도와의 관계를 나타내고 있다. 고정비 총액은 조업도가 증가하더라도 변화하지 않고 일정하게 발생하므로 기울기가 0인 직선으로 표시된다. 그리고 (b)는 단위당 고정비와 조업도와의 관계를 나타내고 있는데 고정비의 경우에 단위당 원가는 조업도가 증가할수록 낮아진다는 것을 보여준다.

 가격결정방법

1. 가격결정에 영향을 미치는 주요 변수

한 제품 또는 서비스의 가격이란 소비자가 그 제품 또는 서비스 한 단위를 사기 위하여 지급해야 하는 화폐의 양을 말한다. 즉, 물건이 지니고 있는 가치를 돈으로 나타낸 것이 가격의 사전적 풀이이다.

메뉴가격 결정에는 많은 변수들이 영향을 미친다. 이 중에서 원가(cost), 경쟁자(competition), 그리고 고객(customer) 등은 3C라고 통칭되는 것으로 가격정책의 기초가 된다. 즉, 원가는 가격 하한의 결정에, 제공되는 상품에 대해 고객이 인식하는 서비스 가치는 가격 상한의 결정에, 그리고 경쟁자는 가격의 하한과 상한의 범위 중에서 어느 수준에서 가격이 결정되어야 하는가에 영향을 미친다.

이와 같이 가격을 결정하는 데 영향을 미치는 경쟁(competition), 가치와 가격 관계(price-value relationship), 그리고 원가(cost) 등은 가장 근본적인 요소가 된다. 이를 보다 구체적으로 정리하면 다음과 같다.

첫째, 수요의 탄력

메뉴상에 제공되는 아이템, 가격, 질, 그리고 기타 환경의 변화는 수요를 증가 또는 감소시킬 수 있다. 특히, 가격인상은 수요에 아주 민감한 반응을 보인다.

수요의 가격 탄력(price elasticity of demand)[1]은 가격의 변화에 대한 수요량의 변화율로 측정된다. 가격이 상승함에 따라 수요가 많이 감소하는 경우 탄력적이라 하며,

1) 상품의 가격이 변동할 때, 이에 따라 수요량이 얼마나 변동하는지를 나타내는 것이 수요의 가격 탄력성이다. 만일 가격이 1% 올라갈 때에 수요량이 2% 감소했다면 이 재화의 수요의 가격 탄력성은 2가 된다. 수요의 가격 탄력성은 수요량의 변동률을 가격의 변동률로 나눈 것이다. 수요의 가격 탄력성이 높으면 높을수록 수요가 가격에 민감하게 반응함을 뜻한다. 농산물과 같은 생활필수품은 가격 탄력성이 일반적으로 낮고, 자동차와 같은 고가품은 탄력성이 크다.

수요의 변화하는 폭이 적으면 비탄력적이라 한다. 그리고 이러한 수요의 가격 탄력성은 수요에 큰 영향을 미친다.

수요의 가격 탄력성 이외에 수요의 소득 탄력성과 교차 가격 탄력성이 가격의 상한선을 결정하는 중요한 요인으로 작용하는데, 이는 시장의 전체 크기에 대한 가격의 효과와 관련이 있다. 예를 들어, 개인 소득 변화율에 대한 특정 상품과 서비스에 대한 수요량의 변화로 설명되는 수요의 소득 탄력성(income elasticity of demand)이 탄력적인가, 비탄력적인가를 고려하여야 한다.[2)]

다른 상품 또는 서비스 가격의 변화에 대한 서비스 수요의 변화율로 측정되는 수요의 교차 가격 탄력성(cross elasticity of demand)이 탄력적인가, 비탄력적인가도 고려하여 가격을 결정하여야 한다. 만약 교차 가격 탄력성이 비탄력적이라면 두 상품 또는 서비스는 보완적 관계에 있다고 할 수 있으며, 탄력적이라면 대체적 관계에 있는 것으로 한 서비스의 소비는 다른 서비스의 희생을 수반하게 된다.

둘째, 고객이 인지한 가치

흔히들 모든 상품에는 3가지의 이미지가 있다고 한다. 그 첫 번째가 상품의 실제 이미지, 그 두 번째가 그 상품이 이렇게 평가되었으면 하고 기대하는 이미지, 그리고 마지막이 다른 사람이(고객) 그 상품을 실제로 평가한 이미지이다.

레스토랑에서 고객은 식사의 대가로 요구받은 금액을 지불한다. 여기서 말하는 식사의 대가란 포괄적인 의미로 고객이 지불한 가격을 말한다. 그리고 식사를 식사경험 또는 식사체험(meal experience)이라고도 한다. 즉 예약과정에서부터, 또는 외식업체에 도착하여 식사를 마치고 그 레스토랑을 완전히 벗어나기 전까지의 과정에서 경험한 유형, 무형의 식사체험을 말한다. 그리고 지불한 가격과 체험한 식사경험을 비교한

2) 한 재화나 서비스에 있어서 소비자의 소득이 변화했을 때 그것이 그 재화나 서비스의 수요량에 어떤 변화를 주는가를 보여 주는 비율이다. 즉 소득이 1% 변화할 때에 수요량이 몇 % 변화하는가를 보여 주는 것으로 소득의 변화율의 비율로써 나타낸다. 예를 들어 가계의 지출을 생각할 때 식비나 의복비는 소득수준이 높아지더라도 소득의 증가만큼 증가하지 않는 경향이 있다. 이는 소득 탄력성이 1 이하인 예이다. 반면에, 교육비나 내구소비재에 대한 지출은 소득 상승 이상으로 증가하는 경향이 있다. 이러한 재화나 서비스는 소득 탄력성이 1보다 큰 것으로 생각된다. 일반적으로 소득이 증가하면 재화나 서비스에 대한 수요도 증가하는 것으로 생각되지만 오히려 감소하는 재화도 있다.

후 지불한 만큼의 "가치가 있다 또는 없다"를 평가하게 된다.

이와 같이 고객은 지급한 가치에 대한 평가를 제공받은 모든 유형·무형의 서비스 과정과 결과를 대상으로 하기 때문에 매가는 음식 자체만을 고려하여 결정해서는 안 된다.

가치는 소비자가 서비스를 통해 얻는 것(get)과 그것을 위해 제공하는(give) 것 사이의 상대적 트레이드오프(trade off)로 파악되며, 소비자는 가격보다 상위의 개념인 가치에 근거하여 구매결정을 한다.

그러나 가치의 평가과정에는 개인의 주관적인 견해나 상황이 크게 작용한다. 가치에 관해서는 다양한 견해가 존재하지만 그 중에서도 아래의 4가지로 구분한 정의가 가장 적절하다고 평가된다.

- 가치란 가장 저렴한 가격(value is low price).
  주로 금전적 가격에 초점을 맞춘 것이다.
- 가치란 서비스에서 소비자가 얻고자 하는 모든 것(value is whatever I want in a service).
  소비자가 서비스의 구매에서 얻게 되는(get) 혜택에 초점을 맞춘 것이다. 이것은 경제학의 효용(utility)[3]에 관한 정의와 가장 유사하다. 즉, 소비자들은 그들이 원하는 수준의 품질을 얻게 된다면 가격에는 신경을 쓰지 않는다.
- 가치는 소비자가 지불한 가격에 대해 얻은 품질(value is the quality I get for the price I pay).
  소비자 자신이 지불한 것(가격)과 얻은 것(meal experience) 사이의 트레이드오프(trade off)를 파악하여 준 것만큼 얻었다고 판단된다면 그것을 가치 있다고 생각하는 것이다.
- 가치는 소비자가 준 것에 대해 받은 것(value is what I get for what I give).
  소비자가 지불한 요소를 단순히 금전적 요소에만 한정한 것이 아니라 시간, 노력 등의 모든 것을 고려하여 얻게 되는 것 전부를 가치라고 정의한다.

3) 재화가 인간의 욕망을 충족시키는 힘

셋째, 경쟁

가격의 준거로 사용되는 경쟁의 개념은 직접경쟁(direct competition), 간접경쟁(indirect competition), 소득경쟁(income competition) 등과 같은 경쟁의 포괄적인 개념으로 받아들여야 한다.

경쟁은 가격결정에 가장 큰 영향을 미치는 변수로 알려져 있다. 특히 제공되는 유·무형의 서비스에 대한 차별화가 뚜렷하지 않은 경우 가격결정에서 경쟁사의 고려는 절대적이다. 그렇기 때문에 메뉴계획 단계에서부터 아이템에 대한 차별화가 이루어져야 한다.

넷째, 정부의 규제

가격자율화 이후에도 물가안정과 과소비 억제정책의 일환으로 정부로부터 상당한 규제를 받고 있다.

다섯째, 위치

레스토랑이 위치한 장소에 따라 가격은 큰 영향을 받는다. 예를 들어 임대료가 비싼 곳과 싼 곳 간에는 매가에 큰 차이가 난다.

여섯째, 서비스 타입

음식을 고객에게 제공하는 서비스 방식뿐만 아니라 고객에게 제공하는 유형·무형의 서비스의 양과 질도 가격결정에 영향을 미친다. 예를 들어 서비스 양과 질을 줄이는 대신 가격을 낮추는 경우가 있다.

일곱째, 질과 맛

음식의 질과 맛은 이용하는 식자재의 신선도와 질, 조리방식, 생산부서와 판매부서(서빙부서) 종사원의 기능 정도 등에 따라 달라진다.

여덟째, 매출액(양)

레스토랑의 규모와 예상매출액(양)도 가격결정에 영향을 미친다.

아홉째, 제비용

고객에게 제공할 유형·무형의 상품을 생산하는데 소요되는 모든 비용은 가격결정에 결정적인 영향을 미친다.

열째, 식료원가

가격결정에 가장 영향을 많이 미치는 것이 식료원가이다.

열한째, 생산방식

중앙주방 시스템이냐, 혹은 단일주방 시스템이냐에 따라, 또는 사용하는 식자재가 완제품 또는 반제품이냐 등도 가격결정에 큰 영향을 미친다.

열두째, 가격정책

판매가격정책이란 제조업자나 판매업자가 판매가격을 결정하거나, 이미 결정되어 있는 가격을 운영(인상 또는 인하)하는 데에 따라야 하는 영업상의 방침을 말한다. 그렇기 때문에 사전에 설정한 가격정책(고가, 중가, 저가)도 가격결정에 영향을 미친다.

열셋째, 원하는 수익률

영업을 통하여 얼마의 수익률을 기대하느냐에 따라서도 가격결정은 영향을 받는다.

열넷째, 가격수준과 가격의 폭

사전에 설정된 가격수준과 가격의 폭(상한가와 하한가), 그리고 가격점과 가격점 간의 차이 등도 가격결정에 지대한 영향을 미친다.

열다섯째, 식자재의 공급시장

식자재의 공급시장의 위치와 조건은 가격결정에 커다란 영향을 미친다.

열여섯째, 준거가격(reference price)

소비자가 제품의 구매를 결정할 때 기준이 되는 가격을 말한다. 일반적으로 고객의 과거 경험이나 기억, 외부에서 들어온 정보로 형성된다.

열일곱째, 가격 차별화

동일한 상품에 별개의 가격이 매겨지는 경제적인 이유는 뚜렷이 구별할 수 있는 몇몇 시장에서 수요의 가격 탄력성의 크기가 서로 다르기 때문이다.

가격 차별화의 목표는 수요가 많을 때의 고객을 수요가 적을 때로 이동시키는 전략이다. 또는 수요가 적을 때 고객들이 많이 오게 하는 전략이다. 레스토랑에서 많이 이용하는 방법은 이용시간에 따른 가격 차별화이다. 예를 들어 이용객이 적은 시간대에는 가격을 낮추어 책정하고, 이용객이 몰리는 시간대에는 정상적인 가격을 책정하는 방법이다.

이 밖에도 고객의 유형(가격에 대한 민감도), 분위기, 식사 시간(meal period), 판매믹스(sales mix), 경제적인 상황, 가격 목표(최대 이익, 시장 점유율 선도, 경쟁에서 살아남기), 아이템의 특성 등 매가에 영향을 미치는 요소들을 정리하면 아래와 같다.

① 어떤 아이템이냐? 전채, 메인, 후식, 곁들이는 음식 등

② 아침이냐? 아니면 점심 또는 저녁이냐?

③ 그 아이템 분량의 크기는?

④ 제한적으로 공급되는 계절상품인지?

⑤ 보통 아이템이냐? 아니면 특별한 아이템이냐?

⑥ 레스토랑의 유형은?

⑦ 레스토랑이 입지한 위치?

⑧ 누가 주 고객이냐?

⑨ 추구하는 평균 고객 단가는?

⑩ 레스토랑의 분위기는?

⑪ 레스토랑의 위상은?

2. 가격결정방법의 실제

매가 결정은 과학이 아니고 전략이다. 또한 매가는 계산하는 것이 아니고 결정하는 것이다. 매가 결정의 궁극적인 목표는 이익의 극대화와 지속적인 영업활동에 있다.

기업의 입장에서 보면, 가격은 이익의 원천으로서 총수익에 영향을 주며, 목표이익을 달성하기 위한 기본요건이 되는 동시에 판매량에 영향을 준다. 이렇게 중요한 가격결정이 대개 관리자가 알고 있는 가격결정에 영향을 미칠 몇 가지의 변수들만을 고려해서 의사결정이 이루어지는 경향이 있다.

실제의 가격결정방법은 원가중심 가격, 수요중심 가격, 경쟁중심 가격 등으로 크게 구분할 수 있으나, 3가지 방법을 혼합한 복합적인 가격결정방법도 많이 이용되고 있다. 그러나 이들 여러 방법은 대안이라기보다는 서로 다른 상황에서 적용되거나 또는 동시에 적용될 수 있는 방법이라고 보아야 한다.

여기서는 외식업체에서 일반적으로 적용하고 있는 가격결정방법을 중심으로 접근하고자 한다. 그리고 실무적인 측면에서 가장 많이 언급되는 방법들을 구체적으로 다루고자 한다.

그림 3-7 • 다양한 가격결정방법

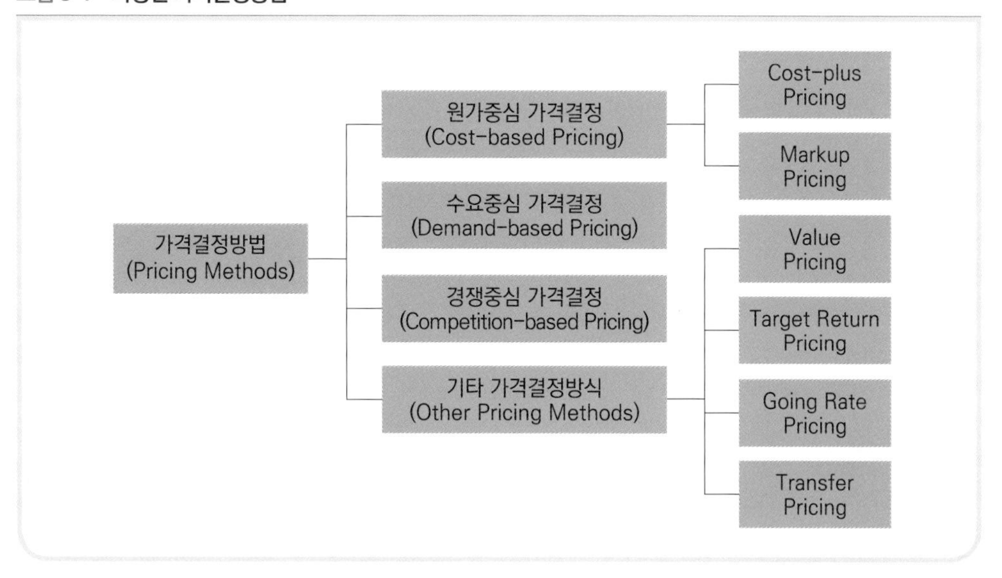

고객에게 제공되는 메뉴의 판매가를 결정하는 과정을 다음과 같이 정리할 수 있다. 우선, 선행변수 검토(마케팅목표, 기업목표 등) ➡ 1차 가격설정(제조원가, 소비자, 경쟁자, 이익 등의 통합적인 고려) ➡ 소비자 검증(내부 모니터링, 현장 모니터링 등) ➡ 최종가격설정(목표 매출, 목표수익, 시장 점유율, 경쟁사 등) 등의 과정을 거친다.

일반적으로 3가지 기본적인 가격결정방법이 많이 언급되고 있다. 원가중심 가격결정방법(cost-based pricing), 경쟁중심 가격결정방법(competition-based pricing), 그리고 수요 또는 고객중심 가격결정방법(customer or demand-based pricing)이 그것이다.

원가중심 가격결정방법(cost-based pricing)은 판매가에 총원가와 일정액(또는 %)의 이익을 포함시킨 것이다. 반면에, 경쟁중심 가격결정방법(competition-based pricing)은 경쟁사의 가격을 고려한 방식이고, 수요 또는 고객중심 가격결정방법(customer or demand-based pricing, or value-based pricing)은 제품에 대한 고객의 수요와 그 제품에 대한 고객의 필요에 따라 가격을 결정하는 방식이다.

그러나 경쟁이 치열한 외식시장에서 메뉴 판매가격의 결정은 많은 기교와 전략을 요구한다. 과거와 같이 원가중심의 가격결정방법은 더 이상 유효하지 않다. 그 결과 대안으로 제시되는 수요중심(고객중심)과 경쟁중심 가격결정방법이 힘을 받고 있다.

1) 수요중심 가격결정방법(Consumer 또는 Demand-based pricing)

제품을 생산하는 데 드는 비용보다는 표적시장에서 소비자들의 제품에 대한 평가와 그에 따른 수요를 바탕으로 가격을 결정하는 방법으로 최근 들어서 많이 활용되고 있다. 전통적인 수요곡선에 의한 가격결정이라기보다는 소비자의 구매심리 상태를 반영하는 가격결정방법이다.

초기 고가격(creaming or skimming pricing), 시장 침투가격(market-penetration pricing), 가격차별(price discrimination), 수익관리(yield management), 시장가격(price points), 심리적 가격(psychological pricing), 묶음가격(bundle pricing), 계열가격(line price), 가치 기준 가격(value-based pricing), 할증(프리미엄)가격 등을 포함한다.

첫째, 초기 고가격(Creaming or Skimming pricing)

초기 고가격전략은 시장에 처음 제품이나 서비스를 내놓을 때 가격을 의도적으로 높게 책정하는 전략이다. 이후 시간이 지날수록 조금씩 가격을 낮춘다. 이 전략은 시장 진입 초기에 투자한 금액을 단기간에 회수하기 위함이며, 시간이 지나 수요층이 확보되면서 가격을 내리는 방법이다.

둘째, 시장 침투가격(Market-Penetration pricing) 또는 시장 점유율 확보 가격

침투가격(penetration pricing)은 자사의 상품을 처음 소개하는 경우에, 소비자들이 자사가 제시하는 침투가격이면 기존 사용하던 상표를 포기하고 자사 상품을 구입할 것이라는 전제하에 시도하는 가격 설정법으로, 이것을 시장점유율을 산다고 한다.

침투가격전략은 초기 고가격전략과 반대의 개념이다. 이 전략은 시장 진입 시 저가격 전략을 취하여 시장 진입 초기에 최대한 많은 시장 점유율을 얻는 것을 목표로 하는 가격전략이다.

기존업체에서 시상의 침투를 막기 위하여 함께 가격을 인하시키면 가격경쟁이 심화

된다. 이런 경우 궁극적인 승리자는 원가에서 우위에 있고 상표에 투자를 많이 한 기업이 된다.

셋째, 할증가격(Premium pricing)

명성가격(prestige pricing)이라고도 부른다. 사회적 지위를 중요하게 여기는 소비자들이 지불 가능한 가장 높은 가격을 지속적으로 유지하는 가격결정이다. 매우 높은 프리미엄이 붙은 상품은 상품의 고급화 이미지를 부여하거나 강화한다.

할증가격을 언급할 때 가격품질효과(Price-quality effect)를 언급하기도 한다. 왜냐하면 소비자들은 "더 높은 가격 = 더 좋은 품질"이라는 등식의 의미 속에서 가격에 대해 덜 민감한 반응을 보이기 때문이다.

넷째, 미끼상품(Loss leader) 또는 손실유인가격(Loss leader pricing)

촉진가격(promotional pricing)이라고도 하는데, 여러 상품을 취급하는 연쇄점이나 백화점에서 특정상품을 고객유인용 상품(loss leader)으로 하여 가격을 싸게 함으로써 다른 상품의 구매를 유도하는 전략이다.

이와 같은 전략이 외식업체에서도 활발히 이용되고 있다. 예를 들어 10년 전의 가격으로 특정 아이템의 가격을 낮추어 고객을 유인하는 전략이 그 일례이다. 또한 호텔의 경우 경쟁사와 같은 일부의 제품을 훨씬 저렴한 가격으로 고객에게 제공하여 고객을 호텔로 유인하는 전략으로 사용하기도 한다.

다섯째, 단수가격(Odd pricing)

많은 경영자들이 제품가격이 어느 문턱(threshold)을 넘어서면 판매가 급격히 떨어질 것이라고 믿고 있다. 그래서 업계에서는 단수가격정책이라는 가격정책방법을 널리 사용하고 있다. 이 방법은 가격문턱이라고 생각되는 숫자보다 조금 낮게 가격을 정하는 방법이다.

예를 들어 판매가의 왼쪽 수를 조정하는 것이다. 그 결과 오른쪽 숫자의 끝은 9 or 5로 끝내는 것이다. 이것은 심리적으로 0으로 끝나는 가격보다 더 싸게 느껴진다고 한다. 예를 들어 $9.95가 $10보다 선호된다. 왜냐하면 고객은 10과 9를 먼저 비교하고, 나머지 숫자를 비교하기 때문이다.

여섯째, 관습가격

관습가격이란 소비자들이 관습적으로 느끼는 가격으로, 소비자들이 당연하게 생각하는 가격대이다.

소비자들이 일반적으로 인식하고 있는 가격으로서, 한두 기업에 의해 가격이 결정되는 것이 아니라 기업들이 사회관습에 의해 관행되는 가격으로 설렁탕, 자장면, 다방커피(새로운 유형의 커피 전문점은 제외) 값 등이 관습적 가격설정법의 일례이다.

일곱째, 계열가격(Line pricing)

제품과 서비스를 원가의 범주별로 분류하여 가격을 결정함으로써 고객들이 다양한 수준의 지각된 품질의 제품과 서비스를 제공하고 있다는 것을 인지할 수 있도록 하는 가격결정방법이다.

여덟째, 묶음가격(Bundle pricing)

다양한 제품과 서비스를 하나의 묶음(single package)으로 묶어 각각을 별도로 파는 것보다 더 싸게 판매하는 방식이다.

두 가지 이상의 제품이나 서비스를 특별한 가격으로 제공하는 전략이다. 예를 들어 단품 메뉴를 묶음가격으로 묶어 세트 메뉴를 만드는 경우이다.

아홉째, 가격차별

동일한 상품에 대하여 지리적, 시간적으로 서로 다른 시장에서 각기 다른 가격을 제시하는 방법이다. 이렇게 하여 설정된 가격을 차별가격이라고 한다. 동일한 상품에 별개의 가격이 매겨지는 경제적인 이유는 뚜렷이 구별할 수 있는 몇몇 시장에서 수요의 가격 탄력성의 크기가 서로 다르기 때문이다.

열째, 가치 기준 가격(Value-Based pricing)

비용이나 시세를 기준으로 가격을 결정하던 전통적인 방식이 아니라, 고객에 대한 가치를 기준으로 가격을 결정하는 일이다.

열한째, 심리적인 계산 또는 회계(Mental accounting)[4]

고객들은 잡화, 유희, 사회적 비용 등과 같이 식품 구매 계정(범주)을 구분한다. 각각의 범주에 따라 어느 정도나 소비하여야 하는지를 조정한다.

일반적으로 여흥과 사회적인 경우는 보다 자유스럽게 소비액의 범위가 결정되고, 주중 집에서 식사하는 대신 외식을 하게 되면 외식에 지출되는 비용은 식품비 예산의 범위에서 조정되지 여흥의 예산에서 지출이 결정되는 것이 아니다.

이 밖에도 직감(intuition: 매니저가 이 정도의 가격이면 적당하다고 느끼는 가격이 판매가격), 그리고 주위에 있는 선두그룹이 부과하는 가격이 판매가가 된다(follow the leader).

또 다른 방법이 시행착오(trial and error)방법이다. 이는 일정한 가격을 부과하여 고객의 반응을 모니터한 후 다시 가격을 조정한다. 이 방법은 고객의 반응을 검토하는데 많은 시간이 소요되고, 가격을 자주 바꾼다는 것은 여러 가지 측면에서 좋지 않고, 고객의 구매결정에 대해 통제할 수 없는 외부적 요인이 다분히 많아 그다지 이용되지 않는다.

이와 같이 질적인 가격설정 접근법은 다양하다. 그러나 이러한 방법들이 비합리적이라고는 말할 수 없다. 때로는 비합리적인 방법이 합리적이고 과학적인 방법을 능가할 수도 있기 때문이다. 그래서 매가결정은 과학이 아니고 전략(기교)이며, 매가는 계산하는 것이 아니고 결정하는 것이라고들 한다.

---

4) 리처드 탈러(Richard Thaler)가 처음으로 명명한 개념이다. 즉 정신 회계(또는 정신적 회계)는 사람들이 경제적 결과를 코드화하고 분류하고 평가하는 과정을 설명하려고 시도한 이론이다. 행동경제학에서 많이 사용되며 경제적 의사 결정을 할 때 마음속에 나름의 계정들을 설정해 놓고 이익과 손실을 계산한다는 것을 설명하기 위해 고안된 개념이다. 즉, 각자의 마음속엔 기업의 회계장부처럼 주관적 프레임들이 설정되어 있는데 돈과 관련된 선택은 모든 가능성을 합리적으로 숙고하고 내려지는 것이 아니라, 이미 마음속에 자리 잡고 있는 틀의 범위를 벗어날 수 없다는 것이다.

2) 경쟁중심 가격결정방법(Competition-based pricing)

경쟁업체들의 가격을 가격결정에 가장 중요한 기준으로 고려하는 방법은 동일한 시장의 경쟁상품을 품질이 유사하고 비슷한 비용구조를 가진다는 전제를 배경으로 한다. 경쟁사의 상황을 중심에 놓고 가격을 결정하는 방법으로 자사의 목표이익이나 원가보다는 경쟁사의 가격을 근거로 해서 자사의 제품가격을 결정하는 것이다. 이 전략은 경쟁사의 가격을 바탕으로 자사의 목적을 실현하기 위한 최선의 가격 수준을 결정한다.

예를 들어 경쟁업체들의 가격전략을 기준으로 하여 고가격정책과 저가격정책 등을 결정하거나 경쟁사보다 유리한 원가구조를 갖고 있는 경우는 낮은 가격을 제시하여 경쟁우위를 확보하는 등의 전략을 고려할 수 있다. 또한 메뉴의 차별화를 통해 지각된 차별적 가치를 제공하여 경쟁업체들보다 높은 가격을 설정하는 것 등을 고려할 수 있다.

일반적으로 많이 소개되는 경쟁중심 가격결정방법에는 경쟁사와 같은 가격(모방), 시장에 침투하기 위해 경쟁사보다 낮게, 또는 차별화를 위해 경쟁사보다 높게 가격을 결정하는 방식이다.

첫째, 모방

고객에게 제공할 아이템을 선정할 때 대부분의 메뉴계획자(관리자)들은 수준이 거의 같거나 비슷한 동종의 다른 외식업체의 메뉴가격을 모방하는 경향이 있다. 이렇게 모방된 아이템의 매가는 모방한 외식업체의 매가를 약간 수정 또는 그대로 이용한다.

매가결정의 중요성을 감안하면 무지하기 한이 없지만 매가에 대한 의사결정자들이 상당히 선호하는 방법으로 알려져 있다. 이러한 방법으로 매가를 결정하는 관리자는 특정 음식을 생산하는데 요구되는 표준 Recipe 상의 원재료비만을 매가결정에 영향을 미치는 요인으로 알고 있는 관리자라고 말할 수 있다. 이런 부류의 관리자에게는 이 방법이 합리적이고 경제적으로 보일 수도 있다. 그러나 원가의 구조와 상품의 정의, 가치, 외식업체의 콘셉트(concept) 등에 대한 이론이 확고한 관리자는 매가의 결정을 이렇게 하지는 않는다.

가격정책, 겨냥하는 고객, 서비스 스타일, 명성도, 위치 등을 포함하는 레스토랑의 전체적인 Concept, 구매시스템, 생산시스템, 그리고 원가의 구조 등과 같이 매가결정에 영향을 미치는 요인은 식재료의 원가 외에도 무수히 많다. 그렇기 때문에 메뉴에 대한 이론이 확고한 관리자는 가격과 가치를 매가결정에 우선적으로 고려하는 요인으로 생각한다.

다른 외식업체의 매가를 모방하여 매가를 결정하는 방법은 주로 주관적인 견지에서 가격을 결정하는 것으로 가격결정자의 생각이 고객의 입장에서 대변되는 가격결정방법이며, 원가에 대한 정확한 정보 없이 매가가 결정되기 때문에 바람직하지 못한 방법이다.

이러한 점을 감안할 때 매가결정에서 가장 먼저 고려되어야 할 것은 「지피지기(知彼知己)」이다. 즉 우리 업체의 전체적인 Concept와 원가의 구조를 파악하고, 메뉴가격결정에 영향을 주는 모든 변수를 검토한 후, 같은 수준의 동종의 외식업체 매가를 참고하여 매가를 결정하는 것이 합리적이다. 왜냐하면 다른 외식업체의 가격결정 방식이 아무리 성공적이라고 해도 그 가격결정 방식이 자신의 레스토랑에도 잘 적용되리라는 보장은 없기 때문이다.

둘째, 가격선도제

시장가격에 따른 가격결정(going-rate pricing)이라고도 한다. 원가 면에서 가장 유리한 위치에 있는 가격선도기업(price leader)이 가격을 책정하면, 나머지 기업들 즉, 가격추종기업(price follower)들은 그 가격을 기준으로 가격을 결정하는 형태를 보이게 된다.

즉, 자신들의 비용구조나 수요보다는 경쟁자의 가격을 보다 중요하게 생각해서 주요 경쟁자의 제품가격과 동일하거나 다소 높게 또는 낮게 가격을 책정한다.

셋째, 틈새전략(Niche strategy)

틈새전략을 추구하는 외식업체는 전략적으로 자사의 메뉴가격을 경쟁외식업체가 제공하는 메뉴가격과 다르게 하려고 한다. 이런 때는 보통 비어있는 가격대의 수준에서 가격이 책정된다.

경쟁사보다 유리한 원가구조에 있다면 낮은 가격 또는 같은 판매가격을 제시하여 경쟁의 우위를 확보할 수 있다. 그리고 메뉴와 서비스 또는 분위기를 차별화하여 더 높은 품질을 추구하는 고객들을 겨냥해 지각된 차별적 가치를 제공하여 경쟁사보다 높은 가격을 설정할 수도 있다.

3) 원가중심 가격결정방법(Cost-based pricing)

메뉴 판매가는 원가에 직접적인 관련이 있고, 수익성을 예측하는데 도움을 주며, 원가 관리의 도구로 이용되고, 그리고 원가와 판매가의 차이인 실질적인 Markups(원가에 대한 가산금액)를 반영한다.

일반적으로 원가는 제품의 생산, 판매로 인해 생기는 비용으로, 다음 그림3-8 과 같이 도시화 해볼 수 있다. 즉, 총원가=제조원가+일반관리비와 판매비를 더한 비용이 된다.

그림 3-8 • **원가**

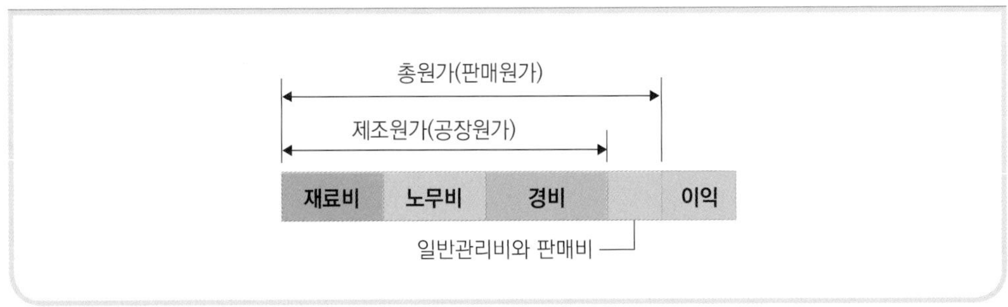

제품의 단위당 원가를 근거로 하여 예상되는 이익으로 가격을 결정하는 원가중심 가격결정방법으로 아래와 같은 방법들이 많이 이용된다.

첫째, 원가율(%)에 의한 가격결정

특정 레스토랑을 운영하는 매니저는 과거의 영업결과를 바탕으로 매년 예상 손익계산서를 작성한다. 이것을 추정(예상) 손익계산서라고 한다. 추정(예상) 손익계산서에 제시된 식료의 원가를 바탕으로 판매가격을 다음과 같은 공식을 이용하여 계산할 수 있다.

예로, 과거의 데이터에 식료원가가 34%라 하면 판매가는 다음과 같은 공식에 의해 계산된다.

판매가 = 특정 아이템의 식료원가 ÷ 식료원가율
14,705 = 5,000 ÷ 0.34

예를 들어 표준 Recipe 상의 특정 아이템의 원가(금액으로 표시)가 5,000원이라고 했을 때 판매가는 5,000원 ÷ 0.34 = 14,705원이 된다. 판매가 14,705원에서 특정 아이템의 원가 5,000원이 차지하는 비율은 5,000 ÷ 14,705 = 34%가 된다.

레스토랑 운영에서 식재료 원가는 대단히 중요하다. 식재료 원가율은 식재료 원가가 판매가(매출액)에서 차지하는 비율이다. 즉, 판매가 (100%)에서 식재료가 차지하는 비율이기 때문에 100%에서 식재료 원가 34%를 감한 나머지 66% 속에는 식재료 원가를 제외한 모든 비용과 일정률의 이익도 포함되어 있어야 한다.

이것을 마진(margin)이라고 한다. 즉, 14,705 − 5,000 = 9,705원이 된다. 이 금액이 판매가에서 차지하는 비중을 백분율로 환산한 것이 마진율이 된다. 즉, 9,705원 ÷ 14,705원 × 100 ≒ 66%이다. 그렇기 때문에 식료원가율 34% + 마진율 66%의 합(=)은 100%(판매가)가 된다.

M = SP − FC
Margin = 14,705 − 5,000 = 9,705
Magin % = M ÷ SP
66% = 9,705 ÷ 4,705 × 100
SP = FC% + M% = 100%
34% + 66% = 100%

그림 3-9

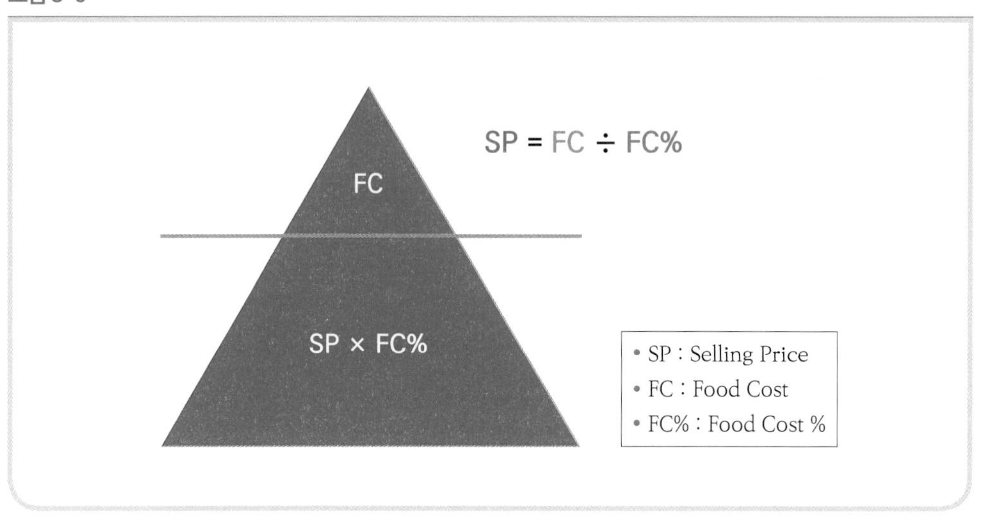

둘째, Mark-Up Pricing

제품의 원가와 이익률만을 이용하여 가격을 결정하기 때문에 내부 자료만으로 가격을 산출할 수 있다는 장점이 있다. 그러나 시장의 수요 상황, 경쟁사의 가격 등을 고려하지 않는다는 한계가 있다. 재화나 서비스에 대한 가격 탄력성[5]이 크지 않고, 경쟁이 치열하지 않을 경우 활용되는 가격결정법이다.

예를 들어 A라는 특정 아이템의 총원가(변동비 + 고정비)가 10,000원인데 여기에다 20%의 Mark-up을 더하여 판매가를 결정하고자 한다고 가정하면 판매가는 다음과 같이 계산된다.

판매가 = 원가 ÷ (100% − Markup %). 즉, 10,000 ÷ (100% − 20%) = 10,000 ÷ 0.8 = 12,500원이 된다.

그리고 여기서 Profit Margin을 계산해보면; profit margin ÷ 판매가가 된다. 즉, 2,500 ÷ 12,500 = 20%가 된다.

5) 상품에 대한 수요량은 그 상품의 가격이 상승하면 감소하고, 하락하면 증가한다. 즉, 가격 탄력성은 가격이 1% 변화하였을 때 수요량은 몇 % 변화하는가를 절대치로 나타낸 크기이다. 탄력성이 1보다 큰 상품의 수요는 탄력적(elastic)이라 하고, 1보다 작은 상품의 수요는 비탄력적(inelastic)이라고 한다. 상품 중에는 자체의 가격만이 아니라 다른 상품의 가격에 영향을 받아 수요량이 변화하는 것이 있다. 이러한 상품에 관해서도 그 수요량과 다른 상품가격과의 사이에 같은 형식의 탄력성을 정의할 수가 있다. 이것을 교차 탄력성(cross elasticity)이라 한다.

위의 예에서 총원가가 10,000원인 특정 아이템을 12,500원에 판매한다면 다음과 같은 결과를 도출할 수 있다.

① Profit margin(금액으로) 12,500 − 10,000 = 2,500원

② 판매가에 대한 Profit margin % = 2,500 ÷ 12,500 = 20%(매가를 바탕으로)

③ Markup % = 2,500 ÷ 10,000 = 25%(원가를 중심으로)

③의 방법을 Cost-plus Pricing이라고 설명하기도 하는데, 주로 소매업체에서 많이 이용되고 있는 판매가 계산방식으로, 재화나 서비스의 원가에 일정한 이익률을 고려하여 시장가격을 다음과 같이 계산한다.

총원가 + 총원가 × Markup %

예를 들어 특정 아이템의 총원가가 10,000원인데 여기다 50%의 Markup을 더하여 판매가를 계산한다고 하자. 이 경우 판매가는 다음과 같이 계산된다.

10,000원 + (10,000원 × 50%) = 10,000원 + (10,000원 × 0.5) = 10,000원 + 5,000원 = 15,000원.
또는 10,000 × 1.5 = 15,000원

셋째, Factor를 이용하는 방식

메뉴 판매가격 계산에 많이 이용되는 방식이다. 이 방식은 모든 아이템에 일률적으로 적용하기에는 어려움이 있는 방식이긴 하지만 판매가의 계산이 간단하여 많이 이용되고 있는 방식이다.

일반적으로 두 가지 방법이 있는데, 첫째는 전체적인 식료원가를 고려하여 가산된 이익을 계산하는 방법과 전체 식재료 중 중요한 식재료만을 고려하여 가산된 이익을 계산하는 주재료 이익가산법(prime ingredient mark-up)이 있다.

여기서 기준이 되는 원가는 식료의 평균원가율로 과거의 데이터에서 얻어지는 원가율 또는 바라는 원가율이다.

예를 들어 특정 연도, 특정 외식업체, 또는 특정 호텔의 모든 업장의 평균 식료원가 40%를 기준으로, 또는 여러 상황들을 고려하여 특정 연도의 원가율을 40%로 가정한 후, 이 원가율을 기준으로 Factor가 계산된다. 즉, 과거의 데이터에 의한 식료원가율 또는 기대되는 식료원가율이 40%라고 가정했을 때 Factor는 100을 40%로 나누어서 얻은 2.5가 된다. 이 Factor를 바탕으로 특정 아이템에 대한 매가가 계산되는데 다음과 같은 공식에 의해서 계산된다.

판매가격 = 식료원가 × Factor
12,500원 = 5,000원 × 2.5

여기서 식료원가는(금액) 특정 아이템을 생산하는 데 요구되는 원식재료 원가로 표준 Recipe에 의해서 계산된다. 표준 Recipe 상에 계산된 특정 아이템에 대한 원가가 5,000원이라고 했을 때 매가는 5,000원 × 2.5 = 12,500원이 된다.

이 방식이 레스토랑에서 일반적으로 이용되고 있지만, 결정적인 단점도 내포하고 있다는 것을 알 수 있다. 상기의 예에서 특정 아이템에 대한 매가 12,500원(100%)에서 식료원가 5,000원(40%)을 감하면 7,500원(60%)이 남게 된다. 이 7,500원(60%)은 식료원가를 제외한 모든 비용을 상쇄하고도 일정액의 이익을 남겨야 한다. 그런데 문제는 식료원가를 제외한 7,500원(60%)으로 이러한 조건을 충족시키고 있는지의 여부는 일정 기간이 지난 다음(보통 1개월)에 알 수 있기 때문에 필요한 조치를 시의(時宜)적절하게 취하지 못한다는 것이다.

4) Overhead-Contribution 방법

아래의 표 3-1 은 외식업체의 대표적인 고정비 항목을 정리한 것이다. 즉, 생산이나 판매에서 직접적으로 발생되는 비용 이외의 비용을 Overhead Cost라고 한다. 원가 회계에서는 간접비 배분율을 이용하여 제조원가에 간접비를 할당한다.

표 3-1 • **Na's Pizza Overhead Costs – Dec. 2023**

Expenses	Costs
Rent	$8,000
Taxes	$2,000
Salaries	$4,000
Equipment	$2,500
Utilities	$3,750
Repairs and Maintenance	$500
Advertising and Marketing	$250
Total Overhead Costs	$21,000

외식업체에서 칭하는 Contribution Margin은 매출액에서 또는 판매가에서 제품 생산원가 즉, 식재료 원가만을 감(—)한 금액을 말한다. 즉, 총 매출액에서 식음료원가를 제외한 것을 총 공헌이익이라고 칭하고, 판매가에서 식재료 원가를 감한 것을 단위당 공헌이익이라고 한다. 그렇기 때문에 공헌이익 속에는 이익과 고정비 등도 포함되어야 한다. 즉, 판매가 또는 총매출액에서 식재료 원가만을 감하였기 때문에 공헌이익 속에는 총비용+이익까지도 포함되어 있어야 한다. 만약 공헌이익이 총비용과 같다면 손실도 이익도 없는 손익분기점에, 공헌이익의 크기가 총비용보다 크다면 이익이 발생하는 것이다.

공헌이익을 이용하여 판매가를 계산하는 방법은 다음과 같다.

공헌이익 %(CM %) = Contribution Margin %
공헌이익 %(CM %) = (Overhead + Profit) ÷ Sales
식료원가 %(Food Cost %) = 100% − CM %
판매가(Selling Price) = Food Cost ÷ Food Cost %

예를 들어 특정 레스토랑의 식재료 원가를 제외한 연간 총비용이 40,000,000원이고, 원하는 수익은 30,000,000원, 예상되는 매출액 100,000,000원, 특정 아이템에 대한 식료원가(표준 Recipe)는 5,280원이라고 할 때, 이 아이템에 대한 매가는 다음과 같이 계산할 수 있다.

Contribution Margin % = (40,000,000원 + 30,000,000원) ÷ 100,000,000원 = 70.0%
Food Cost % = 100% − 70.0% = 30.0%
Selling Price = 5,280원 ÷ 0.3 ≒ 17,600원

Overhead-Contribution을 이용한 매가 계산 방식은 식료원가만 고려한 가격 계산 방식보다는 식료원가를 제외한 모든 원가와 이익까지도 판매가 계산에 고려하였다는 장점이 있다.

5) 프라임 코스트(Prime-Cost)를 이용한 방식

Prime Cost란 특정 아이템을 생산하는데 투입되는 직접원가로 외식업체의 경우 식재료의 원가와 직접 인건비를 합한 원가이다. 즉, Prime Cost = Raw Materials + Direct Labor.

일반적으로 업계에서 가장 중요하게 고려하는 원가가 Prime Cost이다. 이 두 항목의 원가가 차지하는 비중은 60~65% 이하로 관리되어야 하는 중요한 항목이다. 만약 이 두 항목의 원가가 잘못 관리되면 성공적인 레스토랑의 운영은 불가능하다고 말한다. Prime Cost를 이용하여 판매가를 계산하는 방법 중 일반적으로 소개되는 방법을 아래와 같이 설명해 본다.

첫째, 평균 Prime Cost를 이용하는 방법

Prime Cost 방식으로 매가를 결정하는 첫 번째 과정은 고객당 인건비가 얼마나 차지하느냐를 결정하는 것이다. 이 부분은 주어진 기간 동안의 전체 직접인건비를 고객의 수로 나누어서 얻을 수 있다.

예를 들어 특정 달의 인건비가 4,000,000원이라 하고, 그리고 그 기간 동안 고객의 수가 2,000명이었다고 하자. 이 경우 고객 1인당 투입된 인건비는 (인건비 ÷ 고객 수 = 4,000,000원 ÷ 2,000명 = 2,000원)이 된다. 즉, 2,000원에 해당하는 노동력이 고객 1인당에게 배분되었다는 계산이다.

다음 단계는 메뉴 아이템당 Prime Cost를 계산하는 것이다.

이 단계에서는 특정 아이템에 대한 식재료의 원가와 앞서 계산한 인건비의 합이 된다. 예를 들어, 특정 아이템 A의 식료원가가 4,000원이라면 앞서 계산한 고객 1인당 투입된 평균 인건비 2,000원의 합인 6,000원이 특정 아이템에 대한 Prime Cost가 된다.

마지막 단계로 판매가를 결정하는 것이다.

여기서는 특정 아이템에 대한 Prime Cost 6,000원 ÷ 원하는 Prime Cost % = 판매가라는 등식으로 설명된다.

예를 들어 특정 아이템의 Prime Cost가 6,000원이었다. 그리고 원하는 또는 과거의 Prime Cost %가 60%라면 6,000원 ÷ 0.6 = 10,000원이 판매가가 된다. 즉, 예로든 아이템에 대해 60%의 Prime Cost %를 유지하기를 원한다면 특정 아이템의 매가를 10,000원 이상 받아야 한다는 뜻이다.

둘째, Prime Cost Factor를 이용하는 방식

Factor를 이용한 매가결정 방식에서는 식료에 대한 전체적인 원가율과 특정 아이템에 대한 식재료원가를 바탕으로 매가를 계산하였다. 반면에, 카페테리아에서 많이 이용하는 프라임 코스트(식자재 원가+직접 인건비)를 이용한 매가결정 방식에서는 인건비가 더 추가되어 Factor를 이용한 매가결정 방식에서와 같이 매가가 계산된다.

여기서 추가되는 인건비는 특정 아이템을 생산하는데 직접적으로 요구되는 인건비만을 말한다. 그런데 문제는 특정 아이템을 생산하는데 요구되는 직접인건비만을 어떻게 산출하느냐 하는 문제가 발생한다. 물론 레스토랑의 형태, 생산시스템, 이용하는 식자재 등에 따라 특정 아이템을 생산하는데 요구되는 인건비는 각각 다를 수도 있다. 그래서 전체 인건비(노무비라고도 한다)의 약 1/3을 직접인건비로 간주하여(정확한 수치는 아니지만 대략적으로 1/3 정도를 차지한다) 식자재의 원가에 추가하여 프라임 원가를 설정한다.

예를 들어 전체 식료원가율이 40%, 그리고 전체 인건비율이 24%, 특정 아이템을 생산하는데 요구되는 표준양목표상의 식료원가가 5,000원, 그리고 직접인건비가 1,500원이라는 조건하에서 매가는 다음과 같은 공식과 절차에 의해서 계산된다.

Prime Cost = Food Cost + Direct Labor Cost
판매가격 = Prime Cost × Factor

① 프라임 원가를 계산한다.

식료원가(5,000원) + 직접인건비(1,500원) = 6,500원

② 식재료 원가와 직접인건비를 고려한 공헌마진을 구한다.

프라임 원가율은 판매가에서 프라임 원가(식재료 원가+직접인건비)가 차지하는 비율(%)로 다음과 같이 구해진다.

항상 매가는 1(100%)이다. 그렇기 때문에 매가 1(100%)에서 예상된 식료원가율 40%를 감하면 60%의 마진(gross margin)이 남게 된다. 이 60%의 마진에서 전체 인건비(24%)의 1/3에 해당하는 직접인건비(8%)를 감하면 52%가 남게 된다. 즉, 다음과 같이 계산된다.

매가(100%) − 식료원가율(40%) − 직접인건비율(8% = 24% × 1/3) = 52%

③ Factor를 구한다.

Factor는 앞서 제시한 Factor를 구하는 공식을 그대로 이용한다. 즉, 100% ÷ 52% = 1.9가 된다. 그런데 앞서 제시한 Factor를 이용한 판매가 계산과는 달리(원가율을 그대로 이용) 여기서는 판매가(100%)에서 Prime Cost율을 감한 수치를 이용한 것이 다르다.

④ 매가를 계산한다.

매가는 Prime Cost × Factor = 6,500원 × 1.9 = 12,350원이 된다.

⑤ 판매가를 결정한다.

계산된 판매가에 +α를 고려하여 매가를 결정한다.

프라임 원가를 이용하여 매가를 계산하는 방식에서는 전체 인건비 중에서 직접생산비를 중요하게 고려하였다. 그러나 여기서 말하는 직접인건비는 그 아이템을 만들

기 위하여 준비하고, 조리하고, 판매되는데 투입되는 노동력만을 말한다. 그렇기 때문에 특정 아이템을 생산하고 판매하는데 소요되는 직접인건비를 산출하기 위해서는 메뉴상에 있는 각 아이템을 만들어 판매하는데 요구되는 스킬, 그리고 소요되는 시간이 상세하게 산출되어 있어야 한다.

즉, 메뉴상 특정 아이템을 생산하고 판매하는데 요구되는 기능수준(level 1~level 10), 걸리는 시간을 측정하여 표준 Recipe 상에 상세히 기록하여야 한다. 예를 들어 샐러드를 준비하는데 요구되는 요리사의 수준은 수준 10인 요리사인데 수준 10보다 상위에 있는 요리사가 샐러드를 준비하고 있다면 직접인건비에 대한 산출은 왜곡될 수 밖에 없다. 그러나 현실적으로 이러한 현상은 비일비재하다.

결국, 이러한 점을 감안하면 프라임 원가를 이용하여 매가를 계산하는 방식도 Factor를 이용하여 매가를 계산하는 방식보다 낫다고 말할 수는 없다. 그러나 프라임 원가를 이용하는 방식과 Factor를 이용하는 방식에서는 매가에 대한 차이가 있다. 즉, Factor를 이용하는 방식이 프라임 원가를 이용하는 방식에 비해 매가가 낮게 책정된다는 점이다. 즉, Factor를 이용하여 매가를 계산하면 100 ÷ 40% = 2.5(Factor) × 5,000원(식료원가) = 12,500원이 되며, 프라임 원가율을 이용하면 매가가 150원(12,350원 − 12,500원 = 150) 정도 낮게 계산된다.

6) 실제원가를 이용하는 방식

생산 및 운영에 소요되는 제비용과 원하는 이윤까지를 포함하여 매가를 계산하는 방식으로 앞서 설명한 방식들보다 더 구체적인 방식이라고 말할 수 있다.

식료원가, 인건비, 식료원가와 인건비를 제외한 변동비율, 고정비율, 그리고 이익률을 바탕으로 매가가 계산되는데, 다음과 같이 도식화 할 수 있다.

그림 3-10 • **실제원가를 이용하는 방식**

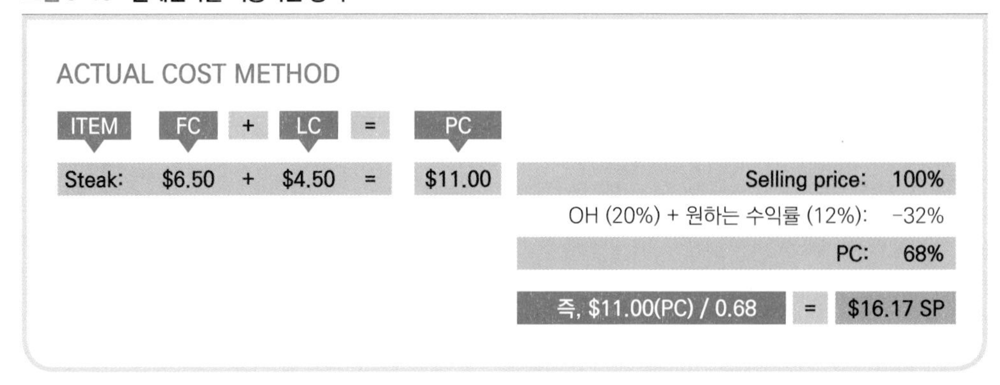

그림3-10 을 보면 특정 아이템(Steak)에 대한 Prime Cost는 식재료 원가와 인건비의 합이다. 즉, 식재료원가 6.50 + 인건비 4.50 = Prime Cost 11.00이다.

그리고 오른쪽 상단의 판매가는 항상 100%이다. 그리고 그 아래 OH(Overhead) 20% + 원하는 수익률 12% = 32%는 매가 100%에서 각각이 차지하는 비율이다. 그 결과 100% − 32% = 68%가 된다. 판매가(Selling Price)는 11(PC) ÷ 0.68 = 16.17이 된다.

또 다른 예를 통해 실제원가를 이용하여 판매가를 계산하는 방식을 다음과 같이 보다 구체적으로 설명할 수도 있다.

예를 들어 다음과 같은 정보가 있다고 하자. 이 정보를 이용하여 판매가를 다음과 같은 절차에 의해 산출해 볼 수 있다.

> 식료원가 6,000원, 특정 아이템에 배분된 총인건비 1,500원,
> 식료원가와 인건비를 제외한 기타비용(매출액 또는 판매가의 10%),
> 고정비(매출액 또는 판매가의 15%), 기대수익(매출액 또는 판매가의 12%)

① 식료원가와 총인건비를 도출한다.

식료원가는 표준 Recipe 상에서, 인건비는 과거의 기록 또는 과거의 기록이 없는 경우는 동종 외식업체의 평균을 이용한다. 여기서는 6,000원과 1,500원이다.

② 손익계산서에서 기타 비용(원가)과 고정비, 그리고 기대하는 이익(profit)을 참조하여 결정한다.

예를 들어, 식료원가와 인건비는 변동비로 포함되기 때문에 이 두 요소를 제외한 다른 변동비를 결정한다. 그리고 고정비와 기대하는 이익(profit)을 가산한다. 여기서는 각각 매출액 또는 판매가의 10%, 15%, 12%가 된다.

이와 같은 정보를 바탕으로 다음과 같은 공식에 대입하여 매가를 계산할 수 있다.

매가(100%) = 식료원가 + 총인건비 + {총매출액에 대한 변동비(%) +
총매출액에 대한 고정비(%) + 총매출액에 대한 이익(%)}

이 식에서는 식료원가와 총인건비가 금액으로 표시되고, 이 두 항목을 제외한 다른 항목들은 매출액(또는 판매가)에 대한 백분율(%)로 표시하였기 때문에 복잡한 계산처럼 보인다. 그러나 식료원가와 총인건비를 판매가의 백분율로 표시하면 계산은 간단해진다.

① 식료원가와 인건비 %(Prime Cost %)가 판매가에서 차지하는 비율을 계산한다.

100% − 변동비(10%) + 고정비(15%) + 이익(12%) = 식료원가와 인건비가 차지하는 비율(63%)이다.

② 주어진 공식을 이용하여 매가를 계산한다.

6,000원 + 1,500원 + (0.10 + 0.15 + 0.12) 판매가 = 판매가(100%)
7,500원 + 0.37(매가) = 매가(1)
7,500원 = 1 − 0.37(판매가)
7,500원 = 0.63(판매가)
판매가 = 7,500원 / 0.63
판매가 = 11,905원이 된다.

③ 매가를 결정한다.

+α를 고려하여 매가를 결정한다.

실제원가를 이용하여 매가를 계산하는 방식은 모든 원가와 일정률의 기대이윤까지를 매가 계산에 포함하고 있기 때문에 앞서 설명한 매가 계산 방식들보다도 더 구체적인 매가 계산 방식이라고 말할 수 있다. 그러나 매가 계산에 요구되는 정보의 정확도에 따라서 매가결정에 대한 정확도가 결정된다는 점을 이해해야 한다.

7) 식료원가를 제외한 모든 원가(비용)와 이익을 이용한 방식

Base-Price 방법이라고도 부르는데, 고객(시장)의 수준에 따라 매가를 계산하는 방식이다. 즉, 고객에 대한 과거의 데이터를 수집 · 분석하여 평균 객(客)단가가 어느 정도인가를 먼저 결정하여야 한다. 그리고 조사 또는 예측된 평균 객(客)단가의 범위 내에서 제비용과 이윤을 고려한 다음, 식료원가를 산정하여 산정된 범위 내에서 적절한 아이템을 찾는 역방향의 계산 방식이다.

고객의 수준을 알아내기 위한 분석기법이 여러 가지가 있으나, 가장 많이 이용되는 것이 평균 객(客)단가이다.[6] 그러나 아이템 간 매가의 폭이 큰 메뉴상에서 평균 객(客)단가로 고객의 수준을 파악하는 것은 그다지 바람직하지 못하다.

고객의 수준을 파악하기 위해 고객 분포그래프가 이용되고 있는데, 이 결과는 평균 객(客)단가를 이용하여 고객의 수준을 파악하는 것보다 더 구체적이라는 평을 받고 있다. 평균 객(客)단가를 이용하여 매가를 계산하는 절차와 방식을 다음과 같이 설명할 수 있다.

즉, 시장가격을 먼저 알아낸 후 판매가를 결정하고, 결정한 판매가에서 모든 원가(비용)와 이익까지도 공제한 후 남은 원가 즉, 식재료 원가를 계산하는 방식이다. 예를 들어 특정 시장에서 점심 메뉴는 판매가가 10,000원을 넘지 않아야 한다고 하자. 그렇다면 여기서 모든 비용과 원하는 수익까지도 공제하고 남은 금액이 식재료 원가

---

6) 평균 객(客)단가, 고객 분포그래프, 중위값(median), 예측, 관리자의 판단 등을 고려하여 결정한다. 중위값이란 특정 숫자들을 낮은 값에서 높은 값 순으로 정돈된 빈도분포를 같은 크기의 두 집단으로 나누어 놓은 값이나 점수를 말한다. 즉 50번째의 백분위수에 해당하는 값으로 홀수의 경우는 N/2에 해당하는 값이며, 짝수의 경우는 N+1/2에 해당하는 값이다.

가 되는 것이다. 그리고 이 금액이면 10,000원에 판매할 수 있는 아이템을 생산할 수 있는가를 고려하는 것이다.

예를 들어 판매가 10,000원, 원하는 Profit은 매출액의 10%, 그리고 과거의 데이터에 의하면 Overhead Cost가 27%, Labor cost 26%이라고 하면 식재료 원가를 찾기 위한 계산을 다음과 같이 정리할 수 있다.

첫째, 식재료원가를 제외한 제 비용과 Profit의 계산

Profit = 10% × 10,000 = 1,000원
Overhead Cost = 27% × 10,000 = 2,700원
Labor Cost = 26% × 10,000원 = 2,600원
즉, 1,000원+2,700원+2,600원 = 6,300원이 된다.

둘째, 식재료원가 계산

10,000원 − 6,300원 = 3,700원(매출액의 37%)이 된다. 즉, 식재료 원가가 3,700원이 되는 것이다. 이 정도의 식재료의 원가를 이용하여 고객에게 가치(value)있는 아이템을 제공할 수 있어야 한다.

고객의 수준(평균 객(客)단가)	10,000원(100%)
− Overhead Cost	2,700원(27%)
− 인건비	2,600원(26%)
− 원하는 이윤	1,000원(10%)
식재료 원가를 제외한 총비용	3,700원(37.0%)
= 아이템 선정(3,700원에 해당하는 식자재료)	

8) 손익분기가격결정법(Break-Even Pricing)

손익분기점(break-even point: BEP)이란 제품의 판매로 얻은 수익과 지출된 비용이 일치하여 손실도 이익도 발생하지 않는 판매량이나 매출액을 말한다. 즉, 손익분기점

에서는 공헌이익 총액이 고정원가와 일치하여 영업이익이 0이 된다.

손익분기가격결정법을 이해하기 위해서는 다음과 같은 기본 원리를 알아야 한다. 즉, 원가 · 조업도 · 이익이라는 개념을 이해하여야 한다.

기업의 목적은 이익을 창출하는데 있다. 이러한 목적을 효율적으로 달성하기 위해서 목표이익을 설정하는데, 목표이익의 설정은 목표매출액과 매출액에 따른 허용원가에 대한 예측을 필요로 한다.

이와 같이 단기이익계획(예산편성)과 단기적 의사결정에 필요한 정보를 제공하는데 주목적을 가지고 있는 원가 · 조업도 · 이익분석(cost-volume-profit analysis: CVP)은 조업도와 원가의 변화가 이익에 어떠한 영향을 미치는가를 분석하는 기법으로 다음과 같은 경영활동을 계획하는 데 이용된다.

① 특정 판매량에서 얻을 수 있는 이익은 얼마인가?
② 일정한 목표이익을 달성하기 위해서는 판매량(또는 매출액)이 어느 정도나 되어야 하는가?
③ 손실을 보지 않으려면 판매량(또는 매출액)이 얼마를 넘어야 하는가?
④ 판매가격이나 원가가 변동하면 이익은 어떻게 변화하는가?

(1) 기본개념

수익과 비용 및 이익 사이에는 다음의 관계가 성립한다.

총수익 = 총비용 + 이익

이 관계를 영업외 수익, 영업외 비용과 특별손익이 없는 CVP 분석에 적용하면 다음과 같은 기본등식으로 나타낼 수 있다.

$$\text{매출액} = \text{변동원가} + \text{고정원가} + \text{영업이익}$$

$$\underbrace{\text{판매량}\times\text{단위당 판매가격}}_{\text{총수익}} = \underbrace{\text{판매량}\times\text{단위당 변동원가} + \text{고정원가}}_{\text{총비용}} + \underbrace{\text{영업이익}}_{\text{이익}}$$

이 식이 CVP 분석을 위한 기본 등식이다. 그리고 CVP 분석을 이해하기 위해서는 공헌이익과 공헌이익률에 대한 이해가 필요하다. 공헌이익(contribution margin: CM)에는 총공헌이익(total contribution margin: TCM)과 단위당 공헌이익(unit contribution margin: UCM)이 있다.

총공헌이익은 총수익에서 변동원가를 차감한 금액으로서 고정원가를 보상하고 영업이익에 공헌할 수 있는 금액을 말한다. 반면에, 단위당 공헌이익은 단위당 판매가격에서 단위당 변동원가를 차감한 금액으로서 제품 한 단위를 판매하는 것이 고정비를 회수하고 영업이익을 창출하는데 얼마나 공헌하는지를 알 수 있는 금액이다.

$$\text{공헌이익} = \text{총수익(매출액)} - \text{변동원가}$$
$$\text{단위당 공헌이익} = \text{단위당 판매가격} - \text{단위당 변동원가}$$

그리고 공헌이익과 함께 이해하여야 하는 개념으로 공헌이익률(contribution margin ratio: CMR)이 있다. 공헌이익률은 매출액에 대한 공헌이익의 비율로서 매출액에서 공헌이익이 차지하는 비율을 나타내 주는 개념이다. 이는 총공헌이익을 매출액으로 나누어서 계산할 수도 있고, 단위당 공헌이익을 단위당 판매가격으로 나누어서 계산할 수도 있다.

공헌이익률은 다음과 같은 공식에 의해 계산된다.

$$\text{단위당 공헌이익률} = \frac{\text{판매량} \times \text{단위당 공헌이익}}{\text{판매량} \times \text{단위당 판매가격}} = \frac{\text{단위당 공헌이익}}{\text{단위당 판매가격}}$$

그리고 매출액에 대한 변동원가의 비율을 변동비율(variable cost ratio: VCR)이라고 하는데, 변동비율과 공헌이익률을 합하면 1이 된다.

$$\text{공헌이익률} + \text{변동비율} = \frac{\text{공헌이익}}{\text{매출액}} + \frac{\text{변동원가}}{\text{매출액}} = \frac{\text{매출액} - \text{변동원가}}{\text{매출액}} + \frac{\text{변동원가}}{\text{매출액}} = 1$$

예를 들어 아래와 같은 전제조건하에서 공헌이익과 단위당 공헌이익, 공헌이익률, 변동비율, 그리고 공헌이익률과 변동비율의 합계를 구해보면,

> 단위당 변동비 5,000원, 고정비 1,000원인
> A라는 설렁탕 전문점의 설렁탕 한 그릇의 값은 8,500원이고
> 연 60,000 그릇 판매 예상한다면?

➡ 공헌이익은?

매출액 = 8,500원 × 60,000 그릇 = 510,000,000원
변동비 = 5,000원 × 60,000 그릇 = 300,000,000원
공헌이익 = 510,000,000원 − 300,000,000원 = 210,000,000원

➡ 단위당 공헌이익은?

단위당 판매가격 = 8,500원
단위당 변동비 = 5,000원
단위당 공헌이익 = 8,500원 − 5,000원 = 3,500원

➡ 공헌이익률

$$\text{공헌이익률} = \frac{\text{공헌이익}}{\text{매출액}} = \frac{210,000,000}{510,000,000} = 41\%$$

$$\text{단위당 공헌이익률} = \frac{\text{단위당 공헌이익}}{\text{단위당 판매가격}} = \frac{3,500}{8,500} = 41\%$$

➡ 변동비율

$$\text{변동비율} = \frac{\text{변동비}}{\text{매출액}} = \frac{300,000,000}{510,000,000} = 59\%$$

$$\text{단위당 변동비율} = \frac{\text{단위당 변동비}}{\text{단위당 판매가격}} = \frac{5,000}{8,500} = 59\%$$

➡ 공헌이익률과 변동비율의 합계

41% + 59% = 100%가 된다.

공헌이익은 제품 한 단위를 추가로 판매하였을 때, 추가적으로 얻게 되는 자산의 순증가분으로 공헌이익이 고정비를 보상하고 남은 초과분은 이익에 공헌하게 된다.

즉, 판매량의 증가에 따라 총공헌이익이 증가하게 된다. 만약 공헌이익이 고정비보다 크면 고정비를 차감하고 남은 금액만큼 이익이 발생하는 것이다.

예를 들어 A라는 설렁탕집 사장님이 설렁탕 한 그릇을 생산하여 판매하는데 소요되는 총비용(고정비 제외한)이 그릇 당 2,000원 정도이고, 생산량과 관계없이 발생하는 고정비용은 2억 원 정도 예상하고, 그리고 고객의 수를 50,000명으로 예상한다고 가정하면 설렁탕 한 그릇의 가격이 어느 정도가 되어야 손해도 이익도 없는 손익분기점의 가격이 될까?

판매가 = 단위당 변동비(제비용) + 단위당 고정비
= 2,000원 + (200,000,000원 ÷ 50,000명) = 2,000원 + 4,000원 = 6,000원이 된다.

즉, 최소 6천원을 받아야 하며, 6,000원 이상 받으면 이익이 발생한다. 그러나 예상한 대로 고객의 수가 50,000명에 이르지 못하면 단위당 고정비가 4,000원을 넘기 때문에 손실을 입는다.

위의 기본 개념을 바탕으로 손익분기점 분석을 통해 손익분기점 매출액과 판매량을 등식법과 공헌이익법을 이용하여 다음과 같이 계산해 볼 수 있다.

★ 등식법

등식법은 CVP 분석의 기본 등식을 사용하되, 손익분기점에서는 이익도 손실도 발생하지 않으므로 영업이익을 0으로 놓고 손익분기점 판매량이나 매출액을 계산하는 방법이다.

매출액 = 변동원가 + 고정원가 + 영업이익(0으로 가정)
∴ 매출액 = 변동원가 + 고정원가 ------------------------------ ①

이 손익분기점 등식은 다음과 같이 나타낼 수도 있다.

매출액 = 매출액 × 변동비율 + 고정원가 ----------------------- ②

판매량 × 단위당 판매가격 = 판매량 × 단위당 변동원가 + 고정원가 --------- ③

(판매량 × 단위당 판매가격: 총수익 / 판매량 × 단위당 변동원가 + 고정원가: 총비용)

위의 식을 바탕으로 아래의 정보를 이용하여 손익분기점 판매량과 순익분기점 매출액을 등식법을 이용하여 계산해 보면 다음과 같다.

〈예제 1〉

아래와 같은 조건에서 ○○씨 설렁탕집의 손익분기점 판매량과 매출액은?

① 단위당 판매가격 ··················· 7,000원

② 단위당 변동비 ······················ 3,500원

③ 연간 고정비 ·················· 40,000,000원

① 손익분기점 판매량을 x라 하면,

$$\underbrace{7{,}000 \times x}_{\text{매출액}} = \underbrace{3{,}500 \times x}_{\text{변동비}} + \underbrace{40{,}000{,}000}_{\text{고정비}} = 11.429 \text{ 그릇}$$

② 손익분기점 매출액을 (S)라 하면,

$$\underbrace{S}_{\text{매출액}} = \underbrace{S \times 50\%}_{\text{변동비*}} + \underbrace{40{,}000{,}000}_{\text{고정비}} = 80{,}000{,}000\text{원}$$

S = S × 50%* + 40,000,000 = 80,000,000원

1 − 0.5S = 40,000,000 = 0.5S = 40,000,000 = S = 40,000,000 ÷ 0.5 = 80,000,000원

* **변동비율** = 단위당 변동비 ÷ 단위당 판매가격 = 3,500 ÷ 7,000 = 50%

★ 공헌이익법

공헌이익법은 손익분기점에서 총공헌이익이 고정비와 일치한다는 사실에 초점을 맞추어서 총공헌이익과 고정비가 일치하는 판매량이나 매출액을 계산하는 방법이다.

등식법의 세 가지 형태인 ①, ②, ③의 등식에서 우변에 고정비만을 남기고 변동비와 관련된 항목을 좌변으로 이항하면 좌변은 공헌이익금액이 되며 각각 다음 식이 도출된다.

매출액 − 변동원가 = 고정비 --- ①′

매출액 = 매출액 × 변동비율 + 고정원가 ------------------------------- ②′

판매량 × 단위당 판매가격 = 판매량 × 단위당 변동원가 + 고정원가 ----------- ③′

위의 식을 정리하면 다음과 같이 좌변에 공헌이익이 남고 우변에 고정비가 남아서 공헌이익과 고정비가 같아지는 손익분기점의 판매량이나 매출액을 찾을 수 있게 된다.

공헌이익 = 고정비

매출액 × 공헌이익률 = 고정비

판매량 × 단위당 공헌이익 = 고정비

위의 식을 변형하면 다음과 같이 나타낼 수도 있다.

$$\text{손익분기점 매출액} = \frac{\text{고정비}}{\text{공헌이익률}}$$

$$\text{즉, 손익분기점 매출액} = \frac{\text{고정비}}{1 - \dfrac{\text{단위당 변동비}}{\text{판매가}}}$$

$$\text{손익분기점 판매량} = \frac{\text{고정비}}{\text{단위당 공헌이익}}$$

위의 식을 바탕으로 아래의 정보를 이용하여 손익분기점 판매량과 순익분기점 매출액을 공헌이익법을 이용하여 계산해 보면 다음과 같다.

〈예제 2〉
아래와 같은 조건에서 ㅇ씨 스파게티 전문점의 손익분기점 판매량과 매출액은?
① 단위당 판매가격 ················ 20,000원
② 단위당 변동비 ···················· 14,000원
③ 연간 고정비 ················· 420,000,000원

☞ **판매량**

$$\frac{420,000,000}{20,000-14,000} = 70,000 \text{ 단위}$$

70,000 단위 × 6,000원 = 420,000,000원. 즉, 고정비와 공헌이익이 일치함.

☞ **매출액**

$$\frac{420,000,000}{1-\frac{14,000}{20,000}} = \frac{420,000,000}{1-0.7} = \frac{420,000,000}{0.3} = 1,400,000,000\text{원}$$

즉, 70,000 단위 × 20,000 = 1,400,000,000원이 된다.

9) 목표수익을 고려한 매가 계산 방식

공급하는 재화나 서비스에 대하여 초기에 투자된 자본에 목표수익을 더해 시장가격을 설정하는 방식이다.

예를 들어, A씨는 2억을 투자하여 목표수익률을 10%로 잡고 설렁탕집을 개업하려고 한다. 설렁탕 한 그릇을 생산하여 판매하는데 소요되는 총비용(고정비 제외한)이 그릇 당 2,500원 정도이고, 생산량과 관계없이 발생하는 고정비용은 1억 원 정도 예상하고, 그리고 고객의 수를 50,000명으로 예상한다고 가정하면 어느 정도의 가격을 받아야 할까? 산술적으로는 다음과 같이 계산할 수 있다.

① 단위당 원가를 계산한다.

단위당 원가 = 단위당 변동비 + 단위당 고정비

$$2,500 + \frac{100,000,000\text{원}}{50,000\text{명}} = 2,500\text{원} + 2,000\text{원} = 4,500\text{원}$$

② 목표수익률을 고려한 판매가를 결정한다.

$$판매가 = 단위당\ 원가 + \frac{투자금액 \times 목표수익률}{예상\ 판매량}$$

$$4{,}500 + \frac{200{,}000{,}000 \times 0.1}{50{,}000} = 4{,}500 + \frac{20{,}000{,}000}{50{,}000} = 4{,}500 + 400 = 4{,}900원$$

이 가격 산정 방식은 계산이 쉽다는 장점이 있으나, 예상 판매량에 따라 가격이 크게 달라지며 해당 재화나 서비스에 대한 가격 탄력성과 경쟁사의 가격전략을 고려하지 못한다는 단점이 있다.

그러나 CVP 분석을 이용하면 손익분기점 이외에도 경영자가 원하는 특정 목표이익(target income)을 달성하기 위해 필요한 판매량이나 매출액을 계산할 수 있다.

목표이익을 달성하기 위한 판매량이나 매출액을 구하는 방법도 손익분기점 분석과 마찬가지로 등식법과 공헌이익법이 있다. 등식법과 공헌이익법을 목표이익 분석에 적용하면 다음과 같은 식이 된다.

★ 등식법

등식법은 CVP 분석의 기본 등식에 영업이익의 자리에 목표이익을 대입하여 목표판매액이나 목표매출액을 계산하는 방식이다.

➡ **등식법**

매출액 = 변동비 + 고정비 + 목표이익

★ 공헌이익법

공헌이익법은 고정비와 목표이익의 합계와 공헌이익이 일치하는 판매량이나 매출액이 목표이익을 달성하기 위한 목표판매량이나 목표매출액이 된다.

➡ 공헌이익법

$$공헌이익 = 고정비 + 목표이익$$
$$목표판매량 \times 단위당\ 공헌이익 = 고정비 + 목표이익$$
$$목표매출액 \times 공헌이익률 = 고정비 + 목표이익$$

위의 등식법이나 공헌이익법을 이용하여 목표이익을 달성하기 위한 목표판매량이나 매출액을 다음과 같이 구할 수 있다.

$$목표판매량 = \frac{고정비 + 목표이익}{단위당\ 공헌이익}$$

$$목표매출액 = \frac{고정비 + 목표이익}{공헌이익률}$$

〈예제 3〉

아래의 정보를 이용하여 목표이익을 달성하기 위한 판매량을 구해보자.

- 판매가 20,000원
- 변동비 12,000원
- 연간 고정비 36,000,000원
- 연 목표이익 8,000,000원

➡ 등식법

$$\underbrace{20{,}000원 \times x}_{매출액} = \underbrace{12{,}000원 \times x}_{변동비} + \underbrace{36{,}000{,}000원}_{고정비} + \underbrace{8{,}000{,}000원}_{목표이익}$$

$$20{,}000원 x - 12{,}000원 x = 36{,}000{,}000원 + 8{,}000{,}000원$$
$$8{,}000원 x = 44{,}000{,}000원$$
$$x = 44{,}000{,}000 \div 8{,}000 = 5{,}500$$

$$\because\ 목표이익\ 달성을\ 위한\ 판매량(x) = 5{,}500\ 커버$$

➡ 공헌이익법

$$\underbrace{8{,}000원(20{,}000원-12{,}000원)\times x}_{공헌이익} = \underbrace{36{,}000{,}000원}_{고정비} + \underbrace{8{,}000{,}000원}_{목표이익}$$

$$8{,}000원\ x = 44{,}000{,}000원$$

$$x = 44{,}000{,}000 \div 8{,}000 = 5{,}500$$

∵ 목표이익 달성을 위한 판매량(x) = 5,500 커버

목표이익을 달성하기 위한 매출액을 S라 하면,

➡ 등식법

$$\underbrace{S}_{매출액} = \underbrace{S\times 60\%^{*}}_{변동비} + \underbrace{36{,}000{,}000원}_{고정비} + \underbrace{8{,}000{,}000원}_{목표이익}$$

$$1-0.6 = 44{,}000{,}000 = 44{,}000{,}000 \div 0.4 = 110{,}000{,}000원$$

∵ 목표이익 달성을 위한 매출액(S) = 110,000,000원

*변동비율 = 단위당 변동비 ÷ 단위당 판매가격 = 12,000원 ÷ 20,000원 = 60%

➡ 공헌이익법

$$\underbrace{S\times 40\%^{*}}_{공헌이익} = \underbrace{36{,}000{,}000원}_{고정비} + \underbrace{8{,}000{,}000원}_{목표이익}$$

$$0.4S = 44{,}000{,}000 = 44{,}000{,}000 \div 0.4 = 11{,}000{,}000원$$

∵ 목표이익 달성을 위한 매출액(S) = 110,000,000원

*공헌이익률 = 단위당 공헌이익 ÷ 단위당 판매가격 = 8,000원 ÷ 20,000원 = 40%

만약 법인세를 고려한 목표이익 분석을 한다면 다음과 같이 전개할 수 있다.

CVP 분석의 기본 등식에 포함되어 있는 영업이익은 매출액에서 변동비와 고정비를 차감한 금액으로 법인세를 차감하기 전의 영업이익이다.

매출액 = 변동비 + 고정비 + 세전이익(영업이익)

경영자가 원하는 목표이익을 달성하기 위해서는 세금을 납부한 후 최종적으로 남은 잔액이 목표이익과 일치하여야 한다.

경영자가 원하는 목표이익은 법인세를 차감한 후의 이익인 반면, CVP 분석의 기본 등식에 포함된 영업이익은 법인세 차감 전의 이익이므로 법인세 차감 후의 목표이익을 법인세 차감 전 이익으로 변환하여 CVP 분석의 등식에 적용하여야 한다.

법인세 차감 전 이익과 법인세 차감 후 이익 간에는 다음과 같은 관계가 성립된다.

$$\text{세전이익} - \text{법인세 납부액} = \text{세후이익}$$
$$\text{세전이익} - \text{세전이익} \times \text{세율} = \text{세후이익}$$
$$\text{세전이익} \times (1 - \text{세율}) = \text{세후이익}$$
$$\text{세전이익} = \frac{\text{세후이익}}{1 - \text{세율}}$$

이처럼 세후이익과 세전이익 간에는 위와 같은 관계가 있으므로 경영자가 원하는 세후목표이익을 세전이익으로 변환하여 CVP 분석의 기본 등식에 적용하면 다음과 같다.

➡ 등식법

$$\text{매출액} = \text{변동비} + \text{고정비} + \frac{\text{세후목표이익}}{1 - \text{세율}}$$

➡ 공헌이익법

$$\text{공헌이익} = \text{고정비} + \frac{\text{세후목표이익}}{1 - \text{세율}}$$

➡ 목표 판매량

$$\frac{\text{고정비} + \text{세전목표이익}}{\text{단위당 공헌이익}} = \frac{\text{고정비} + \dfrac{\text{세후목표이익}}{1 - \text{세율}}}{\text{단위당 공헌이익}}$$

➡ 목표매출액

$$\frac{\text{고정비} + \text{세전목표이익}}{\text{공헌이익률}} = \frac{\text{고정비} + \dfrac{\text{세후목표이익}}{1 - \text{세율}}}{\text{공헌이익률}}$$

〈예제 4〉 세후목표이익 계산

예를 들어 판매가가 20,000원, 그 중 변동비가 12,000원, 고정비가 36,000,000원, 세후목표이익이 8,000,000원, 법인세율이 40%일 때 세전목표이익, 세후목표이익을 달성하기 위한 판매량을 다음과 같은 절차에 의해 구할 수 있다.

① 1단계 : 세전목표이익

세후목표이익 8,000,000원을 달성하기 위해서는 향후 지불할 세율만큼의 금액이 포함된 세전목표이익을 달성하여야 한다.

$$\text{세전목표이익} \times (1-40\%) = 8{,}000{,}000\text{원(세후이익)}$$

$$\text{세전목표이익} = \frac{8{,}000{,}000\text{원}}{1-40\%} = 13{,}333{,}333\text{원}$$

② 2단계 : 세후목표이익 8,000,000원을 달성하기 위한 판매량 x는?

➡ 등식법

$$\underbrace{20{,}000\text{원} \times x}_{\text{매출액}} = \underbrace{12{,}000\text{원} \times x}_{\text{변동비}} + \underbrace{36{,}000{,}000\text{원}}_{\text{고정비}} + \underbrace{\frac{8{,}000{,}000\text{원}}{1-40\%}}_{\text{세전목표이익}}$$

$$8{,}000\text{원} \times x = 49{,}333{,}333 = 49{,}333{,}333 \div 8{,}000 = 6{,}167\ \text{커버}$$

$$\because \text{세후목표이익 } 8{,}000{,}000\text{원을 달성하기 위한 판매량}(x) = 6{,}167\ \text{커버}$$

➡ 공헌이익법

$$\underbrace{8{,}000\text{원} \times x}_{\text{공헌이익}} = \underbrace{36{,}000{,}000\text{원}}_{\text{고정비}} + \underbrace{\frac{8{,}000{,}000\text{원}}{1-40\%}}_{\text{세전목표이익}}$$

$$8{,}000\text{원} \times x = 49{,}333{,}333 = 49{,}333{,}333 \div 8{,}000 = 6{,}167\ \text{커버}$$

$$\because \text{세후목표이익 } 8{,}000{,}000\text{원을 달성하기 위한 판매량}(x) = 6{,}167\ \text{커버}$$

〈예제 5〉

세후목표이익 8,000,000원을 달성하기 위한 매출액을 S라 하자.

➡ 등식법

$$\underbrace{S}_{\text{매출액}} = \underbrace{S \times 60\%}_{\text{변동비}} + \underbrace{36,000,000원}_{\text{고정비}} + \underbrace{\frac{8,000,000원}{1-40\%}}_{\text{세전목표이익}}$$

1 − 0.6S = 49,333,333 = 0.4S = 49,333,333

S = 49,333,333 ÷ 0.4 = 123,333,333원

∵ 세후목표이익 8,000,000원을 달성하기 위한 매출액(S) = 123,333,333원

➡ 공헌이익법

$$\underbrace{S \times 40\%}_{\text{공헌이익}} = \underbrace{36,000,000원}_{\text{고정비}} + \underbrace{\frac{8,000,000원}{1-40\%}}_{\text{세전목표이익}}$$

1 − 0.6S = 49,333,333 = 0.4S = 49,333,333

S = 49,333,333 ÷ 0.4 = 123,333,333원

∵ 세후목표이익 8,000,000원을 달성하기 위한 매출액(S) = 123,333,333원

〈예제 6〉 **평균 객단가 구하기**

예를 들어 다음과 같은 전제조건이 주어졌다고 하자. 이 전제조건을 충족시킬 수 있도록 산술적인 판매가를 계산해 볼 수 있다.

본인 투자액	20,000,000원	원하는 ROI	12%
차입금	50,000,000원	금리	10%
이자를 제외한 고정비(년)	10,000,000원	법인세율	30%
변동비(년)	50,000,000원	식료원가율	40%
좌석수	100석	좌석회전수(일)	2회
영업일수(주 1일 휴업)	313일		

① 원하는 ROI(return on owners' investment)를 계산한다.

본인(owner)이 투자한 부분에 대한 원하는 수익률을 결정한다.

여기서는 12%로, 투자한 금액 × 원하는 수익률 = 20,000,000원 × 0.12 = 2,400,000원이 된다. 즉, 세금을 내고 난 후의 수익을 말한다.

② 법인세 이전(내기 전의)의 수익을 계산한다.

다음과 같은 공식으로 법인세 이전의 수익을 계산한다. 즉, 법인세를 내고 2,400,000원의 수익을 얻기 위해서는 3,428,571원이 필요하다.

ROI ÷ (1 − 세율) = 2,400,000 ÷ 1 − 0.3 = 2,400,000 ÷ 0.7 = 3,428,571원

③ 이자를 계산한다.

50,000,000원 × 0.1 × 1 = 5,000,000원

④ 이자를 제외한 고정비를 계산한다.

10,000,000원

⑤ 변동비를 계산한다.

50,000,000원

⑥ 위의 조건을 충족시킬 수 있는 식료수입을 계산한다.

(②+③+④+⑤) ÷ (1 − 원가율)
= 68,428,571 ÷ 1 − 0.4 = 68,428,571 ÷ 0.6 = 114,047,618원

⑦ 매출량(서빙될 고객의 수)을 계산한다.

영업일수 × 좌석의 수 × 좌석회전율 = 313 × 100 × 2 = 62,600

⑧ 평균 고객단가를 계산한다.

식료 총수입 ÷ 예측된 고객의 수(커버) = 114,047,618 ÷ 62,600 = 1,822원

이와 같은 조건이라면 투자한 금액에 대한 원하는 수익률 12%를 달성할 수 있게 된다.

또한 모든 조건이 같다고 가정했을 때 좌석회전수에 따라서 원하는 수익률 12%를 달성하기 위한 객(客)단가는 변할 수 있다. 예를 들어 좌석회전수가 1.5회인 경우와 3회인 경우에 요구되는 객(客)단가는 다음과 같이 차이가 난다.

먼저 1.5회인 경우 요구되는 객(客)단가는 2,429원(114,047,618 ÷ 46,950)이[7] 되고, 3회인 경우는 1,215원(114,047,618 ÷ 93,900)이[8] 되어 좌석회전수가 높을수록 객(客)단가는 낮아지고, 좌석회전수가 낮을수록 객(客)단가는 높아지게 된다.

지금까지의 계산은 서빙시간 전체를 대상으로 계산한 객(客)단가이지만, 보다 구체적으로 객(客)단가를 계산하기 위해서 점심과 저녁으로 나누어서 계산할 수도 있다.

예를 들어 식료 총수입 중에서 점심이 40%, 그리고 저녁이 60%이고, 점심은 좌석회전수가 1.25회, 그리고 저녁은 0.75회일 때의 평균 객(客)단가는 다음과 같이 계산된다.

① 먼저 식료 총수입을 점심과 저녁으로 분리한다.

점심 = 114,047,619 × 0.4 = 45,619,048원
저녁 = 114,047,619 × 0.6 = 68,428,571원

② 고객 수(커버 수)를 계산한다.

점심 = 313 × 100 × 1.25 = 39,125
저녁 = 313 × 100 × 0.75 = 23,475

---

7) 영업일수 × 좌석의 수 × 좌석회전율 = 313 × 100 × 1.5 = 46,950
8) 영업일수 × 좌석의 수 × 좌석회전율 = 313 × 100 × 3.0 = 93,900

③ 법인세 평균 객(客)단가를 계산한다.

점심 = 45,619,048원 ÷ 39,125 = 1,166원
저녁 = 68,428,571원 ÷ 23,475 = 2,915원

이러한 방법으로 예측된 수치를 바탕으로 보다 구체적인 통제와 관리로 목표수익률을 달성할 수 있다.

결론

원가(cost), 경쟁(competition), 그리고 고객(customer)은 3C라고 통칭되며, 가격정책의 기초가 된다. 이 세 영역을 함께 고려하여 가격을 결정하는 방법을 통합적 가격결정이라고 한다.

또한 특정 아이템에 부가적인 가치를 더하여 다른 제품과 차별화를 강조하여 고가전략을 구사하는 가치 더하기 가격결정(value added pricing)과 적절한 질과 서비스의 결합으로 공정한 가격을 부가하는 합당한 가치를 제공하는 가격결정(good value pricing)이 주목을 받고 있다.

매가가 성공적으로 결정되었는가는 고객의 의해 평가된다. 그렇기 때문에 고객의 관점과 효율적인 조직운영 관점에서 매가가 결정되어야 한다.
메뉴 아이템의 매가결정에 있어 고려되어야 하는 변수와 이론 그리고 방법 또한 많으며, 특정 방법이 모든 외식업체에 적합한 방법은 아니다. 그래서 모든 상황에 적합한 매가결정방법은 존재하지 않는다고 말한다.

주어진 아이템의 매가가 일정 수준의 수익과 고객의 만족이라는 두 가지 조건을 충족시키기 위해서는 지금까지 설명한 매가 계산의 여러 방식과 고려되는 변수, 그리고 여러 이론과 정책 등을 고려하여 최종적으로 매가를 결정할 수 있는 정책적인 대안이

있어야 한다. 그리고 결정된 매가가 일정률에 수익과 고객을 만족시키고 있는가를 계속적으로 평가하고 분석하여 원하는 목표를 달성할 수 있어야 한다.

이러한 목표를 달성하기 위한 가장 중요한 요소는 원가 자체가 아니라 레스토랑의 상품을 구성하는 유·무형의 자원을 개발하여 보다 다른, 보다 새로운 아이템을 고객에게 제공함으로써 다른 레스토랑에서 제공하는 상품과 차별화하는 것이다. 이러한 조건을 만족시키기 위해서는 메뉴의 관리가 우선적으로 되어야 하는데, 그 중에서도 우선순위는 메뉴의 유연성이다.

결국, 가격경쟁에서 우위에 설 수 있는 최선의 방법은 매가는 「계산하는 것이 아니라 결정하는 것이라는 것」, 「비용의 상승을 고객에게 전가할 수 있는 시대는 끝났다는 현실」, 「가격파괴현상이 레스토랑 상품에도 일반화된다는 현실」을 인식하고 관습적인 아이템과 메뉴 구성에서 탈피하여 차별화되는 대중적인 아이템으로, 그리고 가격전략에 대한 보다 구체적인 접근으로 가격결정 개념을 전환하여야 한다.

참/고/문/헌

3장

- 강영수(2001), 원가관리실무테크닉, 한솜, 2001, pp.27~29, 32~39.
- 김성기(1990), 현대원가회계, 경문사, pp.11~17, 561~567.
- 김순기(2000), 원가회계, 박영사, pp.23, 35~38.
- 송상엽 외 2인 공저(2001), 원가 · 관리회계, 제4판, 웅지경영아카데미, pp.14~15, 483~489, 541~548.
- 宋梓 外 6人譯(1992), 원가회계, 제7판, 대영사, pp.28~50, 454~472.
- 유필화(1996), 가격정책론, 박영사, pp.199~202.
- 이광우 · 구순서(2002), 원가관리회계, 제4판, 도서출판 웅, pp.17, 25~26, 545~555.
- 이유재(2011), 서비스 마케팅, 제4판, 학현사, pp.253~254, 256, 259~261, 263~265.
- 임명호(2001), 고급 원가관리회계 -이론과 연습-, 제4판, 한성문화, pp.6~7, 213~216.
- 임세진, 원가관리회계, 제4판, 우리경영아카데미, 2003, pp.13~17, 21~25, 393~394.
- 혼마다츠야 지음, 류근선 편역, 관리회계(2001), 새로운 제안, pp.70~71, 73~75.

- Bernard Davis, Andrew Lockwood, Peter Alcott, and Ioannis S. Pantelidis(2008), Food and Beverage Management, 4th ed., Butterworth-Heinemann, pp. 209~286.
- Bernard Davis and Sally Stone(1985), *Food and Beverage Management*, Heinemann : London, pp.45~61.
- Bernard Davis and Sally Stone(1991), *Food and Beverage Management*, 2nd ed., Heinemann : London, p.24.
- Charles Levinson(1979), *Food and Beverage Operation : Cost Control and Systems Management*, Prentice Hall, pp.204~205, 215~229, 256~275.
- Douglas C. Keister(1977), *Food and Beverage Control*, Prentice-Hall, pp.183~193.
- Eric F. Green, Galen G. Drake and F. Jerome Sweeney(1991), *Profitable Food and Beverage Management : Planning*, VNR, pp.148~162.
- Harris Thaye(1983), *Professional Food Service Management*, Prentice-Hall, Inc., pp.148~164.
- Hrayr Berberoglu(1988), *How to Create Food and Beverage Menus*, Food and Beverage Consultants, Ontario, Canada, p.39.
- Hrayr Berberoglu(1988), *The Complete Food and Beverage Cost Control Book*, Food and Beverage Consultants, Ontario, Canada, pp.13~18.
- Jack E. Miller and David K. Hayes(1994), *Basic Food and Beverage Cost Control*, John Wiley and Sons, Inc., pp.151~164.
- Jack E. Miller(1980), *Menu Pricing and Strategy*, CBI, pp.67~85.
- Jack E. Miller(1992), *Menu Pricing and Strategy*, 3rd ed., VNR, pp.85, 117~132.

- James Keiser(1989), *Controlling and Analyzing Costs in Foodservice Operations*, 2nd ed., Macmillan Publishing Company, N.Y., pp.41~56.
- John Cousins, Dennis Lillicrop and Suzanne Weekes(2014), Food and Beverage Service, 9th ed., Hodder Education, pp. 399~403.
- John R. Walker(2011), *The Restaurant: From Concept to Operation*, 6th ed., John Wiley & Sons, INC., pp.436~438.
- John W. Stokes(1982), *How to Manage a Restaurant*, WCB, p.252.
- Lendal H. Kotschevar(1975), *Management by Menu*, A NIFI Textbook, pp.119~173.
- Lendal H. Kotschevar and Diane Withrow(2008), *Management by Menu*, 4th ed., John Wiley & Sons, Inc., pp.166~182.
- Michael M. Coltman(1989), *Cost Control for the Hospitality Industry*, 2nd ed., VNR, pp.2~4.
- Nancy Loman Scanlon(1992), *Catering Menu Management*, John Wiley & Sons, Inc., pp.83~97.
- Paul R. Dittmer and Gerald G. Griffin(1984), *Principles of Food, Beverage, and Cost Controls for Hotels and Restaurants*, 3rd ed., pp.217~220.
- Raymond S. Schmidgall(1990), *Hospitality Industry Managerial Accounting*, 2nd ed., AH & MA, pp.281~304.
- Raymond S. Schmidgall, David K. Hayes, and Jack D. Ninemeier(2002), *Restaurant Financial Basics*, Wiley & Sons, pp.155~202.
- Thomas T. Nagle and Reed K. Holden(2002), *The Strategy and Tactics of Pricing*, 3rd ed., Prentice Hall, pp.35~72.
- Timothy E. Dreis(1982), *A Survivor's Guide to Effective Restaurant Pricing Strategy*, Ledhar-Friedman Books.

메뉴디자인

제 4 장

메뉴디자인

I 메뉴디자인의 개요

1. 메뉴디자인의 개요

메뉴계획자가 메뉴판에 기록할 이상적인 아이템을 고객(마켓)과 관리적인 양면을 고려하여 선정하는 과정을 메뉴계획이라고 정의했다. 반면에, 메뉴디자인은 메뉴계획에서 선정된 아이템을 메뉴판에 옮기는 과정이라고 정의할 수 있다.

메뉴의 근본적인 역할은 레스토랑에서 제공하는 식료와 음료를 고객에게 알리는 것이다. 즉, 정보의 제공이다. 그러나 메뉴가 레스토랑에서 제공하는 식료와 음료를 기록하는 「단순한 리스트」의 역할만으로는 충분치 않다는 것이 레스토랑운영가들의 지적이다. 그래서 단순한 정보의 제공에서 마케팅도구로, 또는 광고의 도구로 정의되어 디자인되어야 한다는 지적이 설득력을 얻고 있다.

메뉴의 근본적인 역할인 알리는 기능을 충실히 수행하기 위해서는 메뉴디자인에 앞서 유연성(柔軟性: flexibility)과 내구성(耐久性: durability)이라는 상반된 변수가 동시에 고려되어야 한다.

유연성이란 외식업체의 운영을 둘러싸고 있는 내적인 요인과 외적인 요인에 의해 메뉴의 교체가 요구되면 가장 경제적으로 쉽고 신속하게 메뉴를 교체할 수 있는 가능성의 정도를 말하고, 내구성이란 메뉴의 교체가 요구되어도 현재의 메뉴판을 수정·

보완하여 오래 사용할 수 있는 경제성 정도를 말한다.

잘 디자인된 메뉴란 메뉴계획자가 의도한 내용이 디자이너에게 그대로 전달되어 메뉴(판)에 그대로 나타나, 그 메뉴를 접한 고객이 그 의도를 그대로 해석할 수 있고, 의도한 방향으로 결정을 내릴 수 있으면 성공한 메뉴이다. 즉, 외식업체가 가장 많이 판매하고자 하는 아이템을 고객들이 많이 주문할 수 있도록 메뉴가 디자인되고, 의도한 메뉴의 역할을 기능적으로 잘 수행할 수 있도록 디자인된 메뉴는 성공적인 메뉴라 평가할 수 있다.

그런데 외식업체를 관리하는 대부분의 관리자들이 아직도 메뉴계획과 메뉴디자인을 별개로 취급하는 경향이 있다. 그러나 메뉴의 계획과 디자인은 동일시되어야 하고 똑같은 중요도를 부여하여야 한다.

성공적인 메뉴의 디자인은 메뉴를 계획하는 관계자와 메뉴를 디자인하는 관계자가 긴밀한 관계를 가지고 메뉴에 대한 충분한 대화가 있을 때만이 가능하다. 예를 들어, 메뉴계획자는 메뉴를 디자인할 디자이너에게 레스토랑의 고객, 레스토랑의 인테리어, 메뉴판에 제시될 아이템의 수와 복잡성, 메뉴가 바뀌는 주기, 그리고 메뉴디자인에 소요되는 예산 등을 말해 주어야 한다.

메뉴를 디자인하는 것 자체는 그리 어렵지 않다. 그러나 메뉴디자인에 대한 이론적인 배경을 고려하여 메뉴를 성공적으로 디자인하기란 어렵다. 게다가 메뉴를 디자인하는 대부분의 디자이너가 메뉴에 대한 이론적인 배경을 고려하지 않고 미적인 면만을 강조하는 실수를 범하고 있다.

과거의 메뉴는 음식 자체와 메뉴판의 미적(美的)인 면이 중요시되었다. 그러나 동시대를 살아가는 고객들에게 어필될 수 있는 메뉴는 미적인 면도 중요하지만 레스토랑의 운영에서 메뉴가 가진 역할을 충실히 할 수 있도록 계획되고 디자인되어야 한다는 사실을 메뉴관리자들이 알아야 한다.

2. 대화(Communication)의 도구로서의 메뉴

흔히들 메뉴를 대화의 도구라고 말하기도 한다. 그래서 대부분의 고객은 종업원과 대화하기 전에 종업원으로부터 전달받은 메뉴와 대화를 한다. 고객이 레스토랑에 들어와 착석한 후 종업원으로부터 가장 먼저 전달받는 인쇄물이 메뉴이다. 전달받은 메뉴상에서 본인이 원하는 아이템을 선택하는 과정에서 고객과 메뉴는 대화거리를 찾아 대화를 시작한다.

그런데 원하는 대화거리(아이템)를 찾기가 어렵고(아이템의 배열과 배치), 대화의 내용이 복잡하고, 이해하기가 어렵다면(메뉴 카피) 고객은 대화를 포기(아이템의 선택을 포기) 또는 중단하고 가격이 가장 싼 아이템을 기준으로 아이템을 선택하게 된다는 것이다. 이렇게 선택된 아이템에 대한 만족도는 낮을 수밖에 없는데, 이러한 현상은 익숙하지 않은 레스토랑, 본인의 수준과 일치하지 않은 레스토랑, 다른 언어권에 있는 레스토랑을 방문할 때 많이 나타난다.

책과 같은 메뉴, 사전이 없이는 무슨 내용인지 알 수 없는 메뉴, 메뉴상에 표시된 아이템을 발음하기조차 어려운 내용, 전문용어 일색인 메뉴와 대화할 수 있는 고객은 그리 많지 않을 것이다.

일반적으로 한국의 경우 뷔페 레스토랑의 영업이 잘 되는 것을 보면 앞서 언급한 현상을 쉽게 이해할 수 있다. 뷔페 레스토랑은 메뉴가 없다. 진열된 음식 자체가 메뉴이다. 그래서 고객과 메뉴는 시각적으로 대화를 하고, 일단 시각적인 대화에서 성공하면 맛과 대화를 한다. 즉 대화의 내용(음식)이 전부 진열되어 있기 때문에 누구라도 아주 쉽게 대화를 할 수 있도록 메뉴가 디자인되어 있다. 그리고 대화의 내용(음식자체)이 본인이 원하는 내용인가, 아닌가를 실험할 수 있도록 되어 있다.

많은 연구에서, 고객은 본인이 원하는 아이템을 사전에 결정하여 그 아이템을 주문하는 경우는 그리 많지 않은 것으로 나타났다. 그리고 항상 그 아이템만을 고집하는 경우도 그다지 많지 않다는 것이다. 결국 새로운 아이템을 원하나 그 아이템에 대한 확신이 없기 때문에 선택하지 못한다는 것이다. 환언하면, 본인에게 익숙하지 않은 아이템은 싫어하는 아이템으로 남게 된다는 것이다.

메뉴를 보다 성공적으로 디자인하기 위해서 일반 Communication 이론에서 이용되는 모형을 메뉴디자인에 응용하여 고객과 인쇄된 메뉴를 통한 Communication 모형을 설계한 것이 표 4-1 과 같은 모형이다.

이와 같은 모형은 메뉴를 작성하는 측과 그 메뉴를 통하여 원하는 음식을 결정하여 주문하는 고객의 입장을 고려한 것이다. 즉, 말을 하는 사람과 듣는 사람과의 관계를 아래와 같이 전개한 것이다.

첫째, 메뉴를 작성하는 측에서는 다음과 같은 3가지 영역에 대한 원칙을 가지고 전개하여야 한다. 즉, ① 전달할 메시지를 고려하는 것, ② 그 메시지를 언어와 심벌을 통해 표현하는 것, ③ 그리고 그 언어와 심벌을 인쇄물(인쇄된 메뉴판)을 통해 전달하는 것 등의 3가지 영역이 된다.

이를 보다 구체적으로 살펴보면, 메뉴를 작성하는 사람은 레스토랑의 전체적인 개념(concept)에 근거하여 실제 얻은 정보와 과거의 성공적인 경험을 바탕으로 고객에게 전달할 메시지(아이템)를 고려한다.[1)]

둘째, 고객에게 추구하는 목표와 정책, 그리고 철학 등을 표현하고, 고객에게 메뉴를 통하여 무엇을 팔기를 원하며, 어떻게 투시되었으면 하는 기대를 암시한다. 그리고 고객에게 제공할 음식의 그룹을 정하고, 아이템명이나 아이템의 수 등에 대한 결정을 하는 것을 말한다.

마지막으로 상기의 사항을 메뉴판에 옮기는 메뉴디자인에 들어간다. 여기서는 메뉴판의 외형, 메뉴판의 크기, 사용할 활자의 크기와 스타일, 컬러, 아이템의 배치와 순위,

---

1) ① 레스토랑의 전체적인 Concept
② Intuition(직감, 직관): 설명이나 증명 등을 거치지 않고 사물의 진상을 곧바로 느껴 앎. 또는 그 감각 · 경험 · 판단 · 추리 등의 사유(思惟)작용을 거치지 않고 대상을 직접적으로 파악하는 작용.
③ Information: 개인적인 조사 또는 공공 데이터 등을 통해 당신에게 객관적이고, 측정이 가능하고, 또는 관찰이 가능한 분위기(환경)
④ Experience: 다른 사람의 경험 또는 당신이 직접 경험한 성공적인 운영방식 또는 판매촉진

매가의 표시위치, 그리고 레스토랑 분위기 창출을 통하여 레스토랑의 목표를 달성할 수 있게 하는 마무리 단계이다.

한편, 고객은 메뉴계획과 디자인을 통하여 전달하고자 하는 메시지를 3단계의 과정을 거쳐 전달받아 아래와 같은 과정을 통해 본인이 원하는 아이템을 선택 또는 거부한다.

먼저 고객은 메뉴를 접하면 메뉴의 외형에 반응을 보이고, 그리고 메뉴계획자와 디자이너가 의도한 메시지를 해석한다. 이 과정에서 레스토랑에서 많이 판매하기를 원하는 아이템을 선택 또는 거부하느냐에 대한 1차적인 시험이 진행된다.

다음은 메뉴 디자이너가 메뉴에 함축시킨 내용을 고객은 해독한다. 메뉴가 레스토랑의 내장과 외장에 일치하는가, 또는 메뉴가 고객에게 무엇인가를 말하고 있는가, 또는 고객이 메뉴의 가치를 인식하는가 등이다.

마지막으로 고객은 메뉴에 나타나는 여러 가지의 양상(생김새, 모습, 모양)을 수용 또는 거부한다. 결국 레스토랑에서 많이 판매하기를 원하는 아이템의 선택 또는 거부로 메뉴와의 대화가 일단락된다. 그런데 메뉴에 대한 고객의 반응은 주관적일 수도 있고 객관적일 수도 있다는 것이다. 그러나 이러한 문제까지를 메뉴의 계획과 디자인에 고려한다는 것은 거의 불가능한 일이기 때문에 여기서는 가장 보편타당한 객관적인 내용을 중심으로 전개한다.

표 4-1 • 메뉴 커뮤니케이션을 통한 메뉴디자인 모형

메뉴 디자이너

1. 레스토랑이 전달하고자 하는 메시지를 고려한다.

① 레스토랑의 전체적인 개념(concept)
② 직감
③ 마케팅 리서치의 결과
④ 과거의 성공적인 운영방법과 실질적인 Merchandising

2. 전달하고자 하는 메시지의 뜻을 단어나 부호로 표현

① 레스토랑의 목표
② 레스토랑의 정책
③ 레스토랑의 철학

3. 전달하고자 하는 메시지를 인쇄된 메뉴를 통하여 전달한다.

① 메뉴의 표지
② 메뉴 카피(copy)
③ 활자
④ 색상
⑤ 심미성 작업(art work)
⑥ 위치(position)

메뉴를 보는 사람들

1. 메뉴계획자가 의도한 메시지를 인쇄된 메뉴를 통하여 접한다.

① 접한 메시지를 해석한다.
② 그리고 개인적인 의향(attitudinal concept)을 형성한다.

2. 전달받은 단어나 부호를 해석한다.

① 단어나 부호를 해독한다.
② 기대를 나타낸다.
③ 지각된 가치를 본다.

3. 전달받은 메시지의 뜻을 이해하고 수용한다.

① 행동한다.
② 원하는 아이템을 주문한다.
③ 수익성 있는 아이템을 주문한다.
④ 단골고객이 된다.

자료 Jack E. Miller(1992), *Menu Pricing and Strategy*, 3rd ed., VNR, p.20.

 메뉴디자인 시 고려되는 사항

1. 시선의 이동

메뉴디자인에서 고려되는 중요한 요소 중의 하나가 레스토랑에서 제공하는 전략적인 아이템, 정책적인 아이템, 즉 많이 팔기를 원하는 아이템을 메뉴판의 어느 위치에 배치시키느냐 하는 것이다. 즉, 다른 아이템과 어떻게 차별화시키느냐이다.

이론적으로 모든 메뉴판에는 고객의 시선이 집중되는 곳이 있다는 것이다. 즉, 시선이 제일 먼저 집중되는 곳을 말하며(제일 많이 집중하는 지점), 그 지점(위치)은 메뉴의 포맷, 페이지 수, Panel 수, 컬러, 활자체, 사진 등에 따라 다르게 나타난다는 것이다.

고객이 레스토랑에 앉으면 메뉴를 접하게 된다. 그리고 원하는 아이템을 찾기 위해서 메뉴를 살피기 시작한다. 메뉴를 살필 때 고객의 시선이 어떻게 이동하는가를 연구한 이론이 눈의 이동에 관한 연구(Gaze Motion Study)이다.[2)] 연구의 결과는 메뉴디자인에 도입되어 메뉴상의 아이템 배치(배열)에 관한 전략으로 소개되고 있다.

메뉴 디자이너이자 메뉴 컨설턴트인 William Doerfler는 메뉴의 페이지 수(또는 Panel 수)에 따른 시각 중심점(초점이라고도 한다)과 시선 이동방향을 그림 4-1 과 같이 표시했다. 식자(識者)에 따라 중심점을 약간씩 다르게 표기하고 있으나, 기본적인 원칙은 동일하다.

2) 안구의 이동이라고도 하는데, 이 분야의 연구는 신문편집에 관한 연구에서 미국을 중심으로 활발하게 연구되었다. 즉, 독자가 신문을 볼 때 어떠한 방향으로 신문을 읽어가는가에 대한 안구의 이동을 연구한 것이다. 이러한 연구를 메뉴의 편집에 응용한 연구가 1980년대부터 활발히 진행되고 있다. 그러나 특별한 결론을 도출하여 일반화된 것은 아니다.

그림 4-1 • 시각 중심점과 시선의 이동방향

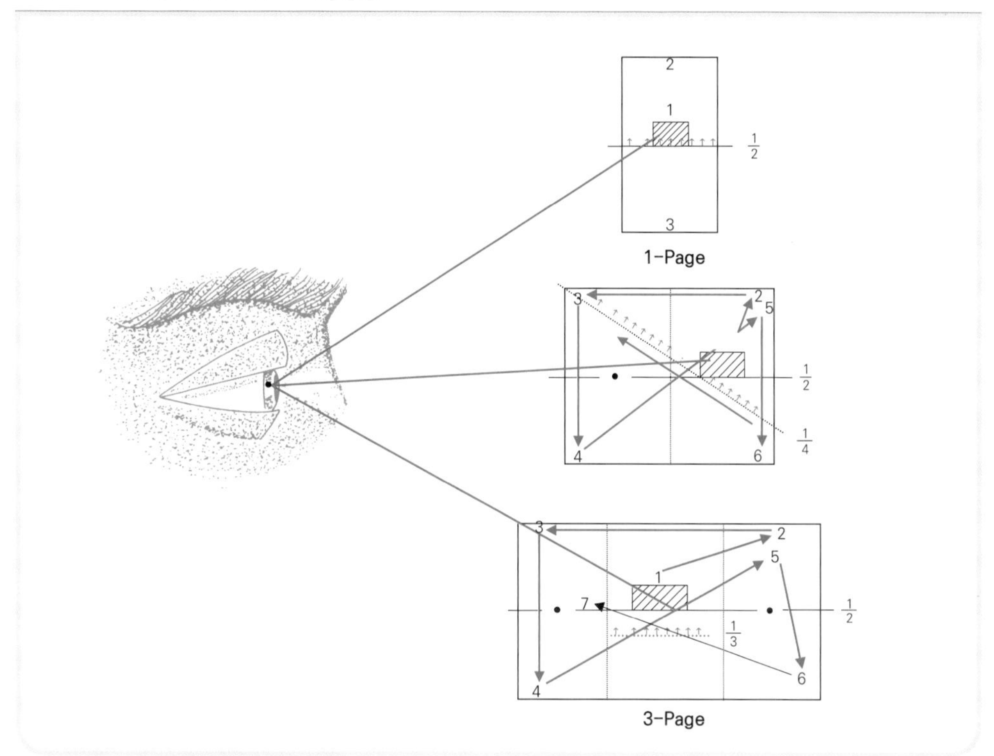

* ↑↑↑는 Doefler의 시각 중심점
* ▨은 다른 식자의 시각 중심점

자료 Jack E. Miller(1992) *Menu : Pricing and Strategy*, 3rd ed., VNR, p.27; Idem(1980), CBI, pp.1-2, Making a Menu, Restaurant Business, Nov. 1991, No. 20, p.96.

첫째, Panel이 하나인 경우

Panel이 하나로 된 메뉴의 경우 일반적으로 알려진 이론은 메뉴판을 수평으로 반으로 나눈 가운데 ▨로 표시된 부분이 시각 중심점이라고 주장했다. 그러나 Doefler는 메뉴를 수평으로 반으로 나눈 바로 위가 시각 중심점이라고 했다. 즉, 가운데 ↑↑↑ 부분이 된다.

둘째, Panel이 2개의 경우

Panel이 2개로 구성된 메뉴판(two-panel folded menu라고도 한다)의 경우 일반적으로 알려진 이론은 메뉴판을 수평으로 반으로 나눈 오른쪽 가운데 ▨로 표시된 부분이 시각 중심점이라고 주장했다. 그러나 Doefler는 첫 장의 왼쪽 상단 모서리에서 둘째 장 오른쪽 하단 모서리의 1/4쯤 위를 대각으로 가로질러 자른 선을 기준으로 윗부분에 해당된다고 했다.

셋째, 크기가 같은 3개의 Panel로 된 메뉴의 경우(Letter fold menu or tri-panel folded menu 라고도 한다)

이 경우 일반적으로 알려진 이론은 메뉴판을 수평으로 반으로 나눈 가운데 ▨로 표시된 부분이 시각 중심점이라고 주장했다. 그러나 Doefler는 메뉴를 수평으로 3등분한 후 밑에서부터 1/3에 해당하는 가운데 패널(panel)의 ↑↑↑위가 중심점이라고 한다.

넷째, 왼쪽과 오른쪽 Panel의 크기가 가운데 Panel 크기의 반으로 구성된 3 Panel로 구성된 메뉴판의 경우

이 경우 시각 중심점은 그림 4-1 의 셋째와 같은 ↑↑↑과 ▨ 부분이라고 했다.

고객의 시선 이동방향에 관한 연구결과에 의하면, 그림 4-1 과 같이 고객은 메뉴를 접하면 1페이지로 된 메뉴의 경우, 먼저 중앙을 보고 위와 아래를 본다고 한다. 반면에, 2 Panel로 된 메뉴의 경우는 오른쪽 Panel 중간에서 시작하여 오른쪽 상단 모서리 ➡ 왼쪽 상단 모서리 ➡ 왼쪽 하단 모서리 ➡ 가운데를 가로질러 ➡ 오른쪽 상단으로 다시 가서 ➡ 오른쪽 하단 모서리 ➡ 그리고 가운데를 다시 가로질러 ➡ 왼쪽 상단 모서리로 시선이 이동한다고 한다.

그리고 3 Panel로 된 메뉴의 경우는 가운데 Panel 중앙에서 시작하여 2 Panel로 된 메뉴의 이동과 같이 오른쪽 상단 모서리 ➡ 왼쪽 상단 모서리 ➡ 왼쪽 하단 모서리 ➡ 가운데를 가로질러 ➡ 오른쪽 상단으로 다시 가서 ➡ 오른쪽 하단 모서리 ➡ 그리고 가운데를 다시 가로질러 ➡ 왼쪽 상단 모서리로 시선이 이동한다고 한다.

눈의 초점연구에 의하면, 고객의 시선은 그가 원하는 아이템을 선택하기까지 일곱 번이나 가운데 부분을 통과한다고 한다.

메뉴디자인에 대한 저서나 소논문 또는 연구논문에서도 시선의 이동방향에 대한 이론(기교)은 계속 소개되고 있지만 실제로 메뉴디자인에서는 경시되는 경향이 있다. 이와 같은 경향은 지금까지 메뉴디자인에서 일반화된 시선이동에 관한 이론을 보다 과

학적으로 검증해 보기 위해서 Waltham Massachusetts의 응용과학 실험실에서 행한 실험연구의 결과인 그림 4-2 를 보면 이해할 수 있다.

그림 4-2 • 시각 중심점과 시선의 이동방향

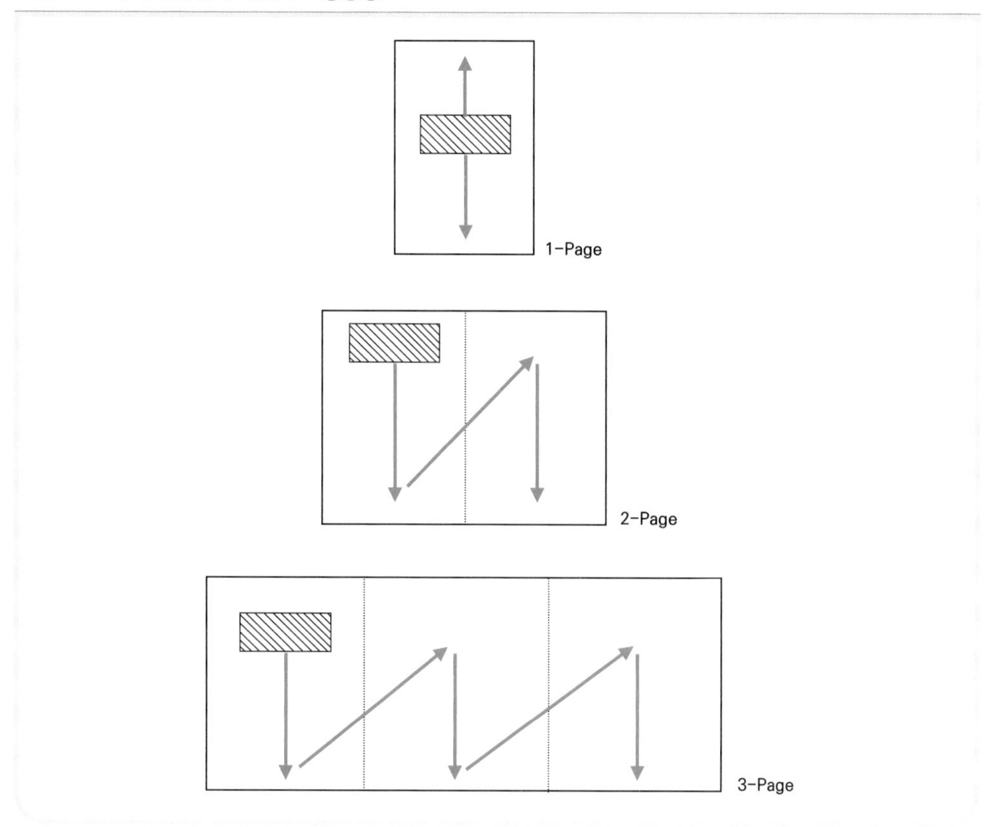

* ▨는 시각 중심점, →은 시선의 이동방향

자료 The Gallup Monthly Report on Eating Out, Oct. 1987, Vol 7, No 3, p.1.

이 실험에서는 레스토랑에서와 같은 방법으로 고객에게 메뉴를 제공하고 고객이 메뉴를 읽는 동작을 아이 카메라(eye camera)로 촬영하여 시선의 이동(안구의 이동이라고도 한다)과 시간을 관찰했다. 이 실험에 사용한 메뉴는 1 · 2 · 3페이지로 된 3개의 각각 다른 메뉴였으며 메뉴상의 내용은 3가지 모두 동일한 내용이었다.

이 실험의 결과는 그림 4-2 와 같이 1페이지로 된 메뉴만이 지금까지의 이론과 일치하는 가운데 부분이 시선이 집중되는 부분으로 나타났고, 2페이지와 3페이지로 된 메뉴는 각각 첫 페이지의 왼쪽 상단이 시각 중심점으로 나타나 메뉴디자인에서 일반화된 지금까지의 이론을 부정했다. 그러나 이 실험의 결과는 실험을 행한 장소가 레스토랑이 아니고 실험실이었다는 이유와 실험에 참여한 집단이 실제 레스토랑의 고객이 아니었다는 이유로 크게 호응을 받지 못한 듯하다.

아직도 메뉴상의 초점은 과거의 이론이 그대로 소개되고 있다. 반면에, 과학적인 실험을 거쳐 증명된 결과도 경시되고 있음을 볼 때, 이 이론에 대한 논란은 계속되거나 또는 무시되리라 생각한다.

2. 아이템의 배열순위와 가격 표시위치에 관한 이론

특정 레스토랑을 자주 출입하는 A라는 사람이 있다고 하자. A라는 사람은 그 레스토랑의 메뉴를 잘 알고 있다. 이 경우 A라는 사람에게는 메뉴판 자체가 의미가 없을 수 있다. 왜냐하면 그 레스토랑을 잘 알고 있고, 그 레스토랑에서 본인이 선호하는 아이템이 무엇인가를 알고 있어 메뉴판을 보지 않고도 그가 원하는 아이템을 선정할 수 있기 때문이다.

그러나 여기에 소개하는 이론들은 A라는 사람과 다른 경우로 특정 레스토랑에 대해 잘 모른다는 가정에서 전개되는 일반적인 이론들이다.

메뉴상 아이템이 배열되는 순위에 따라서도 각 아이템이 선택되어지는 빈도에 차이가 있다는 것이다. 즉 같은 그룹(여기서 말하는 그룹은 전채, 수프, 생선, 육류 등의 그룹을 말한다) 내에 있는 아이템의 배열순위에 따라 각 아이템이 선택되어지는 빈도에 차이에 있다는 이론이다.

지금까지 알려진 이론으로는 첫 번째와 두 번째, 그리고 마지막에 위치한 아이템들이 선택되어지는 빈도가 높은 것으로 나타났다. 그래서 각 그룹 내에 있는 아이템의 배열순위를 정할 때 가장 많이 선택되어지기를 원하는 아이템을 우선적으로 첫 번째와 두 번째에 배열하라는 이론이다.

이러한 이론의 정당성은, 고객은 본인이 원하는 아이템을 찾으면 더 이상 메뉴를 읽지 않고 아이템을 주문한다는 데서 찾을 수 있다. 대부분의 메뉴에서는 가격의 오름차순 또는 내림차순으로 아이템을 배열하는데, 이것은 이와 같은 이론을 무시한 배열이다.

아이템의 배열순위에 대한 이론은 실험연구를 통해 검증되었는데, 고객은 본인이 선호하는 아이템이 사전에 결정되어 있지 않은 상황에서는(그 레스토랑의 메뉴에 익숙하지 않은 경우에는), 그리고 아이템의 수가 많은 경우에는 첫 번째와 두 번째에 위치한 아이템이 선택되는 빈도가 높은 것으로 판명되었다.

논란의 여지가 많은 고객의 시선 이동에 관한 이론과는 달리, 아이템의 배열순위에 대한 이론은 객관적인 검증을 거친 이론으로 메뉴디자인에서 많이 활용되고 있는 이론이다. 그런데 대부분의 메뉴관리자들이 이러한 이론을 무시한 채, 아이템의 매가를 기준으로 매가의 오름차순 또는 내림차순에 따라 아이템을 배열하는 경향이 있다.

또 다른 이론은 메뉴상에 표시된 매가의 위치에 따라 객(客)단가에 차이가 있다는 것이다. 대부분의 고객은 본인이 특별히 선호하는 아이템을 고르지 못할 경우는 가격을 기준으로 삼아 아이템을 선택한다고 한다. 그런데 각 아이템에 대한 가격이 일정한 위치에 규칙적으로 오름차순 또는 내림차순 형식으로 정렬되어 있을 경우는 각 아이템의 가격 차이를 쉽게 비교할 수 있다고 한다. 그 결과 본인이 특별히 선호하는 아이템이 없는 한 비싼 아이템보다는 싼 아이템을 선호한다는 것이다.

이러한 단점을 보완할 수 있는 기교가 각 아이템에 대한 설명이 끝나는 점에서 가격을 표시하면 가격의 비교가 쉽지 않아 싼 아이템을 기준으로 선택하는 빈도가 줄어들고, 평균 객(客)단가도 높아진다는 이론이다. 즉, 레이아웃에 대한 기교가 필요하다. 그러나 대부분의 메뉴와 와인 리스트의 매가 표시는 이러한 이론을 고려하지 않고 있다. 특히 와인 리스트의 경우는 그 정도가 너무 심하다.

3. 아이템의 차별화

메뉴상에 제공되는 아이템이 균등하게 선택되어지면 메뉴의 구성은 가장 이상적이라고 말할 수 있다. 그러나 이와 같은 확률은 거의 기대할 수 없다. 그래서 특정한 아이템을 데생(dessin)과 클립-온 또는 팁-온 메뉴, 박스, 선, 별표, 활자체와 크기, 컬러, 사진 등을 이용하여 다른 아이템과 차별화시키는데, 고객의 시선을 특정한 아이템으로 집중시키는 방법이다.

즉 레스토랑에서 많이 팔기를 원하는 아이템으로 고객의 시선을 유도하여, 그 아이템을 고객으로 하여금 선택하게 만드는 전략을 말한다. 그러나 활자나 데생의 기교를 이용한 아이템의 차별화는 거의 이루어지고 있지 않은 듯하다.

일반적으로 눈길을 끌기 위한 비주얼은 사람을 이끄는 효력이 있고, 문자는 의미를 정확하게 이해시키는 기능이 있다는 것이다. 모든 아이템을 강조하는 것은 강조가 아니며, 특정한 아이템 즉 많이 팔기를 원하는 아이템을 강조할 수도 없게 된다.

특히 우리나라의 경우는 사진을 많이 활용한다. 물론 사진을 메뉴에 이용하는 것이 그 아이템을 가장 잘 설명할 수 있는 방법이다. 그러나 비용적인 면에서는 경제적인 방법이 못된다. 또한 제공하는 모든 아이템을 사진으로 처리하는 것은 모든 아이템이 똑같은 중요도를 가지고 있다는 결과로 특정 아이템을 부각시키는 데는 도움을 주지 못한다.

한 실태조사에 의하면, 메뉴상의 특정 아이템에 별도의 별표를 만들어 붙여 두었더니 그 아이템이 주문되는 횟수가 훨씬 높았다는 결과보고가 있었다. 그리고 메뉴상에 인쇄되어 있지 않은 아이템이 가장 많이 팔린 아이템에 포함된 경우가 있다는 조사의 결과도 있음을 볼 때, 특별 형태의 메뉴(set menu, clip-on 또는 tip-on menu)의 역할은 더욱 강조되어야 한다고 본다.

일반적으로 아이템을 다양화하는데 또는 특정 아이템을 판매 촉진하는데 클립-온 또는 팁-온 메뉴를 이용한다. 그런데 메뉴를 관리하는 대부분의 관리자들이 클립-온 또는 팁-온 메뉴의 사용을 회피하거나 잘못 이용하고 있다. 게다가, 클립-온 또는 팁-온 메뉴는 고급 레스토랑의 메뉴에 사용하면 메뉴의 질을 저하시키는 것으로 알고 있으나 그렇지는 않다.

팁-온 메뉴는 그 용도에 비하여 활용의 정도가 대단히 빈약한 듯하다. 원래 팁-온 메뉴의 용도는 고정된 메뉴에서 아이템을 다양화하고, 특정 아이템의 판매를 촉진하는 데 있다. 그런데 대부분의 레스토랑에서는 본 메뉴 이외에 특정 아이템의 판매촉진 또는 특정 시간대의 메뉴로 별도의 메뉴를 만들어 고객에게 제공하고 있다. 그렇기 때문에 본 메뉴상에 있는 아이템의 매출실적은 줄어들 수밖에 없다.

계절적인 아이템, 재고 상에 문제가 있는 아이템, 선호도에 문제가 있는 아이템 등을 팁-온 또는 클립-온 메뉴를 이용하여 판매를 촉진할 수 있을 뿐만 아니라 별도의 메뉴를 대신할 수 있다는 것이 팁-온 메뉴의 장점이다.

우리나라의 경우 메뉴디자인에서 색깔, 데생, 삽화, 선, 박스 등은 패스트푸드나 패밀리레스토랑, 또는 가격이 낮은 저급 레스토랑에서만 이용되는 것으로 알고 있다. 반면에, 호텔에서 사용하는 메뉴는 크고, 표지가 호화롭고, 고급 소재로 고급스럽게 디자인되어야만 메뉴로서의 가치가 있다고 판단한다. 그래서 메뉴의 외형에만 중요도를 부여한다. 이러한 관념은 메뉴디자인에 대한 전문적인 지식과 기교의 결여에서 기인한다고 판단된다.

메뉴가 너무 호화로우면 메뉴의 제작에 많은 비용이 소요되며 메뉴의 교체가 어렵다는 것이다. 그 결과 메뉴의 교체주기가 길어지게 되고, 원가와 매가, 그리고 고객의 욕구에 시의성 있게 대체할 수 없게 되어 매가와 아이템명을 종이로 덧씌우는 현상까지 나타나게 된다.

메뉴디자인에 대한 기교는 와인 리스트에 적극 활용되어야 한다. 특히 와인에 익숙하지 못한 우리나라의 경우, 본인이 선택할 와인을 알고 있는 경우가 그리 많지 않다. 그 결과 주로 종업원이 권하는 와인, 또는 적당한 것, 또는 가격 등과 같은 기준이 와인 선택에 일반화되는 경향이 있다.

우리는 소주에 관한 한 누구보다도 잘 안다. 그리고 그 맛과 음식과의 조화도 잘 안다. 그렇기 때문에 자국의 술과 음식과의 조화를 종업원 도움 없이도 잘 해낼 수 있다. 그러나 와인의 경우는 그렇지 않다. 먹고 마시는 것에 대한 지식은 지위와 학벌과는 상관성이 그리 높지 않다. 경제적으로 풍요로우니 다양한 음식과 비싼 음식을 접할 수 있는 기회는 있었을지 몰라도, 음식과 와인에 대한 수준이 높다고는 말할 수 없다.

이러한 점을 고려한다면, 와인이야말로 음식 이상으로 고객의 편에서 선별되고, 그리고 선별된 아이템은 고객의 입장에서 와인 리스트에 정리되어야 함에도 불구하고, 아직도 와인 리스트는 고객에게 제공하는 와인을 기록한 단순한 리스트로 그 역할을 하고 있다.

4. 가독성과 판독성

가독성(readability)은 신문기사, 서적, 잡지 등과 같이 많은 양의 텍스트를 독자가 얼마나 쉽고 빨리 읽을 수 있는가 하는 효율을 말한다. 반면에, 판독성(legibility)은 헤드라인, 목차, 로고 타입 등과 같이 짧은 양의 텍스트를 독자가 얼마나 많이 인식하고 알아차리는가 하는 효율을 말한다.

서체는 가독성에 많은 영향을 미친다. 그렇기 때문에 메뉴판에 사용하는 서체는 일반화되어 익숙한 서체를 활용하여야 한다. 비록 보기 좋고 유행에 앞선 서체라 하더라도 오히려 가독성에 장애가 되는 원인으로 작용할 수 있다. 서체뿐만 아니라 대문자와 소문자, 세리프와 산세리프, 검정과 흰색, 그리고 중량[3]에 따라 가독성은 영향을 받는다.

대문자로만 조판된 문장은 소문자로 조판된 문장을 읽는 것보다 어렵다. 소문자에는 어센더, 디센더, 그리고 낱자의 식별을 도와주는 시각적 특성이 대문자보다 더 많이

3) 활자체의 굵기 정도

포함되어 있기 때문이다. 세리프가 없는 고딕 계열의 글자는 읽기 불편하고 투박하다. 그러나 세리프가 있고 없고 보다는 독자에게 익숙한 글자체가 가독성이 높다.

검은 바탕위에 흰 글자와 흰 바탕 위에 검은 글자 간의 가독성의 차이는 흰 바탕 위에 검은 글자에 독자들이 익숙하기 때문에 가독성이 높다고 말한다. 그리고 글자체가 너무 무겁거나 가벼운 경우 가독성을 감소시킨다. 너무 가벼운 글자체는 바탕과 쉽게 구분이 안 되며, 너무 무거운 글자체도 글자 내부에 존재하는 변별 요소가 적어 가독성을 방해한다.

판독성은 주로 제목용 서체들과 연관된다. 주로 서적이나 광고에서 표제어에 해당한다. 메뉴판의 경우 헤드(heads)에 해당되는 것들이다. 즉, 주 헤드, 서브 헤드, 그리고 아이템명 등이 여기에 해당된다.

여기서 중요한 것은 서체의 선택으로 본문 서체와 [통일시킬 것인가? 아니면 대조시킬 것인가?]에 대한 결정이다. 그리고 제목용 서체를 어떻게 정렬시킬 것인가(모두 같은 높이로, 각 단어의 두음자만 크게, 중요한 단어의 두음자만 크게, 그리고 문장의 두음자만 크게 등)와 자간[4]과 어간[5]의 넓이, 그리고 행간[6]의 조정을 통해 판독성을 높일 수 있다. 또한 행이 한 줄 이상으로 정렬될 경우는 어디에서 행을 끊을 것인가를 잘 판단해야 한다.

메뉴판은 포맷과 크기, 페이지 수 등에 관계없이 모두 체계적이고 계획적인 타이포그래피 과정을 통해 기획되고 디자인된다. 즉, 글자꼴, 글자 크기, 글자 사이, 글줄 길이, 글줄 사이, 타이포그래피의 최소 단위인 낱자와 단어, 이들이 가지런히 정렬된 상태인 글줄과 단락, 문장이나 단락의 다섯 가지 정렬, Type 영역과 공간인 칼럼과 마진, 타이포그래피 요소의 효과적인 배치를 위해 사용하는 격자망 구조의 그리드에 대한 내용 등이 가독성에 영향을 미친다.

---

4) 글자와 글자 사이의 간격
5) 단어와 단어 사이의 간격
6) Line spacing or Leading

첫째, 활자의 크기(Type size), 글줄 길이(Line length), 행 간격(Line spacing or leading)

활자의 크기, 글줄 길이, 그리고 행 간격은 가독성에 큰 영향을 미친다. 활자의 크기가 지나치게 크거나 작은 활자들은 가독성을 떨어뜨리고, 글줄 길이가 너무 길거나 짧아도 가독성을 떨어트리고, 행 간격이 너무 넓거나 좁아도 가독성에 영향을 미친다. 그렇기 때문에 전체적인 조화가 중요하며, 서로 균형을 이룰 때 가독성이 높아진다.

활자의 크기[7]는 레스토랑의 보통 조명하에서 평균 시력을 가진 사람이 어려움이 없이 읽을 수 있는 크기여야 한다. 일본의 안과학자 大西克知(오오니시 마사루)는 건전한 눈을 가진 장년이 읽을 수 있는 활자의 최소한은 8포인트 이상이며, 일반도서나 잡지의 본문에 많이 사용되는 활자의 크기는 9포인트와 8포인트라고 했다. 그리고 8포인트 이하의 활자는 위생적인 관점에서 부적합하다고 하며, 또한 색지 위에다 인쇄한 경우에는 더욱 읽기가 힘들어 불가하다고 주장했다.

한편, 서구의 인쇄가들은 평균독자(average reader)를 위한 본문활자로는 10~12포인트가 가장 알맞다는 것이다. 또한 Albert A. Sutton은 사람들이 평상시에 보고 있는 대개의 서적의 본문활자가 7~12포인트이므로 이들 활자가 가장 읽기에 쉬울 것이라고 말한다. 또한 시인이나 교수들은 가장 읽기 쉽고 빠른 것은 9포인트(13급)와 10포인트(14급)라고 말한다.

명조체 7포인트	고딕체 7포인트
명조체 8포인트	고딕체 8포인트
명조체 9포인트	고딕체 9포인트
명조체 10포인트	고딕체 10포인트
명조체 11포인트	고딕체 11포인트
명조체 12포인트	고딕체 12포인트

7) 미국에서 제정된 활자크기의 단위로, 1포인트는 1인치의 약 1/72, 곧 0.35146mm의 크기에 해당한다. 그러나 사진식자의 크기 단위는 '級'으로 분류하는데 1級은 0.25mm이다.

메뉴디자인에서 활자의 크기를 결정하는데 고려되는 공통적인 사항은 ① 레스토랑의 종류, ② 아이템의 수와 아이템의 설명에 사용하는 언어의 수(예: 불어, 영어, 일어, 한글 등), ③ 메뉴판의 크기, ④ 시인성과 독속도, ⑤ 레스토랑의 조명, ⑥ 그리고 겨냥하는 고객 등이다.

메뉴판에 사용하는 활자의 크기를 정한 규칙은 없으나 메뉴판의 크기, 아이템의 수, 레스토랑의 종류, 미(美)와 가독성 등을 고려하여 선택하는 것이 이상적이다. 아이템의 내용을 설명하는 데 사용하는 활자의 크기는 전문가에 따라 의견을 달리하기도 하지만(8~12포인트), 요즘의 추세는 활자의 크기가 약간씩 커지고 있는 경향이다.

행과 행 사이의 간격도 가독성에 영향을 미치는 요인인데, 가독성을 방해하지 않게 하기 위해서는 3포인트 정도의 레딩(leading)이 절대적이라는 것이다. 또한 본문 활자의 크기가 8~11포인트 기준으로 1~4포인트의 간격이 이상적이라고 한다. 만약 이보다 작을 때는 읽기가 힘들다.

또 다른 참고문헌에는 대체적으로 바람직한 본문 활자의 크기는 8~11포인트 이내라고 설명한다. 그리고 행의 길이는 일반적으로 알파벳 기준으로 45~75자 사이라고 하며, 공간과 글자를 포함하여 66자가 이상적이라고 한다. 또한 행의 길이가 너무 길거나 짧아도 완만한 독서의 리듬을 깨트리게 된다. 행폭이 너무 길거나 너무 짧아도 읽기가 어렵다.

하지만 메뉴판의 경우 일반적인 책과는 달라 이와 같은 기준을 적용하기는 무리이다. 그러나 레스토랑의 전체적인 Concept에 적합한 활자체와 크기, 글줄 길이, 행 간격 등에 대한 고려는 충분히 논의되어야 한다.

둘째, 자간(Letter spacing), 무게(Weight), 어간(Word spacing), 자폭(Width)

자간은 글자와 글자 사이의 간격을 말한다. 일상적으로 별다른 옵션 없이 입력하는 상태가 자간 0%의 상태이고 숫자가 커지면 글자와 글자 사이의 간격이 벌어지고, 숫자가 적어지면 글자와 글자가 붙게 된다. 자간이 너무 좁거나 너무 벌어지면 가독성에 영향을 미친다.

단어는 낱자를 구성하는 획의 굵기에 따라 무겁거나 가벼워 보이는데 이것을 무게(weight)라 한다, 무게가 너무 무거우면 Type 내부의 흰 공간이 거의 사라져 그만큼 판독이 어렵고, 그와 반대로 무게가 너무 가벼우면 바탕과의 식별이 어려워 결과는 마찬가지이다. 어간은 단어와 단어 사이의 간격을 뜻하며, 자폭은 글자 한 자가 인쇄 판짜기 될 때 차지하는 너비를 말한다.

이와 같이 글자와 글자 사이, 글자의 무게, 단어와 단어 사이, 그리고 글자 너비는 가독성에 많은 영향을 미칠 수 있다. 특히 메뉴판에서 타이포그래피에 대한 이론을 바탕으로 전체적인 가독성을 높일 수 있고, 특정 아이템에 대한 차별화도 꾀할 수 있다.

셋째, 문단과 정렬

문단에서 글자를 정렬하는 방법은 다섯 가지로 왼쪽 맞추기, 오른쪽 맞추기, 양끝 맞추기, 가운데 맞추기, 비대칭이 있다. 그 각각의 방법마다 장점과 단점이 있으므로 글의 내용에 따라 적절한 방법을 선택해야 한다. 글자를 정렬하는 방법에 따라 가독성에 큰 영향을 끼칠 뿐 아니라 타이포그래피의 심미적 수준을 좌우하는 중요한 요인이 된다.

① 왼쪽 맞추기

왼쪽 맞추기는 왼쪽이 직선상에 정돈되고 오른쪽은 흘려진 상태이다. 이 방법은 어간이 일정하므로 가독성이 높다. 반면에, 행의 길이가 모두 달라 레이아웃을 방해한다는 단점도 있다.

Ravioli di Mozzarella
Buffalo Mozzarella Ravioli with Tomato Sauce and Basil
버팔로 모차렐라치즈 라비올리

Linguine alle Vongole
Linguine with Fresh Clam, Garlic and Zucchini
마늘과 주키니호박을 곁들인 링귀니 봉골레

Risotto ai Frutti di Mare
Seafood Risotto with Fennel
해산물 리조토 (쌀 : 이태리산)

Maccheroncelli alla Amatriciana
Amatriciana-Style Maccheroncelli with Goat Cheese and Marjoram
아마트리치아나 스타일의 염소치즈 마케론첼리

Fettucella Gamberi e Peperoni
Fettucella with Prawn, Red Bell Pepper and Black Olive
붉은 피망과 블랙 올리브로 맛을 낸 새우 페투첼라

② 오른쪽 맞추기

오른쪽 맞추기는 오른쪽이 직선상에 정돈되고 왼쪽은 흘려진 상태이다. 이 방법은 적은 양의 텍스트에 적합하지만 많은 양의 텍스트에는 적합하지 않다.

딤섬 点心
点心
Dim sum

바질 새우살 볶음 罗勒炒虾肉
バジル海老炒め
Stir-fried prawn with basil

사천식 버섯 쇠안심 川式蘑菇炒牛柳
四川風きのこと牛ヒレ
Sichuan-style mushroom and beef tenderloin

식사 主食
炒飯または麵
Your choice of noodle or fried rice

후식 餐后甜品
デザート
Dessert

₩ 110,000

③ 양끝 맞추기

양끝 맞추기는 단락의 양끝 모두가 직선상에 나란히 정렬된 상태를 말한다. 글줄의 정렬에서 독자에게 가장 친숙한 방법은 역시 양끝 맞추기 방식이다.

루이 엠 마티니 나파 밸리 까베르네 소비뇽 2011

80년 이상 마티니 가족의 와인메이커들은 소노마와 나파 지역의 뛰어난 재배지에서 수확된 포도로 세계 최고의 까베르네 소비뇽 와인을 양조해 왔습니다. 와이너리 설립자 루이 M. 마티니는 "최고의 포도가 최고의 와인을 만든다"라는 단순하지만 정직한 한 철학으로 오늘날 "나파의 아이콘 와인, 루이 마티니"를 만들었습니다. 루이 마티니 나파 밸리 까베르네 소비뇽은 짙은 부르고뉴 스타일의 색상과 검은 과일의 향, 스모키한 삼나무의 향, 그리고 건조한 허브류의 다양한 향을 느낄 수 있습니다. 블랙체리와 블랙베리의 농축된 풍미는 피니시에서 참죽나무와 토스트 느낌과 함께 훌륭한 구조감을 형성하며, 긴 피니시를 보여줍니다.

Loise M. Martini Napa Valley Cabernet Sauvignon 2011

For more than 80 years, the Martini family winemakers have crafted world-class Cabernet Sauvignon wines from the exceptional vineyards of Sonoma and Napa countries. Louis M. Martini embodied a simple, honest premise: The best grapes make the best wines.
The Louis M. Martini Napa Valley Cabernet Sauvignon exhihits a deep burgundy color with aromas of dark fruits, smoky cedar and dried herbs. Concentrated flavors of black cherry and blackberry are framed nicely by cedar and toast notes on the finish. Rich and broad in the mouth, this wine has a ling finish with an wxpansive palate.

④ 가운데 맞추기

가운데 맞추기는 중앙을 기준으로 모든 글줄을 대칭시키는 정렬이다. 적은 양의 텍스트를 처리할 때 바람작한 이 정렬은 품위 있고 고급스러운 느낌을 자아낸다.

Crab meat timbal
Lobster medallion, mango salsa, fennel
랍스터와 게살 팀발

Minestrone
White bean, tomato, tortellini
이태리 정통의 야채스프

Spaghetti
Pan seared lobster, scallop, tomato sauce
(blue crab: Korean)
바닷가재 스파게티 (꽃게: 국내산)

Raspberry mango sherbet
라즈베리 망고 셔벳

⑤ 비대칭

비대칭 정렬은 각 줄글의 길이가 모두 다를 뿐 아니라 비대칭으로 정렬된다. 포스터, 책 표지, 광고 등에서 독자의 주의를 환기하려는 의도에 매우 적합하다. 이 정렬에는 특별한 제한이 없지만 각 글줄의 서두가 쉽게 눈에 띄도록 글줄 사이를 충분히 넓히는 것이 바람직하다.

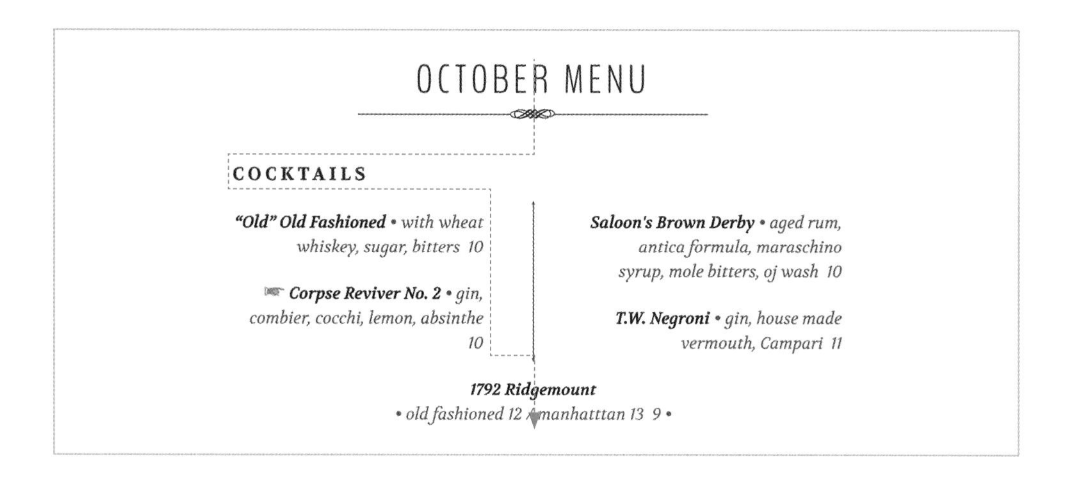

메뉴판의 경우 많은 양의 Text를 취급하는 것은 아니다. 그렇기 때문에 문단의 정렬이 비교적 쉬운 편이다. 레스토랑의 메뉴를 검토해 보면 고급 식당의 경우는 왼쪽 정렬의 방식을 많이 사용하고 있으며, 가운데 정렬과 비대칭 정렬을 많이 활용한다.

5. 컬러와 가독성

색을 효율적으로 활용하기 위해 알아야 하는 세 가지 기본적 속성은 색상, 명도, 채도이며 색에 대한 다채로운 느낌은 이 세 가지 속성의 조합으로부터 기인한다.

첫째, 색상(Hue)

각기의 색을 구별하는 것으로 빨강, 노랑, 초록, 파랑, 보라 등과 같은 색의 종류를 말하며 유사색은 색상환(색상에 따라 계통적으로 색을 둥그렇게 배열한 것)에서 가까운 색으로 색상차가 적고, 색상환에서 서로 마주하는 색은 보색(다른 색상의 두 빛깔이 섞여 하양이나 깜장이 될 때, 이 두 빛깔을 서로 일컫는 말)이라 하며 색상차가 크다고 한다.

둘째, 명도(Value)

색의 밝고 어두움을 말하며 무채색은 명도 1부터 10까지 10단계로 나뉘며, 이 무채색[8]의 10단계를 유채색의 명도의 기준으로 사용한다. 어떤 색에 흰색을 섞으면 그 색은 엷어지는데 그것을 틴트(tint)라고 한다. 또한 회색을 섞어 만들어진 색을 원래색의 톤(tone)이라 하며, 검정색을 섞으면 어두워지는데 이것을 셰이드(shade)라고 한다.

셋째, 채도(Chroma)

색의 순수함, 선명함 또는 맑고 탁함을 말하며 어떤 색에 흰색이나 검정색의 포함량이 많을수록 채도가 낮고 포함량이 적을수록 채도가 높아진다.

고급 레스토랑의 메뉴판은 컬러 사용을 최소화하고 텍스트 위주의 메뉴판을 유지한다. 그러나 중저가의 레스토랑에서는 사진을 많이 이용하고, 특히 패밀리 레스토랑의 경우는 사진과 컬러를 많이 이용한다. 그러나 특정 레스토랑이 사진(음식 사진)을 사용할 것인지 여부와 컬러의 사용여부는 사전에 설정된 레스토랑의 전체적인 Concept에 따라 결정되어야 한다.

최근 들어 가급적 컬러의 사용을 제한하면서 더 많은 효과를 얻기 위한 여러 가지의 기교가 개발되고 있다. 그 중 대표적인 것이 종이의 선택인데 컬러로 된 종이를 이용하는 방법이다. 즉, 활자체와 배경색과의 조화에 관한 내용이다.

예를 들면, 컬러 배경 위의 검정 활자체는 흰 배경 위의 검정 활자체보다 덜 중요해 보인다. 왜냐하면 흑백의 대비 효과 때문으로, 흰 배경 위의 검정 활자체는 앞으로 나와 보여 더 강조되어 보인다. 또한 흐린 색 배경 위의 검정 활자체는 명확히 읽힌다. 그 이유는 색의 톤이 균형이 잡혔기 때문이다.

일반적으로 검정 활자체의 가독성은 배경색의 어둡기에 영향을 받는다. 왜냐하면 컬러 배경 위의 흰 글자는 어두운 색과 대비될 때 가독성이 가장 좋다. 흰 배경에서는 검정이 컬러보다 더 잘 보인다. 검정보다 컬러는 연하기 때문에 흰 배경에 쓰인 컬러 글자는 대비가 약해 보인다. 컬러 배경에 컬러 활자체를 배치하는 것은 위험하다. 색

8) 명도의 차이는 있으나 색상(色相)과 순도(純度)가 없는 색(흰색 · 회색 · 검은색 따위)

채는 대비를 기준으로 선택한다. 밝은 배경에 쓰인 밝은 컬러 활자는 눈을 피곤하게 한다.

사용하는 종이에 따라, 반대로 이용하는 활자의 잉크에 따라 가독성은 높게 또는 낮게 나타난다는 것이다. 바탕색에 따라(종이의 색깔에 따라) 가독성에 대한 실험을 한 결과가 있는데 가독성이 높은 정도 순으로 정리하면 표 4-2 와 같다.

표 4-2 • **바탕색에 따른 가독성 정도**

가독성이 아주 높음	가독성이 보통임	가독성이 낮음
연한 크림색 바탕에 검정	밝은 황녹색 바탕에 검정	검은 바탕에 흰색
연한 세피아 크림색 바탕에 검정	밝은 청녹색 바탕에 검정	노랑 바탕에 빨강
아주 밝은 담황색 바탕에 검정	황적색 바탕에 검정	빨강 바탕에 녹색
꽤 진한 황색 바탕에 검정	붉은 오렌지색 바탕에 검정	그린 바탕에 빨강

자료 Lendal H. Kotschevar(1975), *Management by Menu*, National Institute for the Foodservice Industry, p.191.

또한 바탕색에 따라(종이에 따라) 사용하는 잉크의 색깔이 돋보이는 정도가 각각 다른데 그 정도를 정리하면 다음 표 4-3 과 같다.

표 4-3 • **바탕색에 따라 돋보이는 정도**

돋보이는 정도가 아주 높음	돋보이는 정도가 보통임	돋보이는 정도가 낮음
노랑 바탕에 검정	흰색 바탕에 파랑	검은 바탕에 흰색
흰색 바탕에 녹색	파란색 바탕에 노랑	노랑 바탕에 빨강
흰색 바탕에 빨강	빨강색 바탕에 흰색	빨강 바탕에 그린
흰색 바탕에 검정	그린색 바탕에 흰색	그린 바탕에 빨강
파란색 바탕에 흰색		

자료 Lendal H. Kotschevar(1975), *Management by Menu*, National Institute for the Foodservice Industry, p.191.

결국, 특정 레스토랑에 적합한 컬러의 선택은 사전에 설정한 전체적인 레스토랑의 Concept에 따라 결정되어야 하기 때문에 어떤 컬러가 이상적인 컬러라고 설명하기란 어렵다. 그러나 가독성을 높이기 위한 기본적인 이론은 고려되어야 한다.

Ⅲ 메뉴 카피

1. 메뉴 카피의 개요

메뉴는 고객이 읽는 유일한 레스토랑의 광고 카피이다. 시간, 노력, 그리고 비용을 다양한 광고물에 투입했다고 하더라도 레스토랑의 고객 또는 잠재고객들이 볼(읽을) 것이라는 것을 장담할 수는 없다. 그렇기 때문에 메뉴판을 만들 때는 광고에 대한 일반적인 원칙과 기교를 따라야 한다. 그래야만 레스토랑에서 고객이 메뉴판을 보고 주문을 할 때 가장 많이 팔기를 원하는 아이템을 선택하게 만들 수 있다.

식자(識者)들에 따라 아래와 같이 다양한 이름의 메뉴 카피를 설명하고 있다.

첫째, 메뉴상에 제공되는 음식명에 대한 카피

둘째, 그 음식을 설명하는 카피(description of the food)

셋째, 레스토랑의 수준(질), 역사, 특징 등을 서술하는 Institutional Copy

넷째, 레스토랑의 이름, 주소, 도시 이름, 운영시간, 특별한 서비스 등을 서술하는 반복적으로 사용하는 카피(boiler plate copy)[9]

또한 메뉴 카피를 레스토랑의 정보(이름, 위치, 전화번호, 신용카드 이용여부, 특징적인 서비스 등)를 담고 있는 Merchandising Copy, 메뉴 아이템이나 레스토랑의 무엇인가(서비스, 역사, 주방장 등) 강조하고 싶을 때 이용하는 Accent Copy, 그리고 제공하는 메뉴 아이템을 설명하는 Description Copy 등으로 나누는 경우도 있다.

또 다른 저서에서는 Menu Copy를 메뉴상에 제공하는 아이템명을 설명하는 Listing of Food Item Copy, 그 아이템을 설명하는 Descriptive Copy, 그리고 레스토랑, 제공하는

9) Standard sections of body copy that can be used again and again in print communications and/or advertising copy. An example of boiler plate copy is a paragraph or two detailing the history of a company, which can be used in correspondence, advertising proposals, company reports, newsletters, etc. Boilerplate copy is the standard, unchanging(or slightly tweaked if you need) description of who you are and what you do.

서비스, 그리고 제공하는 음식의 특징들을 설명하는 Institutional Copy로 분류하기도 한다.

그러나 메뉴에 대한 카피의 일반화된 범주를 다음과 같이 구분해 볼 수 있다. 헤딩(headings)과 서술적인 카피(descriptive copy), 그리고 서플멘틀 머천다이징 카피(supplemental merchandising copy)이다.

1) 헤딩(Headings)

헤딩에는 코스(또는 음식의 그룹)를 분류하는 주 헤드(major heads: 전채, 수프, 생선, 주 요리 등)와 각 코스를 세분하는 서브헤드(subheads: 예를 들어 주 요리를 다시 쇠고기, 가금류, 해산물 등으로 분류), 그리고 아이템명이 포함된다.

편집이론에 보면 텍스트의 위계라는 내용이 있다. 즉, 글자 크기나 스타일로 중요도를 표시하여 제목과 본문을 조직적이고 논리적으로 시각화하는 지침을 말한다. 메뉴판에서는 주 헤드, 서브헤드, 그리고 아이템명 그리고 아이템에 대한 설명으로 텍스트의 위계를 이해하면 되겠다.

2) 서술적인 카피(Descriptive copy)

법적으로 메뉴판은 광고로 분류된다. 그렇기 때문에 메뉴판 상에 기록된 모든 내용은 진실해야 한다. 만약 그 내용이 진실된 내용이 아니라면 다음과 같은 두 가지의 법에 저촉된다. 첫째는 진실된 내용만 광고해야 한다는 법을 어긴 것이고, 다른 하나는 고객에게 잘못된 기대를 갖도록 고무하는 것이다.

메뉴의 근본적인 기능은 알리는 것이라고 했다. 즉 고객에게 메뉴상에 있는 아이템에 대한 정보를 제공하여, 고객으로 하여금 음식을 보지 않고도 그 음식을 상상할 수 있도록 아이템의 내용을 고객의 언어로 쉽게, 그리고 5감[10]을 자극할 수 있도록 풀어써야 한다.

10) 시각, 후각, 미각, 촉각, 청각을 말한다.

일반적으로 고객과 종업원 간의 대화는 지극히 제한되어 있고, 게다가 고객은 메뉴상의 내용 중 이해할 수 없는 내용에 대하여 종업원에게 묻기를 주저한다는 것이다. 그런데 메뉴를 계획하고 설명하는 많은 관계자들이 음식의 이름, 조리방법, 소스와 곁들이는 음식(가니시)의 내용을 메뉴상에 옮길 때 전문용어를 고집한다. 하지만 이러한 것들은 학리적인 상표가 아니기 때문에 고객의 언어로 쉽게 풀어써야 한다.

아이템의 설명에는 일반적으로 아이템에 대한 주재료와 보조재료, 원산지, 곁들이는 소스와 가니시, 조리방식이 포함된다. 그렇지만 아이템의 설명은 Recipe가 아니기 때문에 너무 구체적으로 설명하여 메뉴의 균형을 흐트러뜨리지 말아야 한다. 과대한 미사여구, 긴 표현, 전문적인 주방용어 등을 피하고, 간단명료하게 차별화되는 내용을 정확하고 쉽게 전달할 수 있는 문장의 구성이 절대적이다.

메뉴의 설명에서 고려되어야 할 또 다른 원칙은 진실된 표현이다. 다시 말해서 고객에게 제공될 아이템과 메뉴상에 설명된 아이템과는 일치해야만 한다. 예를 들어 사용하는 식재료(양, 등급, 질, 분량의 크기), 식재료의 상태(신선한 것, 냉동된 것, 캔 제품 등), 재료의 생산지(수입, 국산, 생산지역), 생산자(브랜드명), 판매촉진에 대한 용어(merchandising term), 구두와 시각적인 내용,[11] 조리방식, 영양가와 첨가물의 표기 등이 실제 제공되는 음식과 일치하여야 한다는 점이다.

일반적으로 아이템의 내용을 기술함에 있어서 지켜야 할 기본적인 원칙을 정리하면, ① 간단·명료하여야 하고, ② 문법상 정확해야 하고, 일관성 있게 다루어야 하며, ③ 최상급(과장법, 과장) 사용을 피하고, ④ 외국어를 사용할 때는 다른 외국어와 혼용하여서는 안 되며(한 문장에 2가지 외국어를 혼용하지 말라는 뜻), ⑤ 고객을 혼동시키지 말아야 하며, ⑥ 음식이 연상되는 단어를 활용하고, ⑥ 이해가 용이하도록 전문적인 주방용어와 어느 특정분야에서 통용되는 전문용어(jargon)를 피하여 풀어써야 한다는 원칙이다.

이와 같은 원칙을 유지하면서도 특정 아이템에 대한 서술적인 내용을 읽을 때 광고카피처럼 고객이 무엇인가를 연상할 수 있게 만드는 기교가 필요하다. 예를 든다면

11) 종업원이 설명한 것과 실제 음식 간의 일치, 메뉴상의 사진과 실제 음식 간의 일치 등을 말한다.

특정 아이템을 만드는데 사용된 식재료, 준비방식 등에 대한 지리적인 명성, 국가, 가족, 전통 등에 얽힌 추억을 불러일으키는 정서적, 감성적인 내용을 표현할 수 있는 단어의 사용, 그리고 유명한 상표가 가지고 있는 힘 등을 활용하는 기교가 필요하다.

컬러, 활자, 데생, 선, 박스와 같은 외적 요인에 의해 고객의 시선을 메뉴상의 특정한 위치로 집중시킬 수는 있으나, 특정한 아이템에 대한 선택은 결국 아이템의 설명에 좌우된다. 아이템 설명의 생명은 레스토랑에서 많이 팔기를 원하는 메뉴상의 아이템을 고객의 언어로 친근감 있고 쉽게, 그리고 진실되게 고객의 5감에 흥미를 줄 수 있도록 작성하여 고객이 그 아이템을 선택할 수 있도록 만드는데 있다고 말할 수 있다.

와인 리스트의 경우 서술적인 카피가 약한 편이거나 전혀 없는 경우가 허다하다. 즉 와인의 이름과 연도, 그리고 생산지역만 기록되어 있는 경우가 대부분이다. 예를 들어 Champagnes에 대한 서술적인 카피로 「Krug Brut Grand Cuvée France」라고 적혀 있어 샴페인에 대해 모르는 사람은 무슨 말인지 이해할 수 없다.

제한된 공간에 많은 아이템을 나열하다보면 공간의 제약 때문에 와인을 고객의 언어로 풀어쓸 수 있는 여유가 없을 수 있다. 그러나 와인 리스트는 「우리 레스토랑에 이런저런 와인이 있다」를 알리는 리스트 이외에도, 이런저런 와인에 대한 설명과 그 와인을 선택하게 할 매력적인 설명이 부가되어야 한다. 특히, 와인에 대해 익숙하지 못한 우리나라의 경우, 고객의 언어로 와인이 설명되어야 한다.

3) 추가적인 판매촉진 카피(Supplemental merchandising copy)

메뉴의 공간은 호텔과 레스토랑에 관한 정보(레스토랑의 역사, 이름, 로고, 영업시간, 전화번호, 지급방법 등)를 제공하는데 이용된다. 우리나라의 경우 외식업체의 로고(logo), 봉사료와 세금에 대한 문구, 주의사항 등이 있을 뿐 다른 문구는 사용하는 경우가 드물다.[12]

12) 주소, 지도, 전화번호, 운영시간, 예약 및 지불방법, 레스토랑의 역사 또는 고객서비스와 음식에 대한 경영자의 철학 등이 포함된다.

그림 4-3 • 메뉴판을 통해 살펴본 메뉴 카피의 분류

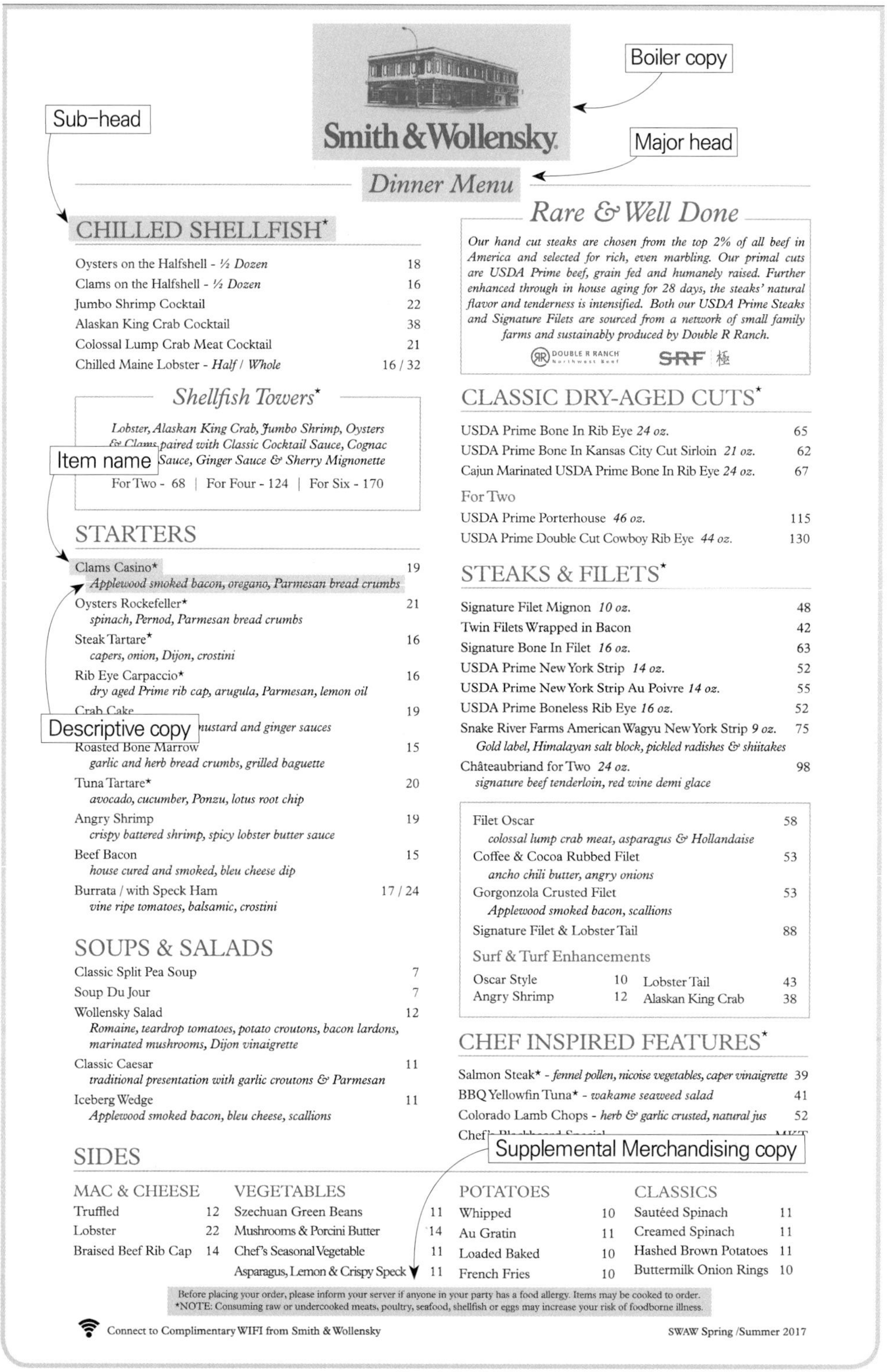

Boiler copy

Sub-head

Smith & Wollensky

Major head

Dinner Menu

CHILLED SHELLFISH*

Oysters on the Halfshell - *½ Dozen*	18
Clams on the Halfshell - *½ Dozen*	16
Jumbo Shrimp Cocktail	22
Alaskan King Crab Cocktail	38
Colossal Lump Crab Meat Cocktail	21
Chilled Maine Lobster - *Half / Whole*	16 / 32

*Shellfish Towers**

Lobster, Alaskan King Crab, Jumbo Shrimp, Oysters & Clams paired with Classic Cocktail Sauce, Cognac Sauce, Ginger Sauce & Sherry Mignonette

For Two - 68 | For Four - 124 | For Six - 170

Item name

STARTERS

Clams Casino* 19
Applewood smoked bacon, oregano, Parmesan bread crumbs

Oysters Rockefeller* 21
spinach, Pernod, Parmesan bread crumbs

Steak Tartare* 16
capers, onion, Dijon, crostini

Rib Eye Carpaccio* 16
dry aged Prime rib cap, arugula, Parmesan, lemon oil

Crab Cake 19
[illegible] mustard and ginger sauces

Descriptive copy

Roasted Bone Marrow 15
garlic and herb bread crumbs, grilled baguette

Tuna Tartare* 20
avocado, cucumber, Ponzu, lotus root chip

Angry Shrimp 19
crispy battered shrimp, spicy lobster butter sauce

Beef Bacon 15
house cured and smoked, bleu cheese dip

Burrata / with Speck Ham 17 / 24
vine ripe tomatoes, balsamic, crostini

SOUPS & SALADS

Classic Split Pea Soup 7

Soup Du Jour 7

Wollensky Salad 12
Romaine, teardrop tomatoes, potato croutons, bacon lardons, marinated mushrooms, Dijon vinaigrette

Classic Caesar 11
traditional presentation with garlic croutons & Parmesan

Iceberg Wedge 11
Applewood smoked bacon, bleu cheese, scallions

Rare & Well Done

Our hand cut steaks are chosen from the top 2% of all beef in America and selected for rich, even marbling. Our primal cuts are USDA Prime beef, grain fed and humanely raised. Further enhanced through in house aging for 28 days, the steaks' natural flavor and tenderness is intensified. Both our USDA Prime Steaks and Signature Filets are sourced from a network of small family farms and sustainably produced by Double R Ranch.

DOUBLE R RANCH Northwest Beef | SRF 極

CLASSIC DRY-AGED CUTS*

USDA Prime Bone In Rib Eye *24 oz.*	65
USDA Prime Bone In Kansas City Cut Sirloin *21 oz.*	62
Cajun Marinated USDA Prime Bone In Rib Eye *24 oz.*	67
For Two	
USDA Prime Porterhouse *46 oz.*	115
USDA Prime Double Cut Cowboy Rib Eye *44 oz.*	130

STEAKS & FILETS*

Signature Filet Mignon *10 oz.* 48

Twin Filets Wrapped in Bacon 42

Signature Bone In Filet *16 oz.* 63

USDA Prime New York Strip *14 oz.* 52

USDA Prime New York Strip Au Poivre *14 oz.* 55

USDA Prime Boneless Rib Eye *16 oz.* 52

Snake River Farms American Wagyu New York Strip *9 oz.* 75
Gold label, Himalayan salt block, pickled radishes & shiitakes

Châteaubriand for Two *24 oz.* 98
signature beef tenderloin, red wine demi glace

Filet Oscar 58
colossal lump crab meat, asparagus & Hollandaise

Coffee & Cocoa Rubbed Filet 53
ancho chili butter, angry onions

Gorgonzola Crusted Filet 53
Applewood smoked bacon, scallions

Signature Filet & Lobster Tail 88

Surf & Turf Enhancements

Oscar Style	10	Lobster Tail	43
Angry Shrimp	12	Alaskan King Crab	38

CHEF INSPIRED FEATURES*

Salmon Steak* - *fennel pollen, nicoise vegetables, caper vinaigrette* 39

BBQ Yellowfin Tuna* - *wakame seaweed salad* 41

Colorado Lamb Chops - *herb & garlic crusted, natural jus* 52

Chef[illegible]

Supplemental Merchandising copy

SIDES

MAC & CHEESE		VEGETABLES		POTATOES		CLASSICS	
Truffled	12	Szechuan Green Beans	11	Whipped	10	Sautéed Spinach	11
Lobster	22	Mushrooms & Porcini Butter	14	Au Gratin	11	Creamed Spinach	11
Braised Beef Rib Cap	14	Chef's Seasonal Vegetable	11	Loaded Baked	10	Hashed Brown Potatoes	11
		Asparagus, Lemon & Crispy Speck	11	French Fries	10	Buttermilk Onion Rings	10

Before placing your order, please inform your server if anyone in your party has a food allergy. Items may be cooked to order.
*NOTE: Consuming raw or undercooked meats, poultry, seafood, shellfish or eggs may increase your risk of foodborne illness.

Connect to Complimentary WIFI from Smith & Wollensky

SWAW Spring /Summer 2017

자료 https://www.smithandwollensky.com/wp-content/uploads/2015/10/SWAW_DinnerMenu_SpringSummer2017.pdf

4) 메뉴 철자(Menu spelling)의 원칙

메뉴상에 표기되는 음식의 이름은 학리적인 상표는 아니다. 그러나 일정한 원칙과 형식은 있다. 그럼에도 불구하고 우리들이 일반적으로 접할 수 있는 메뉴를 검토해 보면 메뉴철자에 대한 다음과 같은 원칙을 지키지 않는 메뉴를 많이 발견할 수 있다. 아래의 내용은 메뉴판에 제공되는 아이템을 기록할 때 지켜야 할 원칙들을 정리한 내용이다.

첫째, 단수와 복수

항상 한 사람에게 제공되는 분량을 기준으로 메뉴를 표기한다. 즉, 한 사람에게 제공되는 분량이 한 조각일 때는 단수로 표기한다. 그러나 두 조각(토막)의 경우에는 복수로 표기한다.

비록 5개의 양다리를 조리하여 20명에게 제공한다고 할지라고 메뉴는 단수로 표기되어야 한다는 원칙이다. 그렇기 때문에 Leg of lamb, boulangère style/Gigot d'agneau boulangère라고 써야지 Legs of lamb, boulangère style/Gigots d'agneau boulangère라고 써서는 안 된다.

하지만 고객 한 사람에게 제공되는 몫이 최소한 2조각이 넘을 때는 복수로 표시한다. 예를 들어 Fillets of golden trout, bonne femme style/Filets de rouget bonne femme이라고 써야지, Fillet of golden trout, bonne femme style/Filet de rouget bonne femme이라고 써서는 안 된다.

둘째, 대문자와 소문자

- 각 줄의 첫 번째 단어는 대문자로 표기한다.
- 고유명사는 대문자로 표기한다.
- 지역 이름이 명사로 사용되는 경우에는 대문자로 표기한다.
- 그러나 지역 이름이 형용사로 사용되는 경우에는 소문자로 표기한다.
- 명사 뒤에 오는 형용사는 명사의 성과 수에 따라 단수/복수/남성/여성으로 표기한다.

- 관사와 전치사는 소문자로 표기한다.
- 약자는 사용하지 않는다.

- Potage parisienne(요리 스타일)이라고 소문자로 쓴다. 왜?
  ↳ 요리 스타일의 의미이기 때문에
- Asperges du Valais(area name: 지역 이름). 대문자로 쓴다. 왜?
  ↳ 지역 이름이기 때문에
- Entrecôte Café de Paris(place name: 장소 이름). 대문자로 쓴다. 왜?
  ↳ 장소 이름이기 때문에
- Coupe Melba(proper name: 사람 이름)라고 쓴다. 대문자로 쓴다. 왜?
  ↳ 사람 이름이기 때문에

셋째, á la façon de/á la mode de/á la manière de의 사용

à la façon de[(du, de la): 알 라 파송 드(뒤, 드 라)], à la mode de[(du, de la): 알 라 모드 드(뒤, 드 라)], à la manière de[(du, de la): 알 라 마니에르 드(뒤, 드 라)]는 in the style of(ㅇㅇ 스타일로)의 의미이다.

Russian style, Milanese style, Viennese style, Charterhouse style 등이 일례이다.

넷째, á la(알 라)의 사용

à la의 해석은 'ㅇㅇ과 함께 제공되다(served with)'의 뜻으로 쓰인다. à l,ail 여기서는 with의 뜻. 즉 with garlic이다.

- Crème d'ail: garlic cream(여기서는 마늘이 ingredient principal 주재료라는 뜻이다.) 하지만 Pigeon à l'ail = Pigeon with garlic의 뜻으로 마늘과 함께 제공한다는 뜻이다. 즉, accompagnement의 뜻이다.

- la vanille: creme à la vanille(cream with vanilla)

- l'oeuf: consômmé à l'oeuf(consômmé with egg)
- le beurre: carottes au beurre(carrots with butter)
- les capres: sauce aux capers(sauce with capers)
- l'ail: Salade de tomates à l'ail = Tomato salad with garlic
- l'ail: Sauce à l'ail = Garlic sauce

그리고 "à la"는 문법의 성과 수에 따라 아래 보기와 같이 "à la", "au와 aux"로 변형된다.

- Spaghetti à la crème(여성명사 : à + la = à la)
- Spaghetti au fromage(남성명사 : à + le = au)
- Spaghetti aux morilles(복수명사 : à + les = aux) accompagnement
- pâtes fraiches à l'italianne(Italian–style fresh pasta)

자음(a e i o u) 앞에서 à la, à le는 à l', à l'로 바뀐다.

다섯째, 러시아인의 이름 철자

러시아인의 이름을 나타내는 철자에서 이름의 끝이 "ov" 또는 "of"로 끝나는 경우는 다음 보기와 같이 "off"로 한다.

예를 들어 Demidoff, Malakoff, Stroganoff 등이 일례이다.

여섯째, 음료메뉴의 철자

영어와 프랑스어로 되어 있는 음료메뉴의 철자는 Grand Marnier, Campari, Canadian Club, Courvoisier, Martell 등과 같은 상표명(brand names)을 제외하고는 소문자로 쓴다.

예를 들어 Omelet with rum. Omelette au rhum이라고 쓴다. 하지만 Omelet with

Grand Marnier, Omelette au Grand Marnier라고 쓴다.

일곱째, 각각의 코스에 대한 분리

모든 코스는 메뉴상 공간과 줄을 이용하여 구분되게 하여야 한다.

여덟째, 의미가 상실되지 않도록 서로 같은 것들은 분리시키지 말아야 한다.

예를 들어 다음과 같은 원칙을 지켜야 한다는 점이다.

- Fillets of sole, bonne femme style/Fillets de sole, bonne femme과 같이 써야지 Fillets de sole bonne femme 등과 같이 표기해서는 안 된다는 것이다.

아홉째, 단어에 대한 약어 사용의 금지

단어를 줄이기 위해 특정 단어를 약어로 표현해서는 안 된다는 것이다.

예를 들어 "sauce"를 "sc"로 표기한다거나 "fresh"를 "fr"로 표기하는 것 등을 말한다.

열째, 대명사

전통적으로 잘 알려진 준비방식은 그대로 사용해야 하며, "à la" 또는 "style" 등을 첨가해서는 안 된다는 원칙이다.

예를 들어 Ice coupe Melba/Coupe Melba로 그대로 표기해야지 Ice coupe Melba style/Coupe à la Melba 등과 같이 표기해서는 안 된다는 원칙이다.

열한째, 국가 음식

잘 알려진 특정 국가의 음식은 그대로 표기해야 한다는 원칙이다.

예를 들어 Minestrone, Ravioli, Welsh rarebit 등으로 그대로 표기해야지 Italian vegetable soup, stuffed noodle squares, Welsh cheese cream 등으로 고쳐 표기해서는 안 된다는 것이다.

열두째, 중복 설명

음식 자체가 음식의 준비방식을 함축하고 있기 때문에 그 방식을 다시 반복하여 설명할 필요가 없다는 원칙이다.

예를 들어 Fère meunière, Irish stew, Roast prime rib of beef로 표기해야지 Fera dorée à la meunière, Irish stew à l'anglaise, Roast prime rib of beef rôti 등과 같이 표기해서는 안 된다는 것이다.

하지만 영어와 불어 등을 모국어로 사용하지 않는 나라의 메뉴는 이와 같은 원칙을 모두 지킬 수 없으나, 가장 기본적인 원칙은 고려하여야 한다. 또한 고객에게 제공되는 아이템에 대한 서술은 식당을 이용하는 사람들이 조리에 대해 전문적인 지식을 가지고 있지 못하기 때문에, 원칙보다는 고객의 입장에서 이해할 수 있을 정도로 아이템이 서술되어야 한다. 그리고 일관성이 지켜져야 하며, 기본적인 문법은 지켜야 한다.

2. 타이포그래피(Typography)

타이포그래피(typography)란 문자나 기호 등을 이용하여 메시지를 전달하는 Communication으로 비주얼 Communication과 대비되는 방식이다. 그리고 활자는 타이포그래피를 위해 사용되는 재료이다.

> *"타이포그래피는 보이지 않는 말을 보이게 한다. 이와 같이 언어적 뉘앙스를 표현하는 여러 방법들이 바로 타이포그래피 표현의 핵심이다. 그렇기 때문에 다양한 목소리만큼이나 다양한 서체가 필요하다."*
>
> *– 에릭 슈피커만(Eric Spiekermann)*

타이포그래피는 시각커뮤니케이션 디자인의 핵심적인 언어이다. '타이포그래피(typo-graphy)'라는 단어는 '타입(type)'과 '그래피(graphy)'라는 두 단어의 결합체이다. '타입'이라는 단어의 현대적 의미는 '복제가 가능한 산업용 글자'라고 할 수 있다. '그래피'는 단어의 뒤에 붙는 접미사로 '~으로 그리기, 묘사하기' 등의 의미를 부여한다. 따라서 타이포그래피의 의미는 '복제가 가능한 글자로 그리기, 쓰기, 기록하기, 묘사하기'이다. 즉, 문자를 활용하여 정보를 시각화하는 기술이자 언어라 할 수 있다.[13)]

우리는 문자를 읽는 것이 아니라 말을 읽는 것이다. 말이란 전체로서의 단어, 즉 '단어의 이미지'인 것이다. 메뉴의 메시지가 고객에게 효과적으로 전달되기 위해서는 메시지의 내용(descriptive copy)의 정확성, 용이성, 적합성 등만이 문제되는 것이 아니다. 그것을 표현하는 요소들, 서체, 사진, 여백 등의 안배가 통일된 체계 속에서 잘 조화되어 있어야 한다. 이처럼 효과적인 의사전달을 위한 인쇄상의 제요소를 적절하게 안배하는 것을 타이포그래피라고 한다.

타이포그래피에서 가장 기초적인 요소는 서체이다. 고려되는 내용은 활자체의 속성, 즉 활자의 크기, 서체의 특징과 그 조화, 메시지 내용과 그것을 표현하는 활자의 적합성, 그리고 활자나 다른 요소들 간의 관계, 즉 활자행의 길이, 행간의 공백, 지질, 인쇄잉크 등을 어떻게 안배하여 내용을 더 알기 쉽게 만드느냐 하는 가독성에 관한 연구이다.[14)]

위에서 언급한 서체의 가독성(readability)과 타이포그래피 디자인의 주목적인 심미성(aesthetic)과 기능성(function)을 만족시키기 위해서는 자간(kerning: 낱자 사이의 간격), 행간(leading 또는 spacing: 글줄 사이의 간격), 글줄(line of text: 글자의 길이), 서체의 크기 등을 조화롭게 사용하여 디자인해야 한다.[15)]

1) 서체

서체의 주된 목적은 가독성과 정보전달이다. 서체는 글씨의 형태, 즉 생김새를 의미하는 말이다. 디자인에서 서체는 정보를 전달하는 중요한 디자인 요소 중의 하나로서 정보를 전달하는 방법으로 쓰이기도 하고 또 서체 그 자체가 디자인의 대상이 되기도

---

13) 김현미(2017), 타이포그래피 포스터, CMYK.
14) 나정기(2004), 메뉴관리론, 백산출판사, p.135.
15) 임현우, 한상만(2017), 새로운 편집디자인, 나남, p.227.

한다.

서체의 사용범위는 크게 3가지로 나눌 수 있는데 첫 번째는 인쇄용(트루타입 서체[16]-디자이너의 컴퓨터에서 프린터기기로 바로 인쇄되는 경우), 두 번째는 출력용(포스트스크립트 서체[17]-디자인 후 전문 출력소에서 폰트 박스가 연결된 출력기를 사용하는 경우), 세 번째는 모니터용(웹 서체[18]-웹디자인처럼 모니터와 프린트 상에서 최적의 효과를 보여주는 디자인 등에 사용하는 경우)이다.[19]

2) 서체의 활용

인쇄된 메뉴의 최우선 기능은 메뉴 메시지를 고객에게 전달(대화)하는 것이다. 이러한 기능을 충실히 수행할 수 있는 메뉴가 되기 위해서 사용하는 서체는 고객에게 가장 친숙한 서체를 선택하여야 한다. 서체는 각각 그 나름대로의 성격을 지니고 있다. 메뉴의 미적, 심리적 효과를 거두기 위해서는 글자체 선택에 관심을 기울여야 한다.

활자의 선택에는 적합성도 고려해야 하는데 이는 크게 심리적 적합성, 고객의 교육정도와 연령에 대한 적합성과 다른 활자와 전체 지면과의 조화에 대한 적합성으로 나누어 볼 수 있다.

서체의 선택은 레스토랑의 전체적인 주제(theme)와 겨냥하는 고객에게 달려 있다. 즉 레스토랑의 전체적인 분위기를 고객에게 전달할 수 있고, 전달하고자 하는 메시지를 고객이 쉽게 읽을 수 있는 서체의 선택을 말한다.

서체를 선택함에 있어서 고려되는 일반적이고 공통적인 사항으로는 ① 글자와 글자간의 간격을 나타내는 공간의 크기, ② 색깔, 글씨체, 공간, 박스와의 대비(contrast), ③

16) 포스트스크립트 다음에 나온 것으로 애플과 마이크로소프트가 만든 외곽선을 백터 방식으로 표현한 서체 포맷

17) 어도비사가 만든 폰트 포맷으로 화면과 프린트 모두에서 사용이 가능

18) 화면에 보이기 위한 포맷

19) 전게서, p.223.

심미성, ④ 그리고 특정한 아이템을 돋보이게 하는 강조 등이다.[20]

3) 서체의 종류

서체는 최소한의 종류와 크기를 사용하는 것이 바람직하다. 종이의 크기, 컬러가 서로 다른 서체를 사용할 경우 자칫하면 전체적인 일관성을 잃고 산만해지기 쉽기 때문이다. 따라서 적용에 관한 일반적 원칙과 계획이 중요하다.

서체는 영문과 한글 선택의 폭이 비약적으로 증가했다. 하지만 양적 증가에도 불구하고 사용하는 서체의 종류는 그리 많지 않다. 새로운 서체에 대한 이해와 실험도 중요하지만 기존 서체에 대한 올바른 활용이 더 중요하다.

(1) 한글서체[21]

한글서체의 경우 서체 앞에 '세', '신', '중', '태', '견', '특견' 등으로 굵기에 따라 분류해왔는데, 최근에는 영문서체처럼 번호를 붙이기도 하고, L · M · B[22]로 구분하기도 한다.

첫째, 명조체

가독성이 아주 높은 대표적인 한글 글꼴이자 한자 글꼴이다. 주로 책이나 신문 등의 본문 글꼴에 많이 쓰이고, 바탕체라고 부르기도 한다. 가로획이 가늘고 세로획이 굵으며, 세로획의 첫머리와 가로획의 끝머리가 세리프로 장식한 글꼴체를 말한다.

1970년대 사진식자기가 들어오면서 명조체의 종류가 보다 더 다양해 신명조체, 세명조체, 견명조체, 태명조체가 생겼다. 그 중 세명조체와 견명조체, 태명조체는 굵기에 따라 구분된다.

컴퓨터가 1990년대 들어오면서 산돌커뮤니케이션의 산돌제비체와 모리스디자인의 바탕체 등이 개발되어 이른바 "명조체의 홍수"가 일어났다. 이 때 신문명조체와 신바

20) 나정기(2004), 메뉴관리론, 백산출판사, p.136.

21) 이것은 사진식자로부터 유래를 찾을 수 있다. 사진식자의 경우 대부분 일본기계를 수입해서 사용했는데 서체 이름에서 일본식 분류법을 그대로 사용했었다.

22) L: Light, M: Medium, B: Bold의 약자로 서체의 굵기를 나타냄.

탕체 등이 컴퓨터 기술을 통해 만들어졌다.

페스트리에 얹은 훈제 연어	세명조 12pt
페스트리에 얹은 훈제 연어	신명조 12pt
페스트리에 얹은 훈제 연어	태명조 12pt
페스트리에 얹은 훈제 연어	견명조 12pt
페스트리에 얹은 훈제 연어	신문명조 12pt
페스트리에 얹은 훈제 연어	산돌제비 12pt
페스트리에 얹은 훈제 연어	바탕체 12pt

둘째, 고딕체

명조체에 비해 가독성은 떨어지지만 눈에 쉽게 띄는 특징이 있다. 고딕체는 묵직하면서 굽은 곳이 없고, 가로와 세로의 굵기가 획이 일정하고, 마지막 획에 꾸밈이 없다. 종횡의 굵기가 일정한 것이 고딕체의 특징이다. 서양의 타이포그래피의 산세리프체와 비슷하다. 수많은 간판과 문장의 제목, 그리고 출판 등에 많이 쓰이고 있다. 고딕체는 컴퓨터의 세계에서도 표준적인 지위를 차지하고 있다.[23]

페스트리에 얹은 훈제 연어	세고딕 12pt
페스트리에 얹은 훈제 연어	중고딕 12pt
페스트리에 얹은 훈제 연어	태고딕 12pt
페스트리에 얹은 훈제 연어	견고딕 12pt
페스트리에 얹은 훈제 연어	헤드라인 12pt

23) 위키백과

셋째, 한자서체

서체에는 명조체와 고딕체를 기본으로 하여 이의 변형인 세명조, 태명조, 견명조와 세고딕, 태고딕, 견고딕이 기본이다. 물론 한자의 필법(筆法)에서 유래된 예서, 초서 등의 서체도 쓰이고 있다.

종래의 활판, 사진식자, 전산사식을 거쳐 근래에는 컴퓨터가 널리 보급된 까닭에 컴퓨터 워드프로세스에 의한 문서작성과 편집이 보통이다. 그리고 각각의 워드프로세스의 프로그램 개발자마다 서체의 모양을 약간씩 변형시켜 이름을 달리하고 있지만 여기서도 앞서 언급한 서체가 기본이 되고 있다.[24]

北京片皮鴨	명조체 12pt
北京片皮鴨	고딕체 12pt
北京片皮鴨	해서체 12pt
北京片皮鴨	예서체 12pt
北京片皮鴨	초서체 12pt

넷째, 영문서체

로만체(roman style), 이탤릭체(italic style), 고딕체(gothic style), 볼드(bold) 등을 기본서체로 하며 이들을 변형 · 개발한 사람(또는 회사)에 따라서 다양한 이름이 붙여지고 있다.[25]

서체를 형태적 측면에서 보면 일반적으로 쓰이는 서체는 크게 세리프(serif)[26]와 산

24) 나정기(2004), 메뉴관리론, 백산출판사, p.136.

25) 전게서(2004), p.137.

26) 세리프(serif)는 타이포그래피에서 글자와 기호를 이루는 획의 시작이나 끝부분이 돌출된 형태를 가리킨다. 세리프가 있는 글꼴은 세리프체(serif typeface, serifed typeface)라 하며, 세리프가 없는 글꼴은 산세리프체(sans-serif, 여기서 sans는 "없음"을 뜻하는 프랑스어 낱말 sans에서 비롯)로 부른다. 세리프체는 서적이나 신문과 같은 전통적인 인쇄물에 널리 쓰인다. 수많은 잡지들이 산세리프체를 이용하는데, 세리프가 없어서 가독성에 미치는 영향에 관계없이, 일부 편집자들은 산세리프체가 "더 깨끗하다"고 얘기하고 있다. 〈위키백과〉

세리프(sans serif)[27]로 나눌 수 있는데 그 어원은 프랑스에서 유래되었다. 프랑스어로 serif는 '장식'을 뜻하고 sans는 '없다'는 뜻을 가지고 있다. 풀이하면 장식체(명조체)와 비장식체(고딕체)라고 해석할 수 있다. 모든 문자체의 이름은 그것을 디자인한 디자이너의 이름이나 외형적 특징을 이용해서 명명하는 것이 보통이다. 크기는 문자의 세로 특징에 의해서 결정되는데 주로 포인트를 이용한다.

그림 4-4 • **세리프(명조체)와 산세리프(고딕체) 유형**

Serif	San-serif
Bodoni	Univers
Garamond	Futura Lt BT
Times New Roman	helvetica
Baskerville Old Face	Myriad Pro
Bembo	Franklin Gothic
Cambria	Frutiger
Georgia	Tahoma
Centaur	Verdana
Palatino	Din Light
TRAJAN	Gill Sans
Goudy Old Style	Century Gothic
Perpetua	chicago

① 로만체

가장 일반적으로 쓰이는 서체로 영어권 나라에서 사용되는 세리프 글꼴이다. 글자의 첫머리인 '로만(roman)'은 이탈리아의 수도인 로마를 가리키는 말로 로마 제국 때 쓰이던 활자체인 로마서체에서 따온 말이다. 옛날에는 로마체라고 자주 불렸지만 지금은 로마체라고 부르지 않고, 세리프(serif)라고 부른다.

---

27) 산세리프(sans-serif)는 시작이나 끝부분에 획의 삐침이 없는 글씨체를 뜻하며, 한글에서는 고딕체라고 일컫는다. 프랑스어 sans serif를 소리나는 대로 번역한 것이며, "획의 삐침 없이"라는 뜻이다. 〈위키백과〉

사진 4-1 • **로만체**[28)]

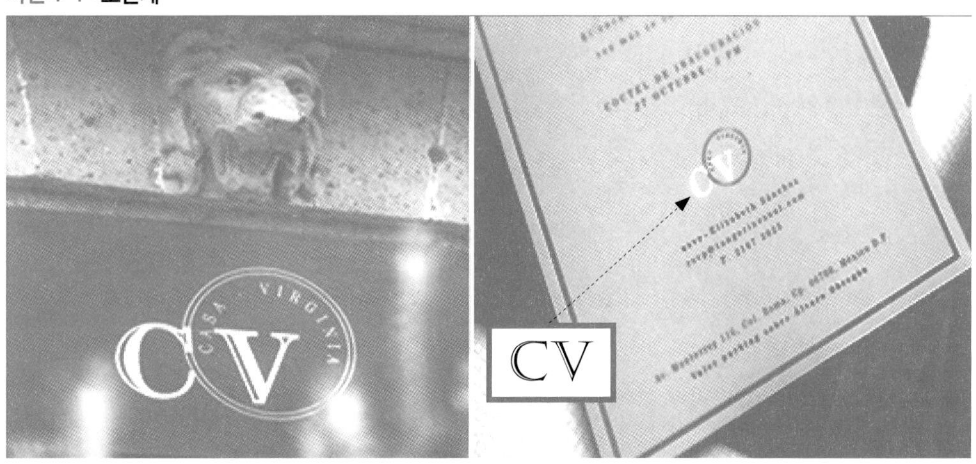

② 이탤릭체

이탤릭체는 타이포그래피에서 손글씨를 기반으로 흘려 쓰는 자형을 일컫는다. 서체에 관계없이 우측으로 약간 기울어져 있는 모든 서체가 이탤릭체가 된다. 일반 로마체와 비교했을 때, 소문자 *e, f, k* 등이 일반 자형과 두드러진 차이를 보이는 것이 보통이다.

사진 4-2 • **이탤릭체**[29)]

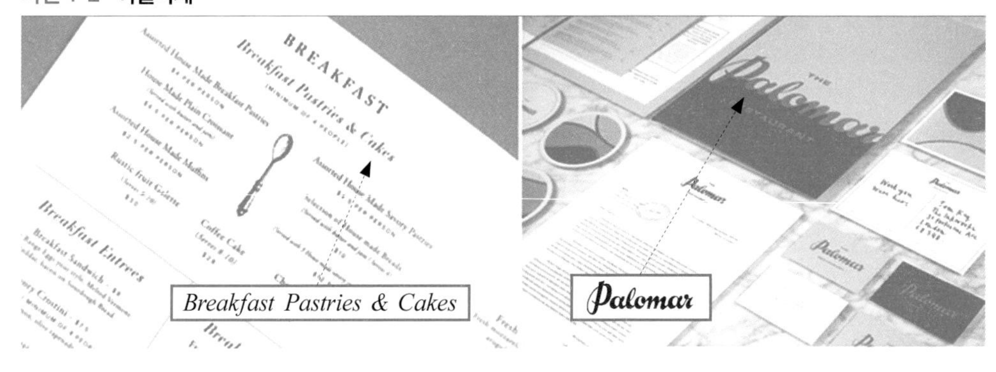

---

28) Casa Virginia. source: savvy-studio.net

29) http://tattebakery.com, http://thepalomar.co.kr

③ 고딕체

비교적 굵기가 일정하며 현대적인 느낌을 준다. 유럽에서는 블랙 레터와 같은 장식적인 필기 서체를 가리키는 반면, 한자 문화권에 있는 국가에서는 처음 가로와 세로 굵기가 획이 일정하고, 마지막 획에 꾸밈이 없다. 종횡의 굵기가 일정한 것이 특징이다.[30)]

사진 4-3 • **고딕체**[31)]

④ 스크립트체

손글씨와 비슷한 독특한 서체이다. 고전적인 것에서부터 현대적인 것까지 세련되고 섬세한 것에서부터 정리되지 않은 거친 것까지 매우 다양하다.[32)]

사진 4-4 • **스크립트체**

30) 위키백과
31) sushi & co. source: bond.fi / www.liberfineindy.com
32) 메뉴관리론(2004), 나정기, 백산출판사, p.136.

⑤ **전용서체**

전용서체는 브랜드를 디자인하고 커뮤니케이션 시스템의 통일화, 차별화, 활성화, 표준화에 도움을 주며 브랜드 아이덴티티(brand identity) 강화 및 마케팅의 효과적인 도구로 활용된다.

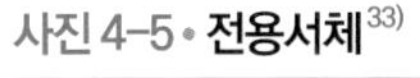
사진 4-5 • 전용서체[33]

 메뉴판(북)의 디자인

1. 메뉴판(북)의 포맷

형태, 크기, 제본, 서체, 종이 및 책, 잡지 등의 일반적인 구성 또는 배열. 또는 기본 형식, 스타일 등을 포맷이라 정의한다.

책의 편집에서 쓰이는 포맷이란 각종 문서를 작성할 때 입력한 문서의 좌우 여백 조정, 간격 띄우기, 오른쪽 줄맞춤 등을 하여 문서를 보기 좋게 가지런히 맞추는 것(서식), 미리 정해진 자료의 배치 방식, 각 항목의 위치, 간격, 구두점, 행 등의 정보가 이에 해당한다. 또는 형식, 체재(스타일), 판형[34]을 포맷이라고 한다.

---

33) http://thepalomar.co.kr

34) 책의 크기: A4판 · B5판 따위

1) 메뉴의 커버(Cover)

책은 표지에 의해 내용을 알 수 없지만, 메뉴(판)는 표지만 보고도 레스토랑의 전체적인 분위기를 읽을 수 있다고 한다. 그 결과 고급 레스토랑 메뉴의 표지는 기능적인 측면보다는 심미성과 예술성에 대한 중요도가 가중된다.

메뉴판의 표지는 레스토랑의 전반적인 분위기를 표출할 수 있는 중요한 역할을 한다. 그렇기 때문에 메뉴판의 표지를 선정할 때는 스타일과 질, 그리고 내구성 등을 고려하고, 어떤 재질을 선택할 것인지? 어떤 크기로 할 것인지? 컬러는? 디자인은? 등등이 고려되어야 한다.

메뉴 커버는 문자와 그래픽의 혼합으로 디자인되며, 고객에게 전달하고자 하는 이미지를 전달하고, 고객과의 대화를 시작하는 과정으로 고려하여야 한다. 즉, 가장 중요한 기능인 마케팅과 레스토랑의 정체성을 보여주는 것이다.

일반적으로 메뉴판의 커버는 다양한 소재가 활용된다. 레스토랑의 기본적인 Concept에 바탕을 두고 풀어가면 된다. 예를 들어 표현하고자 하는 스타일[35]이 정해지면 여기에 알맞은 재료(소재)와 컬러[36] 등을 선정하는 과정을 거치면 된다.

메뉴 커버의 재질은 다양한 종류가 있지만 내구성과 환경친화성, 차별성, 경제성 등을 고려하여 선택한다. 일반적으로 많이 이용되는 재질을 정리하면 다음과 같다.

강화 유리(Tempered Glass), 비닐(Vinyl), 패브릭 & 그라스 크로스(Fabric & Grass cloth),[37] 코르크(Cork), 폴리(Poly: 폴리프로필렌, 폴리에틸렌), 아크릴(Acrylic), 가죽(Leather: Genuine Leather/Faux 인조 Leather), 우드 & 대나무(Wood & Bamboo), 메탈(Metal: 구리, 황동 및 알루미늄) 등을 사용하여 원하는 정체성과 주제에 알맞은 크

35) Rustic, Elegant, Timeless, Simple, Natural, Pure, Distinctive, Modern, Chic, Versatile, Sharp, Lustrous, Polished, Vintage, Unique, Upscale, Classy, Stylish, Slim, Colorful, Bright, Exceptional, Refined, Distinct, Vivid, Contemporary, Creative, Trendy 등

36) Black, Burgundy, Green, Red, Blue, Gold, Dark Oak, Mahogany, Cherry, Orange, Silver, Clear, Brown, Beige 등

37) 라미 · 아마 · 쐐기풀 등으로 짠 광택이 있는 평직물

기와 색상, 질감, 패턴 등을 표현해 낸다.

그리고 사용하는 재질은 레스토랑의 유형과 수준, 용도에 따라 다양하다. 그러나 표지의 재질을 선택함에 있어서 고려할 점으로는 내구성과 취급의 용이성, 그리고 경제성 등이다. 즉, 얼마나 오래 사용할 수 있느냐와 사용 중에 관리가 얼마나 용이한가, 그리고 얼마나 경제적인가 등을 반드시 고려하여야 한다.

또한 메뉴판의 표지에 기본적인 정보가 들어가는데 일반적으로 레스토랑의 이름과 로고 등은 빠지지 않는다. 그리고 필요에 따라 주소와 영업시간, 고객에게 알리고자 하는 정보 등이 포함되기도 하나 뒤쪽(back)에 넣는 것이 일반적이다.

마지막으로 메뉴판의 예술성이다. 이 영역은 전문가에게 의뢰하는 것이 좋다. 물론 상당한 비용이 소요되기는 하지만, 전문가의 손을 빌리면 메뉴판을 광고의 도구로 제작할 수 있기 때문이다.

2) 메뉴판의 포맷

고객이 레스토랑에 앉으면 종업원으로부터 제일 먼저 전달받는 것이 메뉴이고, 제일 먼저 보는 것이 메뉴이기 때문에 전체적인 외형과 내용에 동일한 중요도를 부여하여야 한다. 그리고 고객은 메뉴의 외형에 의해서 레스토랑에서 조명하고자 하는 전체적인 개념(concept)을 느낄 수 있다고 한다.

일반적으로 메뉴(판/북)의 구성(또는 레이아웃)은 메뉴상에 제공될 최종 아이템을 결정하는 것에서부터 시작된다. 그리고 제공될 아이템이 결정되면, 이 아이템을 어떤 순서로 배열할 것인지, 그리고 특정 아이템을 어떻게 차별화할 것인지 등에 대한 전반적인 틀을 결정하여야 한다. 예를 들어 사진, 컬러, 활자체, 삽화(Illustration), 선, 면, 공간 등을 이용하여 전체적인 메뉴판(북)에 대한 스케치를 해 보는 것이다. 그런 다음 사용할 메뉴 포맷에 대해 결정하게 된다.

메뉴상에 나열할 아이템의 수가 많으면 많을수록, 그리고 사용할 언어가 다양하면 다양할수록 메뉴판의 구성은 어려움이 따르기 마련이다. 공간과 글자와의 일반적인 비율(48~50 : 52~50), 상하좌우의 마진과 전체적인 균형과 조화 등을 고려하면 아이템의 나열 이외의 변수를 더 많이 고려하여 최종적인 메뉴판이 완성되어야 한다.[38)]

결국 메뉴에 대한 가독성과 판독성(어려운 문장이나 암호, 고문서 따위의 뜻을 헤아려 읽음)을 높이고, 전체적인 균형을 고려하여, 외식업체가 의도한 전체적인 이미지를 표현할 수 있도록 메뉴가 구성되어야 한다.

그림 4-5 -①은 일반적으로 많이 사용하고 있는 메뉴 포맷(menu formats)을 정리한 것이다. 그림 4-5 -①에 제시한 메뉴 포맷의 예를 보면 각각 다른 이름을 붙여 설명하고 있다.

---

38) 광고물이나 낱장 인쇄물에 많이 사용하는 규칙으로 안쪽 : 위쪽 : 바깥쪽 : 아래쪽의 여백비율을 '1.5 : 2 : 3 : 4'로 적용한다. 상단여백의 2배를 하단여백으로 하고, 바깥쪽은 상단과 하단여백 쪽을 합한 한 다음 2로 나눈 수치를 지정하는데, 이것은 안쪽 여백을 2배로 작업한 것과 같다.
커뮤니케이션 디오(2008), 레이아웃 & 인쇄디자인 가이드, WellBook, p.216.

그림 4-5-① • 다양한 메뉴 포맷의 보기

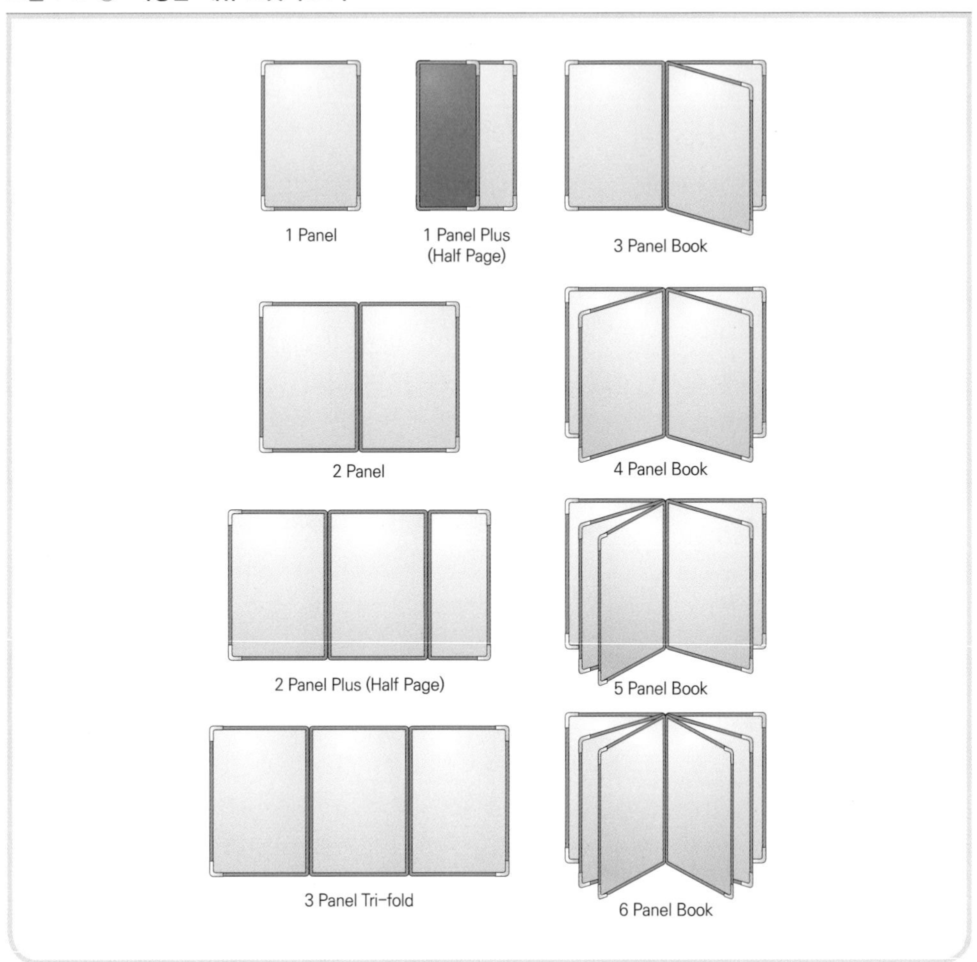

먼저, 그림4-5 -①을 보면 Panel의 수를 기준으로 명명했다. 그리고 면의 수를 부가적으로 추가하기도 했다. 그러나 메뉴를 제작하는 업체마다, 또는 저서마다 각각 다른 명칭을 사용하고 있어 통일된 기준은 없는 듯하다.

Panel이 한 장으로 구성되었으면 1 Panel 메뉴이고, 두 장으로 구성되어 있으면 2 Panel 메뉴라는 식으로 메뉴의 포맷 명칭을 명명하였다. 하지만 그림4-5 의 ② 자료에서처럼 Panel의 수 + 면을 함께 명명한 경우도 있다. 예를 들어 Panel이 한 장으로 된 메뉴의 경우 Single Panel Two View라고 명명하였는데, 여기서 View는 Page(면)의 수로 이해하면 된다. 즉, 한 장의 Panel에 면이 두 개로 된 메뉴라는 뜻이며, 책의 형태로

Panel이 3개이면, 앞과 뒤로 면이 6개가 되기 때문에 Three Panel Book Six View로 명명하였다.

그림 4-5-② • **다양한 메뉴 포맷의 보기**

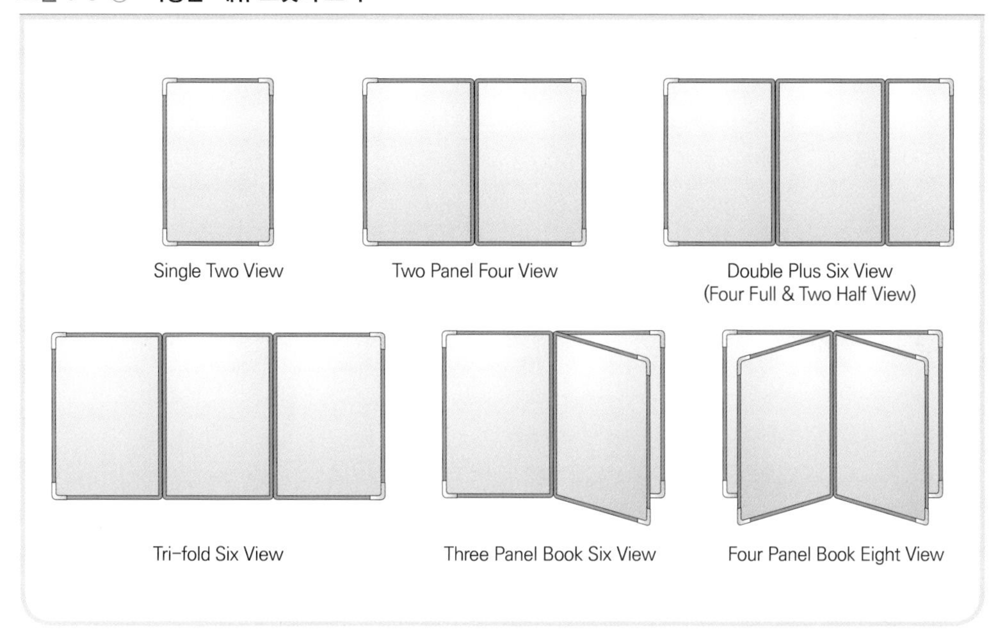

그림4-5 의 ③은 그림4-5 의 ①의 내용과 ②의 내용을 포함한 다양한 포맷의 보기로 메뉴 포맷에 대한 다양한 아이디어를 제공하고자 하였다.

그림 4-5-③ • **다양한 메뉴 포맷의 보기**

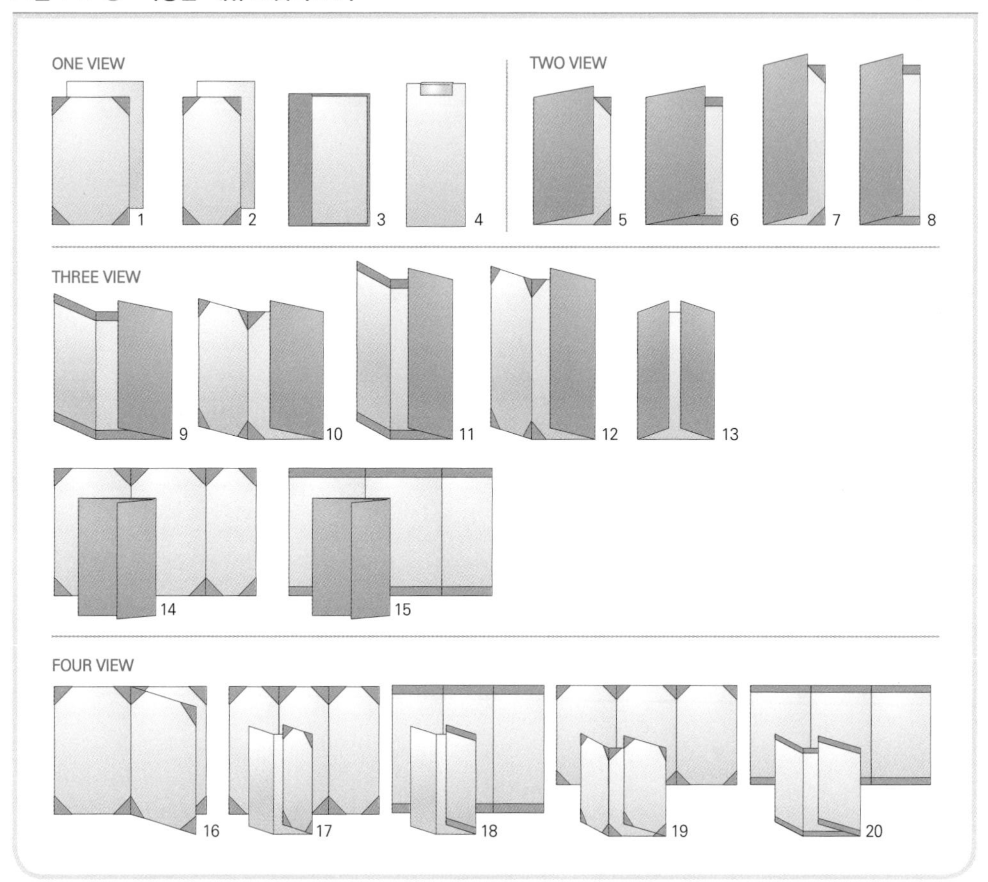

위에서 보는 바와 같이 다양한 메뉴 포맷이 사용된다. 그렇기 때문에 특정 포맷이 특정 외식업체에 적합하다고 말할 수는 없으며, 이러한 원칙은 와인 리스트에도 동일하게 적용된다.

3) 메뉴의 크기

메뉴판의 크기를 이해하기 위해서는 종이의 크기를 이해할 필요가 있다. 일반적으로 종이의 크기를 이해하는데 가장 많이 이용되는 내용을 정리하면 다음과 같다.

우리가 일반적으로 종이의 크기를 말할 때 그림4-6 에서 보는 바와 같이 A0을 기준으로 하여, A0을 반으로 자른 것이 A1이 되고, A1을 반으로 자르면 A2, A2를 반으로 자르면 A3, A3을 반으로 자르면 A4, A4를 반으로 자르면 A5, A5를 반으로 자르면 A6, A6을 반으로 자르면 A7, 그리고 A7을 반으로 자르면 A8이 된다.

그림 4-6 • 종이의 크기

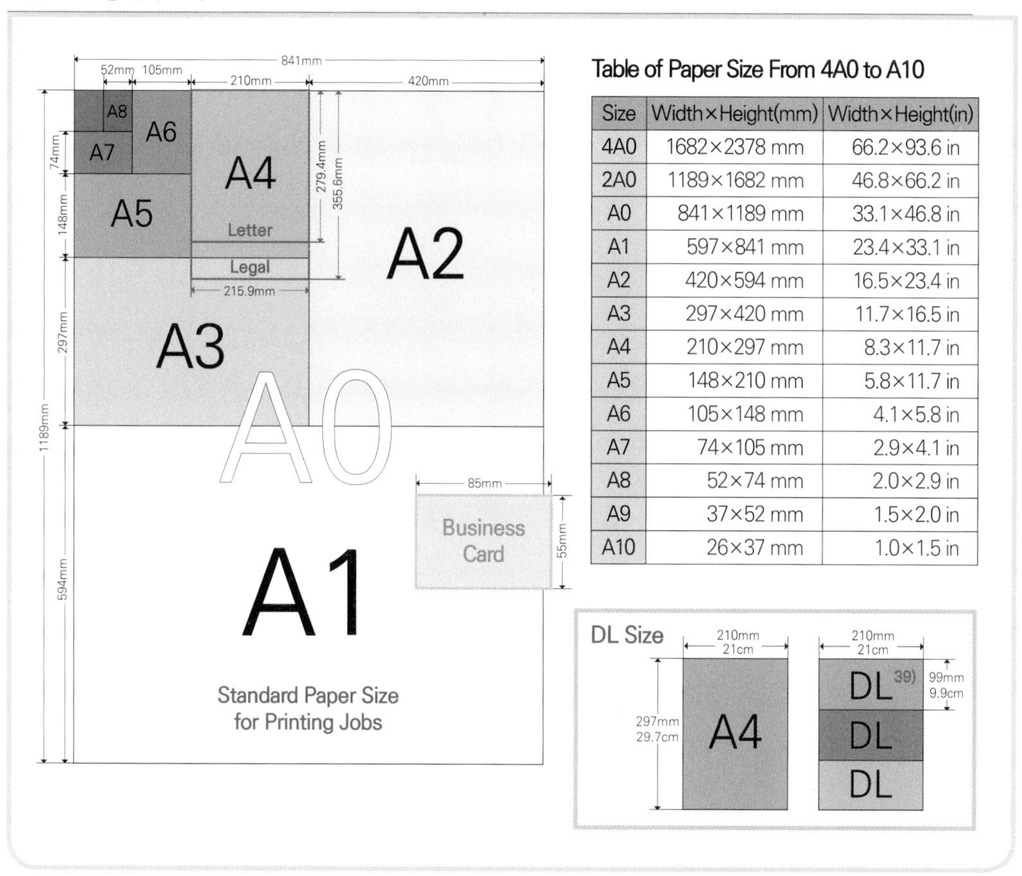

Table of Paper Size From 4A0 to A10

Size	Width×Height(mm)	Width×Height(in)
4A0	1682×2378 mm	66.2×93.6 in
2A0	1189×1682 mm	46.8×66.2 in
A0	841×1189 mm	33.1×46.8 in
A1	597×841 mm	23.4×33.1 in
A2	420×594 mm	16.5×23.4 in
A3	297×420 mm	11.7×16.5 in
A4	210×297 mm	8.3×11.7 in
A5	148×210 mm	5.8×11.7 in
A6	105×148 mm	4.1×5.8 in
A7	74×105 mm	2.9×4.1 in
A8	52×74 mm	2.0×2.9 in
A9	37×52 mm	1.5×2.0 in
A10	26×37 mm	1.0×1.5 in

메뉴판의 크기를 정한 규칙은 없다. 고객에게 제공할 아이템의 수, 겨냥하는 고객, 레스토랑의 유형, 음식사진 사용의 유무, 시각적인 어필 등에 따라 각각 다르기 때문이다.

39) DL: dimension lengthwise, 일반적으로 봉투나 상업전단 및 브로슈어의 사이즈로 사용된다.

미국 National Restaurant Association에서 조사한 메뉴의 크기는 평균 9인치[40] × 높이가 12인치로 조사되었다고 한다.[41] 일반적으로 메뉴의 표준사이즈가 8.5인치 × 11인치임을 감안할 때, 이 정도의 크기면 어려움이 없이 다룰 수 있는 크기라고 한다.

일반적으로 메뉴의 크기와 페이지 수는 ① 사용하는 언어, ② 메뉴상의 아이템의 수 ③ 사진 첨가 유무, 그리고 ④ 메뉴 제작업체가 제공하는 표준사이즈 등에 따라 좌우된다.

우리나라의 경우 고급 외식업체(프렌치 또는 양식당 개념의 외식업체와 호텔)에서 사용하고 있는 메뉴는 등급과 레스토랑의 수준에 관계없이 불어와 영어, 또는 영어로 표기하는 것이 일반화되어 있고, 한식당, 중식당, 일식당의 메뉴는 사진을 곁들이는 경우도 있기 때문에 메뉴의 크기와 페이지 수는 크고 많아질 수밖에 없지 않나 생각된다.

대부분 레스토랑의 고객이 내국인이라는 점을 감안할 때 특정 아이템을 제외하고는 메뉴에 사진을 곁들여 메뉴가 아닌 사진첩을 만드는 것과 레스토랑의 종류와 고객 그리고 수준 등을 고려하지 않고 불어와 영어로 표기하는 것은 재고(再考)되어야 하지 않을까 생각된다. 물론, 불어나 영어나 일어를 사용하는 고객이 많이 오는 레스토랑의 경우는 고객의 편의를 위해서 고객의 언어를 사용하여 메뉴를 설명하여야 한다. 그러나 고객과는 관계없이 영어와 불어로 메뉴를 표기하는 것은 지양되어야 한다.

또한 페이지 수에 대한 논란은 계속되고 있는데, 페이지 수가 많으면 많을수록 고객이 원하는 아이템을 선택하기가 어려워지고, 소요하는 시간도 많아진다는 사실과, 그리고 아이템의 다양성은 특별메뉴(set menu, clip-on 또는 tip-on)의 기교를 이용할 수 있다는 점을 감안할 때 메뉴의 페이지 수는 겉표지를 제외하고 3페이지(3번째 페이지에 후식) 이내로 제한하는 것이 바람직하다고 생각된다.

---

40) 1인치는 2.54cm이다.

41) 즉, 22.86cm × 30.48cm이다.

특히 일반적인 메뉴의 경우는 한 장 또는 겉표지를 제외한 두 페이지로 된 메뉴가 가장 이상적이며, 보조적으로 오늘의 특선 요리의 형식으로 일정 주기로 메뉴를 만드는 것이 바람직하다.

커피숍이나 카페(café), 호텔 그리고 일반외식업체에서 사용하는 메뉴는 실용성과 내구성 그리고 유연성이 강조된다는 점을 감안하면, 다(多)페이지의 메뉴보다는 잘 정리된 주 메뉴를 중심으로 특별 또는 보조메뉴 형태로 운영의 묘를 살리는 것이 메뉴 관리의 기교이다.

4) 사용하는 종이

메뉴판을 제작하는데 사용하는 종이의 선택은 레스토랑의 이미지를 고객에게 전달하는데 중요한 역할을 한다. 그렇기 때문에 어떤 종이를 사용하느냐는 전적으로 레스토랑의 수준과 테마(theme), 그리고 비용에 달려있다.

일반적으로 종이를 선정할 때는 평량(1제곱미터당 종이의 무게), 두께, 밀도[42], 그리고 표면성(평활도: 표면의 거칠고 매끄러운 정도) 등을 고려하여야 한다.

인쇄에 많이 쓰이는 양지[43]는 아트지류, 머신코트지와 같은 표면 광택 처리를 한 도피지(coated paper)와 상질지(백상지 · 모조지), 중질지(도서용지), 그리고 하질지(갱지)와 같이 표면 광택 처리를 하지 않은 비도피지(non-coated paper)로 나누어 분류한다. 책의 고급화와 사진을 많이 사용하면서 표현력에서 유리한 아트지가 많이 쓰이고 있다. 그러나 관용적으로 모조지라고 부르는 백상지, 기타 표지나 광고용의 특수지 등이 있다.

실무에서 가장 많이 쓰이는 종이를 아래와 같이 정리할 수 있다.

42) 종이의 밀도에 따라 흡수력에 차이가 생긴다. 밀도가 높을수록 질기지만 잉크의 흡수력이 떨어진다.
43) 서양에서 들여온 종이. 또는 목재 펄프를 원료로 하여 서양식으로 만든 종이《신문용지 · 인쇄용지 · 포장용지 따위》.

① **아트지**(art paper)

잉크가 번지지 않아 주로 175선[44] 이상의 고밀도인 다색 컬러 고품위 인쇄에 많이 쓰인다. 책표지, 컬러내지, 그림책, 포스터, 달력, 브로슈어, 팸플릿, 카탈로그 등의 인쇄에 많이 이용되는 종이이다.

② **머신 코팅지**(machine coating paper)

아트지와 비슷한 종이로 MC지라고도 부른다. 아트지에 비하여 값이 싸며, 잡지본문, 전단 등의 광고 인쇄물에 사용된다.

③ **캐스트 코팅지**(cast coating paper)

CCP지라고도 한다. 종이 중에서 평활도(종이 표면의 거칠고 매끄러운 정도)와 광택도가 좋아 연하장, 달력, 카탈로그, 책표지, 책커버, 포장지, 쇼핑백, 포스터, 고급엽서 등에 사용된다.

④ **백상지**(wood-free paper)

모조지라고도 부르며, 단행본이나 일반 본문 인쇄에 가장 많이 사용되는 종이이다. 단행본, 잡지나 월간지, 사보, 내지, 광고용지, 노트지, 사무양식 등으로 많이 사용된다.

⑤ **중질지**(school book paper)

우편엽서, 교과서, 잡지 등의 도서에 많이 쓰여 도서 용지라고도 한다. 백색도가 떨어지며 미색모조의 색감을 가진다.

⑥ **하질지**(groundwood paper)

갱지라고도 하며 백색도가 낮고, 값이 싸며 내구성이 떨어진다. 노트, 잡지본문, 전단지 등에 많이 사용된다.

⑦ **세미글로스지**(semi gloss paper)

아트지처럼 133~150선 이상의 고밀도 고품위 인쇄에 많이 쓰인다. 잡지나 주간지, 사보 등의 단색 · 컬러 내지로 최근 이용도가 증가하고 있다.

---

44) 인쇄 선 수(LPI: line per inch). 인쇄물의 색상을 이루는 망점의 크기를 나타내며 수치가 높을수록 정교해지나 용지의 거친 정도를 감안하여 결정해야 이미지가 뭉개지지 않는다.

⑧ **레자크지**(leathack paper)

다양한 형압(책의 제본) 문양과 색상으로 만들어진 장식지로 종이 자체만으로도 미적 효과가 있으며, 강도가 높고, 다용도로 사용할 수 있다.

주로 카드봉투, 달력, 카탈로그, 책표지, 간지, 면지,[45] 케이스, 포장지, 쇼핑백, 상표, 행택,[46] 앨범, 엽서, 티켓 등에 사용될 수 있다.

⑨ **파일지**(file cover paper)

표지, 인사장, 봉투, 면지, 간지, 포장지, 행택, 기록카드 등에 많이 사용된다.

⑩ **레이드지**(laid paper)

안내장, 달력, 카탈로그, 봉투, 간지, 면지, 메모지, 악보, 광고지 등에 많이 쓰인다.

⑪ **팬시 카드지**(fancy card paper)

국내에서 제품화된 종이로 질감이 좋아 수입지 대용의 카드나 카탈로그 표지에 사용하기 적당하다. 주로 표지, 카탈로그, 연하장, 인사장, 행택, 앨범 등에 사용된다.

⑫ **머메이드지**(mermaid paper)

표지, 카탈로그, 연하장, 행택, 명함 등에 이용된다.

메뉴에 사용되는 종이는 레스토랑의 유형 디자인 및 메뉴의 Concept, 업장의 규모, 사용 용도, 예산 등에 따라 그 종류를 다양하게 선택할 수 있다.

예를 들면, 가장 흔한 모조지에서부터 일반 책의 표지 등에 사용되는 아트지, 컬러화보에 사용되는 매트지, 소설책 등의 본문용지로 쓰이는 코트지, 명함 등에 사용되는 오돌오돌한 느낌의 휘라레지,[47] 소형인쇄물의 표지 등에 주로 사용되는 레자크지, 고급 소형 팸플릿(pamphlet)에 주로 이용되는 그레이스지, 펄[48]이 들어가 있어 고급스러

45) 책의 겉표지와 본문을 이어주는 종이

46) 의류 등의 상품에 딸려 붙어 있는 상품명 등이 적힌 작은 종이

47) 바탕에 격자무늬의 질감이 있는 종이

48) 반짝이는 광택

운 느낌을 줄 수 있는 펄지 등이 사용된다.

다만 국내에서 제작되는 종이는 대체로 수요가 많은 도서용 종이, 예를 들면 모조지, 백상지, 코트지, 아트지, 매트지(스노우 화이트지) 등이 주종을 이루기 때문에 메뉴의 고급스러운 멋을 살리기 위해서는 일반적으로 수입되는 종이가 많이 이용된다. 이를 흔히 수입지라고 부르는데, 도서용 종이들에 비하면 수요와 공급 상의 이유로 인하여 가격이 비싼 편이지만, 다양한 질감과 색감을 얻는 데는 효과적인 선택이 될 수 있다.

2. 아이템의 기본 배열

디자인 · 광고 · 편집에서 문자 · 그림 · 기호 · 사진 등의 각 구성요소를 제한된 공간 안에 효과적으로 배열하는 일, 또는 그 기술을 레이아웃이라고 한다. 그렇기 때문에 레이아웃의 구성요소를 규칙적으로 배치하는 것만으로는 미흡하고, 기본조건인 주목성(注目性) · 가독성(可讀性) · 명쾌성 · 조형성 · 창조성 등을 충분히 고려해야 한다.

고객에게 제공되는 아이템을 메뉴판 상에 어떻게 배열할 것인가를 이해하기 위해서는 큰 틀에서 편집이론의 칼럼과 마진에 대한 이해가 필요하다.

1) 칼럼과 마진

메뉴판을 제작할 때 먼저 할 것은 칼럼과 마진을 결정하는 일이다. 왜냐하면 정해진 공간에 들어갈 정보의 양과 요소에 따라 시각적인 균형을 찾아내는 것이 중요하기 때문이다.

칼럼은 그림 4-7 과 같이 사방을 둘러싼 흰 공간, 즉 마진(margin)으로 결정된다. 지면에서 문자 정보의 명료함과 균형감을 창조하는 마진은 지면에 담긴 정보의 시각적 질을 좌우한다. 그러므로 제한된 지면에서 칼럼과 마진의 비율을 늘 주의 깊게 관찰해야 한다.

그림 4-7 을 보면 상단 마진, 하단 마진, 좌 · 우측 마진, 그리고 페이지가 겹치는 안쪽 마진으로 구성되어 있다. 그리고 상단의 시각 기준선, Column Unit, Grid Unit, 칼럼 마진, 텍스트 칼럼 등과 같이 구성되어 있다.

2) 그리드

그리드는 하나의 체계 안에서 효율적인 디자인을 만들고 통일감을 주기 위한 가로세로의 격자형이다. 여러 가지의 조형 요소 또는 본문이나 사진 같은 디자인 요소는 보는 이로 하여금 통일성과 시각적인 안정감을 준다.

다음 그림 4-8 은 Panel이 하나로 구성된 메뉴판처럼 마진과 칼럼이 가장 단순하게 구성되는 그리드 형태이다. 마진의 크기와 위치가 전체 레이아웃에서 중요한 역할을 하는 그리드 형태이다.

그림 4-7 • **칼럼과 마진**

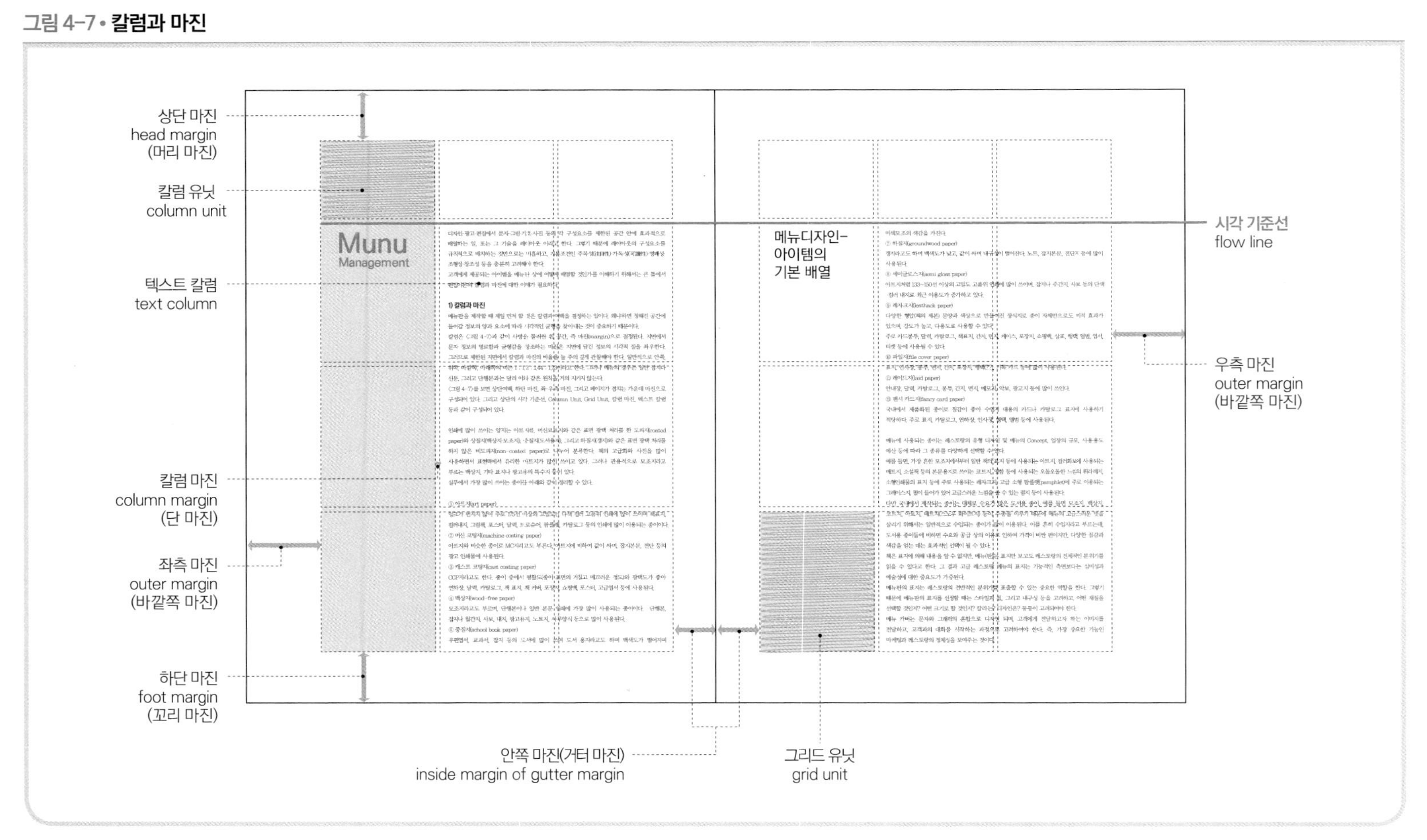

자료 커뮤니케이션 디오 지음(2008), 레이아웃 & 인쇄디자인 가이드, WellBook, p.211; 원유홍 · 서승연(2004), 타이포그래피 천일야화, 안그라픽스, pp.104~105.

그림 4-8 • **블록 그리드**

자료 커뮤니케이션 디오 지음(2008), 레이아웃 & 인쇄디자인 가이드, WellBook, p.217; 원유홍 · 서승연(2004), 타이포그래피 천일야화, 안그라픽스, pp.108~112.

다음의 그림 4-9 와 같이 판면을 분할해 생성된 면을 칼럼이라고 하는데, 칼럼의 개수에 따라 2단, 3단, 4단 칼럼 그리드라고 부른다.

한 가지 주제의 텍스트를 몇 단으로 나누어 배치할 수도 있고, 서로 다른 내용의 보조 정보를 담을 수도 있다. 그리고 시각적인 환기를 위해 변형 단을 사용하는 경우도 있다.

그림 4-9 • **칼럼 그리드**

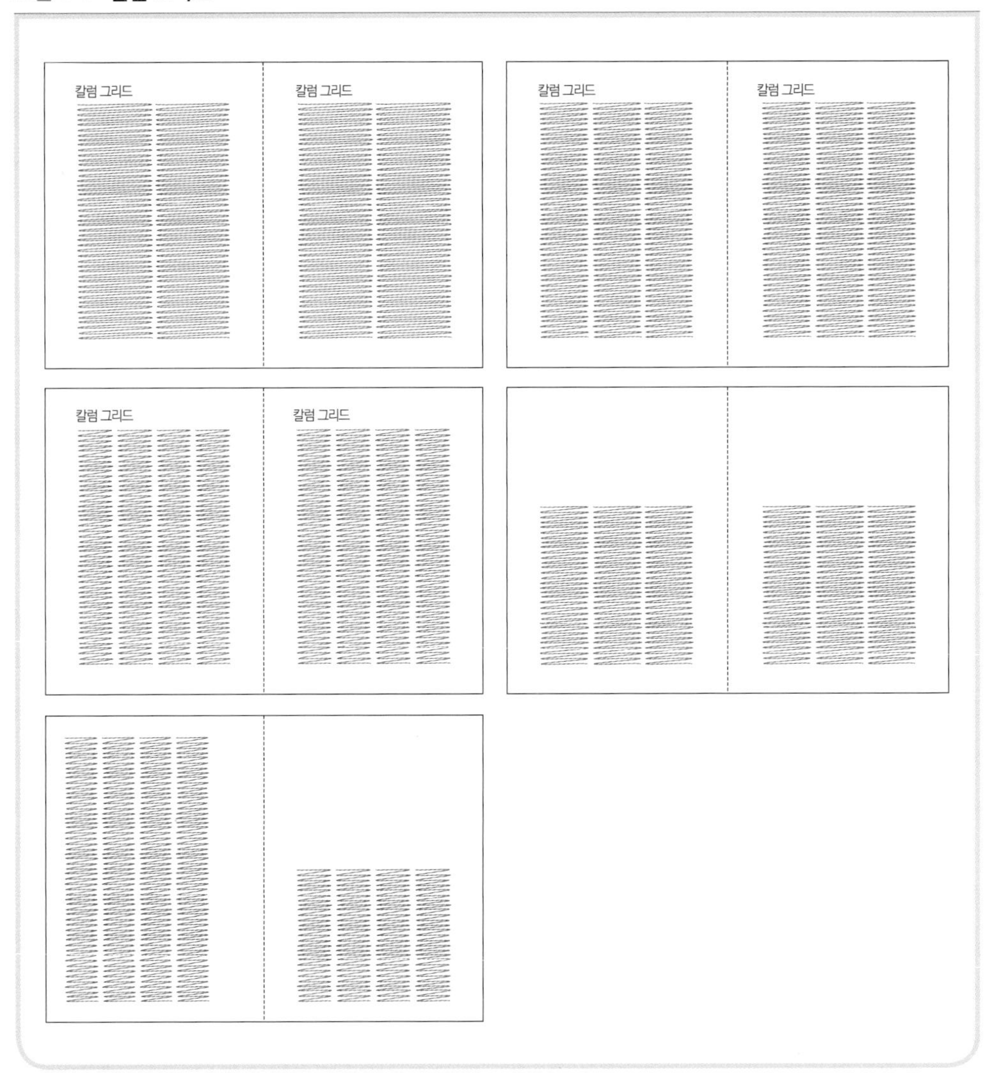

자료 커뮤니케이션 디오 지음(2008), 레이아웃 & 인쇄디자인 가이드, WellBook, p.218; 원유홍 · 서승연(2004), 타이포그래피 천일야화, 안그라픽스, pp.108~112.

그리고 다음의 그림 4-10과 같이 디자인 요소가 많아 복잡한 경우 세로로 분할된 칼럼 그리드만으로는 구성하기 어려운 경우에 사용한다. 칼럼 그리드를 상하로 나누는 시각 기준선을 만들고 사각형의 면을 만들어 지면을 구성하는 그리드 형태이다. 즉, 그리드를 단과 칼럼으로 잘게 나누어 그물망의 격자를 만든다. 그리고 그 안에 헤드

라인, 서브라인, 본문 텍스트, 캡션,[49] 사진 이미지 등이 놓여진다.

그림 4-10 • **4단 6칼럼 그리드**

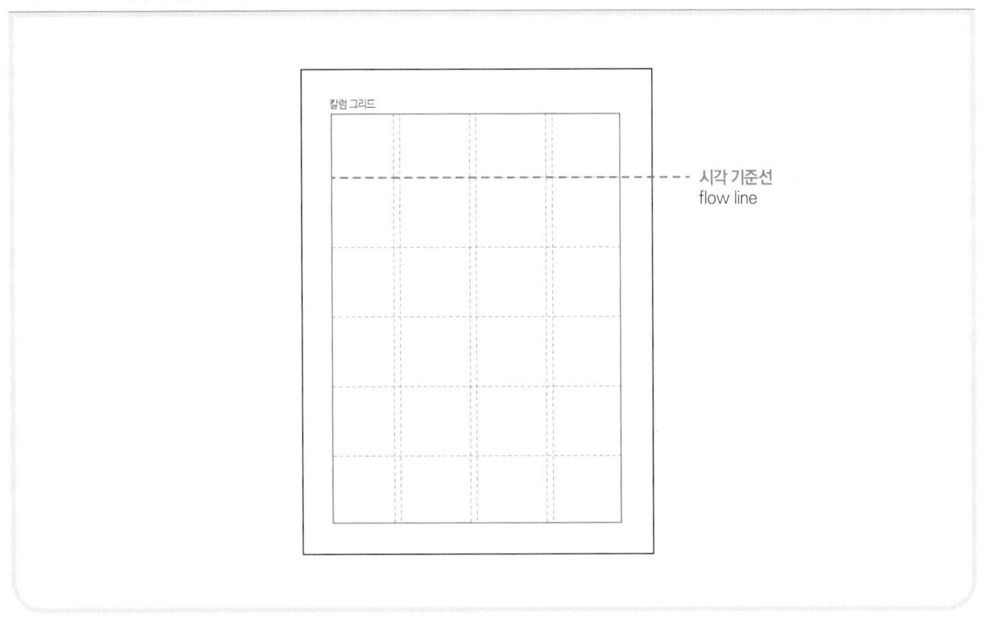

자료 커뮤니케이션 디오 지음(2008), 레이아웃 & 인쇄디자인 가이드, WellBook, p.221; 원유홍 · 서승연(2004), 타이포그래피 천일야화, 안그라픽스, pp.108~112.

3. 아이템의 기본 배열의 실례

그림 4-11 은 아이템의 기본 배열의 보기를 제시한 것으로, 가장 기본적이고 보편적인 아이템의 배열(layout)은 좌우가 대칭적인 정방형, X-mas 트리형, 그리고 좌우가 비대칭인 비대칭형으로 되어 있다.[50]

49) 삽입된 그림이나 도표, 사진 등의 이해를 돕기 위해 쓰는 설명글

50) 와인 리스트의 경우는 좌로 정렬된 경우가 일반적이며, 메뉴와는 달리 단순하게 아이템을 나열하는 수준이다. 즉 와인 이름을 시작으로 우측에 일렬로 가격을 정렬하는 식으로 구성되어 있다.

그림 4-11 • 아이템의 기본 배열의 보기

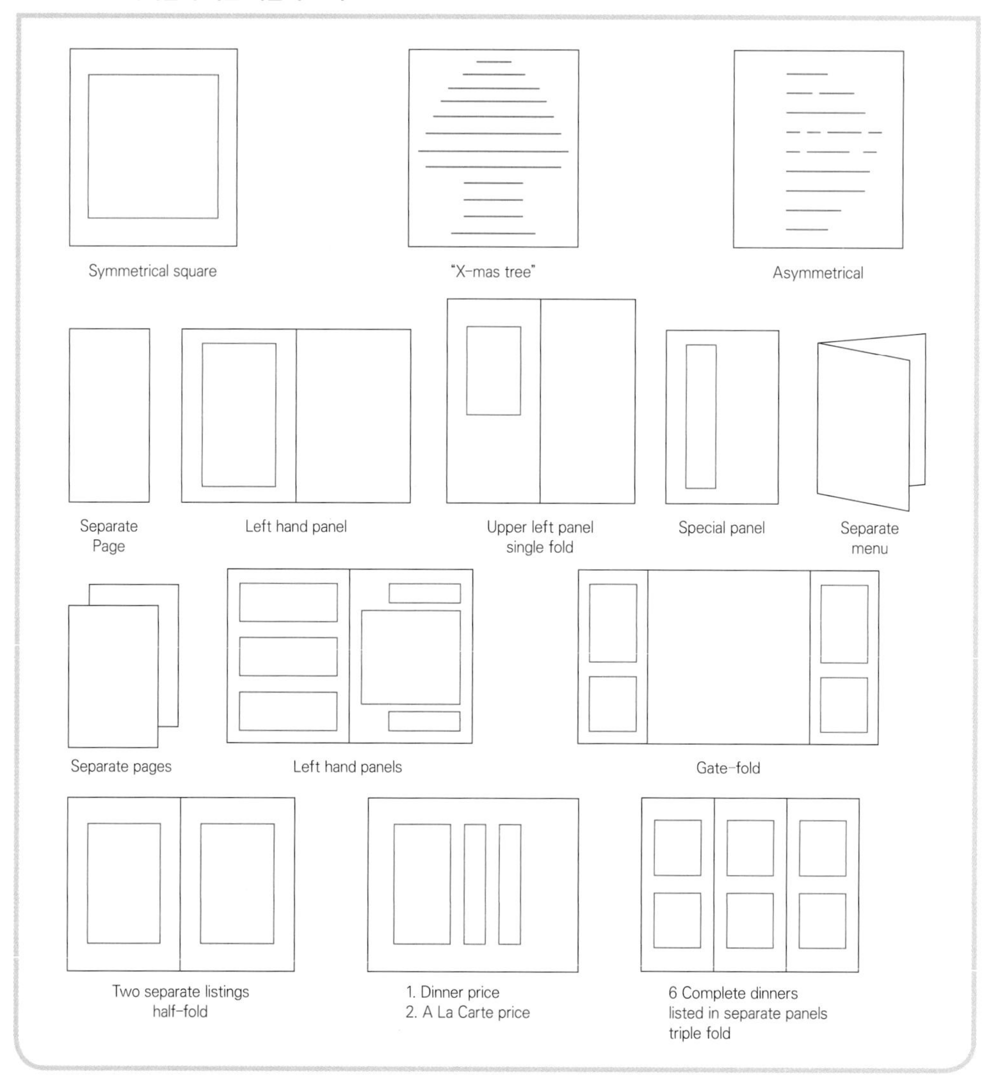

① Symmetrical square

하나의 칼럼을 사용해 가장 단순하면서 기본적인 블록그리드로 구성한 형태이다. 많은 양의 텍스트를 배치하는데 적합하고 안정감을 줄 수 있는 장점이 있지만, 마진이 충분하지 않으면 지루하거나 답답해 보일 수 있다.

wine

BANQUET LIST

The wines on this Progressive Wine List are grouped in Flavor Categories. Wines with similar flavors are listed in a simple sequence starting with those that are sweeter and very mild in taste, progressing to the wines that are drier and stronger in taste.

SPARKLING WINES

Listed from milder to stronger

Iron Horse, "Wedding Cuvée", Sonoma County Green Valley 76.00
Charles de Fère, **Blanc de Blancs**, ***Brut***, "Cuvee Jean-Louis", France 49.00
Gloria Ferrer, **Blanc de Noirs**, Sonoma County 45.00
Domaine Chandon, ***Brut***, "Classic", California 47.00
Moët & Chandon, Champagne, "Imperial" 74.00
Laurent-Perrier, ***Brut***, Champagne 78.00
Schramsberg, **Blanc de Noirs**, ***Brut***, California 64.00
Veuve Clicquot, ***Brut***, Champagne, "Yellow Label" 100.00

SWEET WHITE/BLUSH WINES

Listed from sweetest to least sweet

Sycamore Lane Cellars, **White Zinfandel**, California 41.00

DRY LIGHT TO MEDIUM INTENSITY WHITE WINES

Listed from milder to stronger

Trinity Oaks, **Pinot Grigio**, California 43.00
Matanzas Creek, **Sauvignon Blanc**, Sonoma-Mendocino-Napa Counties 54.00

DRY MEDIUM TO FULL INTENSITY WHITE WINES

Listed from milder to stronger

Round Hill, **Chardonnay**, "California Selection", California 41.00
Sterling, **Chardonnay**, "Vintner's Collection", Central Coast 50.00
Sonoma Cutrer, **Chardonnay**, "Russian River Ranches", Sonoma Coast 58.00
Kendall-Jackson, **Chardonnay**, "Vintner's Reserve", California 44.00
Simi, **Chardonnay**, Sonoma County 45.00
ZD Wines, **Chardonnay**, California 60.00

DRY LIGHT TO MEDIUM INTENSITY RED WINES

Listed from milder to stronger

Mark West, **Pinot Noir**, Central Coast 52.00
Round Hill, **Cabernet Sauvignon**, California 41.00
Hawk Crest, **Merlot**, California 52.00
ZD Wines, **Pinot Noir**, Carneros 71.00
Red Diamond Winery, **Merlot**, Washington 48.00
Hawk Crest, **Cabernet Sauvignon**, California 56.00
Rutherford Hill, **Merlot**, Napa Valley 62.00
Moon Mountain, **Cabernet Sauvignon**, Sonoma County 54.00
St. Francis Vineyards, **Cabernet Sauvignon**, Sonoma County 57.00

DRY MEDIUM TO FULL INTENSITY RED WINES

Listed from milder to stronger

St. Francis Vineyards, **Merlot**, Sonoma County 54.00
14 Hands, **Cabernet Sauvignon**, Washington 48.00
Franciscan Oakville Estate, **Merlot**, Napa Valley 51.00
Franciscan Oakville Estate, **Cabernet Sauvignon**, Napa Valley 63.00

② X-mas tree

가운데 정렬을 이용하여 아이템을 배치하면 텍스트의 윤곽선으로 다양한 형태를 만들어 낼 수 있다. 고급스러워 보이지만 행의 길이가 너무 들쭉날쭉하게 되면 산만한 느낌을 줄 수 있기 때문에 적절한 길이로 조화를 이루도록 아이템의 순서에 신경을 써야 한다.

자료 https://www.bocuse.fr/media/original/588095b11c172/carte-menu-ete2017.pdf

③ Asymmetrical

왼쪽 정렬을 사용하여 왼쪽 마진은 직선으로 정돈되도록 하고 오른쪽 마진은 자유롭게 비워둔 형태이다. 가독성을 높이면서도 시각적으로 흥미를 주게 되므로 지루함을 덜어줄 수 있다는 장점이 있다. 텍스트가 흐르는 부분의 실루엣이 아름답게 보이도록 행의 길이에 주의한다.

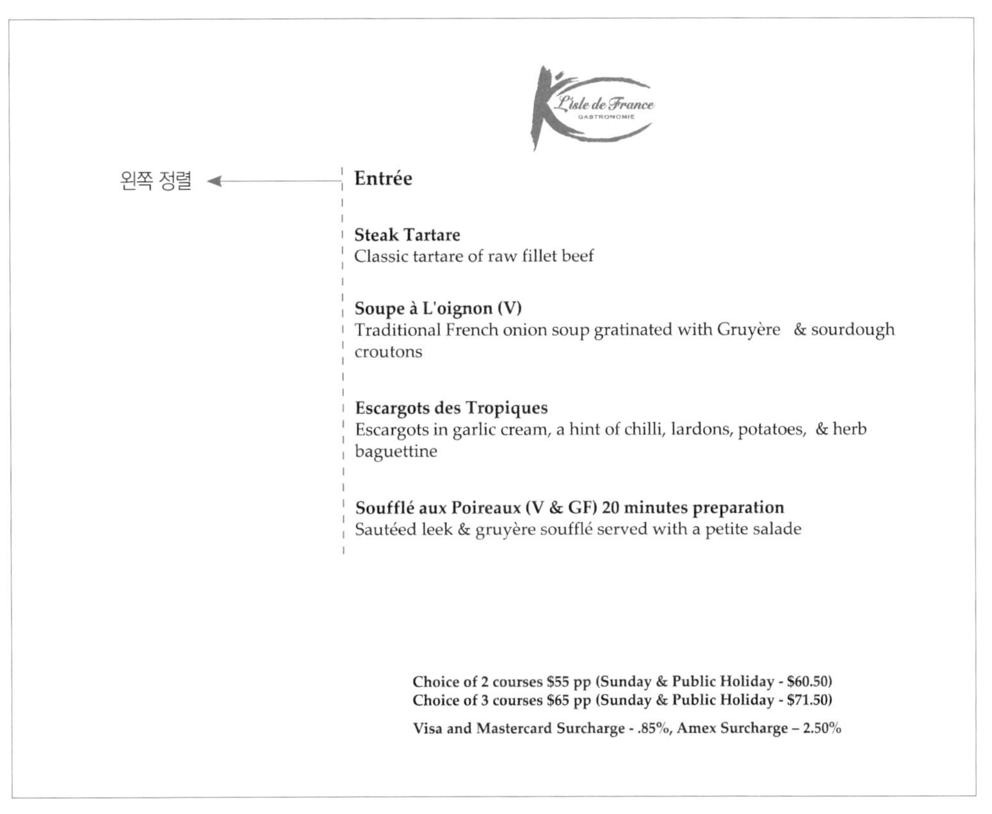

자료 http://lisledefranceterrigal.com.au/ldf-a-la-carte-menu.pdf

④ Separate page(s)

제본이나 접지 없이 낱장으로 제작된 메뉴이다. 할인메뉴, 계절메뉴, 신메뉴 등 자주 변경되는 아이템을 모아 본 메뉴판에 끼워넣도록 하면 전체 메뉴를 새로 제작하지 않아도 되므로 비용 절감에 도움이 된다.

⑤ Left hand panel(s)

왼쪽에 메뉴 리스트를 배치시키고 오른편에는 추천메뉴 등의 상세 설명을 넣으면 시선의 흐름이 방해되지 않으면서 이해하기 편하다.

⑥ Upper left panel single fold

세로를 길게 한 뒤 리스트가 상단에 배치되도록 아래쪽 마진을 주면 고급스러운 느낌을 줄 수 있다.

⑦ Gate-fold

양 옆을 접어 대문처럼 열고 닫을 수 있도록 만들어진 것이다. 펼쳤을 때 모든 메뉴가 한눈에 들어오게 된다.

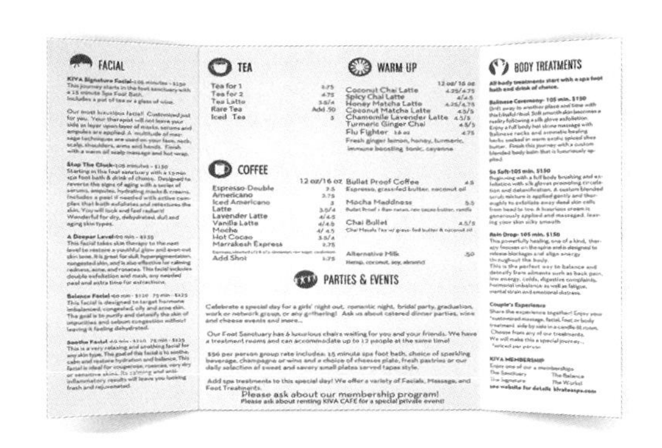

⑧ Two separate listings half-fold

종이의 긴 쪽을 반으로 접어 열고 닫을 수 있도록 하고 품목별 리스트를 각각의 페이지에 따로 배치시킨 형태로 고객이 원하는 아이템을 찾기 편리하게 되어 있다.

⑨ 6 Complete dinners listed in separate panels triple fold

한 장의 종이를 삼등분해서 접은 형태로, 안쪽 면에 6가지 품목을 비슷한 분량으로 배치시킨 스타일이다.

메뉴상 아이템의 배열에 관한 한 어떤 형태의 배열이 이상적이라고 말할 수는 없다. 그러나 위에서 살펴본 그리드 시스템과 레이아웃의 기본적인 틀 속에서 메뉴판에 대한 기본적인 배열이 진행된다.

메뉴판과 와인 리스트의 경우는 텍스트만을 이용하는 경우도 있고, 텍스트와 사진을 이용하는 경우도 있다. 그렇기 때문에 신문이나 잡지, 그리고 도서관련 편집이론을 근거로 접근하여야 한다.

일반적으로 메뉴판은 제공되는 아이템의 수와 레스토랑의 Concept, 수준, 유형 등에 따라 적절한 배열방식을 선택하면 되지만 기본적으로 지켜야할 내용을 우선적으로 고려하여야 한다. 즉, 간결하고 아름다워야 하고, 읽기 쉬워야 하고, 주목시킬 수 있어야 하며, 통일성이 있어야 한다.

4. 메뉴판(북) 시안 만드는 과정

잘 디자인된 레스토랑 메뉴(북/판)는 식사경험을 높이고, 고객이 만족할 만한 아이템을 선택하는데 도움을 주고, 식욕을 자극한다. 그러나 메뉴판은 레스토랑에서 제공하는 식사를 기록하는 목록으로만 기능을 하는 것은 아니다. 그렇기 때문에 잘 디자인된 메뉴판은 레스토랑의 정체성과 수익을 창출하는 광고의 도구이다.

고객에게 제공할 아이템을 최종 결정하여 메뉴판에 어떻게 디자인할까를 결정하는 것은 참 중요하다. 일반적으로 외식업체에서는 고객에게 제공될 최종 아이템을 결정하여 현재 사용하고 있는 메뉴판, 또는 샘플을 기준으로, 또는 메뉴판을 디자인하는 전문가에게 맡기는 등과 같은 방법을 통해 메뉴판이 디자인되고 제작된다. 즉, 다음과 같은 절차에 의해 메뉴판이 디자인되고 제작된다.

① 메뉴판에 제시할 모든 아이템을 정리한다.

- 최종적으로 고객에게 선모일 아이템을 정리하는 작업이다.
- 형편에 따라 엑셀 파일에서 할 수도 있고, 일반 종이에다 수기로 하여도 된다.

② 논리적으로 메뉴를 범주화하여 순서대로 정리한다.

메뉴판에 제공되는 순서 즉, 전채, 수프, 메인, 후식 등과 같은 범주(category)의 순서를 말한다. 일반적으로 고객에게 음식이 제공되는 순서를 따르는 것이 원칙이다.

그러나 전략적인 접근에 따라 메뉴아이템의 순서를 정하여 정리하기도 한다. 예를 들어 3개의 주요 범주를 결정한다. 각 범주에 포함되는 아이템이 10개 이상이면 그 범주를 2개의 하위 범주로 나누어 정리한다. 그리고 다시 아이템의 순서를 논리적으로 배열한다. 가장 일반적인 방법은 음식이 제공되는 순서대로, 즉 아침 메뉴가 먼저 오고, 후식이 나중에 오는 순서를 말한다.

보다 구체적으로는 다음과 같이 범주화할 수 있다. 그러나 일반적으로 모든 메뉴(음료 포함)를 하나의 메뉴판에 제공하는 경우는 다음과 같이 메뉴판을 구성할 수 있다. 이 범주화가 절대적인 순서는 아니다.

- Breakfast
- Appetizers
- Lunch
- Main courses
- Soup and salad
- Pasta
- Vegetarian
- Specialty
- Beverages and/or cocktails

③ 가격을 어디에 어떻게 표시할 것인가를 결정한다.

고객에게 제공될 아이템에 대한 가격은 이미 결정되어 있기 때문에 가격을 메뉴판의 어디에 어떻게 표시할 것인가를 결정하는 것이다.

④ 메뉴판에 제시될 아이템 각각에 대한 설명을 한다.

메뉴 카피 이론을 고려하여 메뉴 아이템 각각에 대해 고객의 입장에서 설명을 한다.

⑤ 메뉴판의 틀을 만들어 본다.

①~④까지의 과정을 메뉴판에 어떻게 옮길 것인가를 고려한다. 즉, 메뉴판에 제시될 아이템을 어떻게 메뉴판에다 옮길 것인가에 대한 큰 틀을 만든다.

주로 읽기 쉽고, 특정 아이템을 어떻게 강조하고, 아이템의 순위와 가격 표시 위치는 어디에 하며, 고객의 시각이동에 대한 고려, 사진의 사용, 메뉴판의 크기, 메뉴판의 포맷, 그리고 레이아웃 등을 고려해 본다.

⑥ 메뉴 사진을 첨부한다.

어디에 어떤 아이템의 사진을 어떻게 넣을 것인지를 고려한다.

⑦ 글자체, 마진, 여백, 그리고 전체적인 구성을 실험해 본다.

칼라 계획, 사진사용, 메뉴판에 각각의 아이템이 어떻게 레이아웃 되어야 하는가에 대한 일반적인 아이디어 등을 고려한다. 즉 ①~⑥까지의 모든 과정을 메뉴판에 올려놓고 메뉴판을 검토해 보는 것이다.

⑧ 디자인과 내용을 검토한 후 최종적인 레이아웃(layout)을 선정한다.

최종적으로 메뉴판을 만들어 이해관계자들의 의견을 듣고, 수정할 부분이 있으면 수정하여 관계자의 승인을 받은 후 최종적으로 고객에게 제공될 메뉴판 시안을 완성한다.

⑨ ⑧의 시안을 검토한 후 필요하면 교정한 후 관계자의 확인을 거쳐 인쇄에 들어간다.

최종적으로 인쇄에 들어가는데, 인쇄에 들어가기 전에 내용을 다시 한 번 확인한 후 더 이상 수정사항이 없으면 최종 책임자의 승인을 받아 인쇄에 들어간다.

5. 메뉴판(북) 디자인 사례

샘플 메뉴를 통해 실제 메뉴를 만든다고 가정하여 디자인 이론들이 어떻게 적용되었는지 정리해 본다.

다음의 샘플 메뉴 ①은 콘래드서울 호텔 파스타 레스토랑인 아트리오의 메뉴판이다. A3(210×420mm) 사이즈의 종이 한 면에 접지 없이 2단칼럼 그리드로 구성하여 작업되었다. 상단에는 좌측에 'TASTING MENU', 우측에 'A LA CARTE MENU' 리스트를 배치하였는데, 'TASTING MENU'는 총 3가지 세트별로 박스선을 둘러 강조하여 시선을 끌도록 하였다. 하단은 'MEET & SEAFOOD' 리스트를 2단칼럼으로 배치하였는데 2가지 메뉴를 칼럼을 걸치도록 박스로 묶어 단조로움을 피했다.

전체적으로 모던하고 심플한 컨셉으로 서체는 모두 고딕체를 사용하고 서체의 크기와 굵기만으로 타이틀, 아이템명, 설명글을 구분하였다. 정렬방식은 왼쪽정렬과 탭을 이용해 가격을 행 끝에 배치시키는 양끝정렬을 함께 사용하였다.

각 행의 길이가 그리 길지 않도록 조절하고 좌우 마진을 넓게 해줌으로써 모든 내용이 한 면에 배치될 때 생길 수 있는 답답함을 줄였다. 전체 메뉴가 한꺼번에 나와 있어 한눈에 보기 쉽고 깔끔한 레이아웃이지만 7포인트 이하 작은 크기의 서체로 작성된 부분이 많아 가독성이 떨어진다는 단점이 있다.

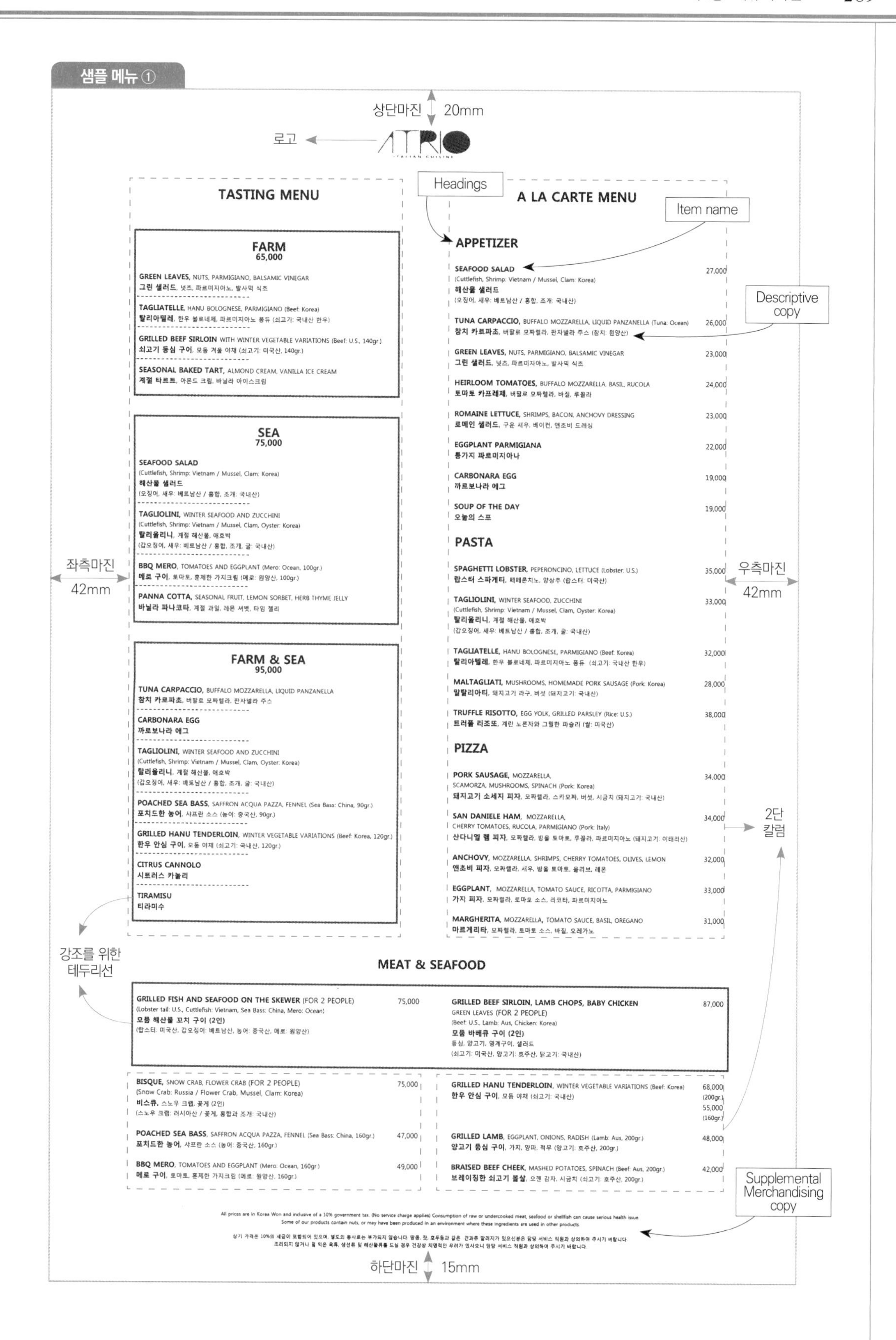
샘플 메뉴 ①
상단마진 20mm
로고
ATRIO
Headings
Item name
Descriptive copy
TASTING MENU
A LA CARTE MENU
FARM
65,000
SEA
75,000
FARM & SEA
95,000
APPETIZER
SEAFOOD SALAD 27,000
TUNA CARPACCIO 26,000
GREEN LEAVES 23,000
HEIRLOOM TOMATOES 24,000
ROMAINE LETTUCE 23,000
EGGPLANT PARMIGIANA 22,000
CARBONARA EGG 19,000
SOUP OF THE DAY 19,000
PASTA
SPAGHETTI LOBSTER 35,000
TAGLIOLINI 33,000
TAGLIATELLE 32,000
MALTAGLIATI 28,000
TRUFFLE RISOTTO 38,000
PIZZA
PORK SAUSAGE 34,000
SAN DANIELE HAM 34,000
ANCHOVY 32,000
EGGPLANT 33,000
MARGHERITA 31,000
좌측마진 42mm
우측마진 42mm
2단 칼럼
강조를 위한 테두리선
MEAT & SEAFOOD
GRILLED FISH AND SEAFOOD ON THE SKEWER (FOR 2 PEOPLE) 75,000
GRILLED BEEF SIRLOIN, LAMB CHOPS, BABY CHICKEN 87,000
BISQUE 75,000
POACHED SEA BASS 47,000
BBQ MERO 49,000
GRILLED HANU TENDERLOIN 68,000 55,000
GRILLED LAMB 48,000
BRAISED BEEF CHEEK 42,000
Supplemental Merchandising copy
하단마진 15mm

샘플 메뉴 ②는 63빌딩에 위치한 일식 레스토랑인 슈치쿠(SHUCHIKU)의 코스요리 메뉴판이다.

170×328mm 크기의 4-Panel 6 Views 포크로스[51] 장정[52]으로 각 면에 홈을 파고 메뉴 구성을 인쇄한 내지(122×297mm) 6장을 끼워넣도록 제작하였다. 접지형태는 4단 Gate-fold로 가장 고가의 코스부터 가격순으로 펼쳐서 보도록 구성하였다.

커버는 검은색 천 재질에 앞면은 63빌딩 이미지와 로고를 형압[53]을 이용해 음각으로 새겨넣었다. 내부는 내지를 끼워넣는 홈을 마주보는 포물선을 그리도록 파고 하단에는 로고를 형압으로 새겨넣었다.

내지 디자인은 모두 고딕체를 사용하였고 중앙정렬을 이용하여 심플한 레이아웃으로 구성하였다. 아이템 명과 설명은 영어/한글/일본어로 처리하였고, 글자색은 모두 검정색으로 통일하였지만 코스명, 아이템명 등에 크기와 굵기로 강약을 주어 구분하였기 때문에 지루함을 주지는 않는다. 6가지의 코스 메뉴를 각 패널에 한 가지씩 배치하였기 때문에 고객이 직관적으로 메뉴를 구분하기 쉽고 폰트 크기도 적절해 가독성도 좋은 편이다.

군더더기 없이 깔끔한 디자인이 고급스러운 느낌을 주며 커버와 내지 디자인에 사용한 색상을 검정으로 제한하였기 때문에 커버와 내지 종이가 흑백 대비를 이루어 세련되고 현대적인 느낌을 극대화하였다.

또한 포크로스 재질의 장정은 견고하고 오염에 강하며 내지 교체가 가능하도록 제작하였기 때문에 메뉴변동이 생겼을 때 별도의 내지만 제작하도록 할 수 있어 메뉴제작비 절감에 유리하다.

---

51) 양장제본 방식의 하나로 코팅된 천으로 겉면을 감싸 제작하는 것을 말한다.

52) 책의 겉장이나 면지(面紙), 싸개 등의 겉모양을 꾸밈. 또는 그런 꾸밈새를 말한다.

53) 로고나 글자 등의 부분에 포인트를 주기 위해 동일한 모양의 동판을 만들어 가열 후 고압으로 눌러 입체적인 질감을 주는 것이다.

샘플 메뉴 ②

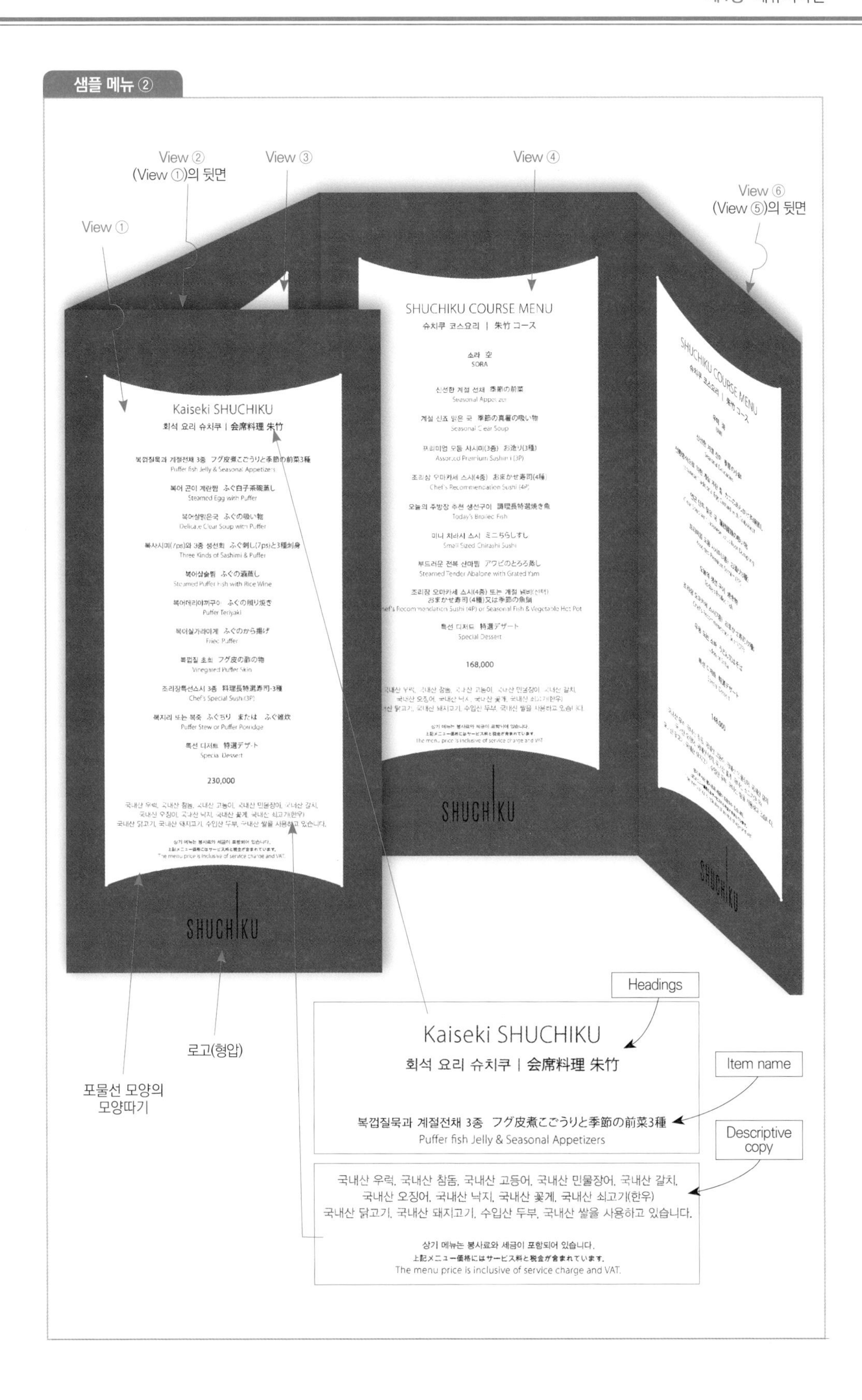
View ②
(View ①)의 뒷면
View ③
View ④
View ⑥
(View ⑤)의 뒷면
View ①
Kaiseki SHUCHIKU
SHUCHIKU COURSE MENU
SHUCHIKU
Headings
로고(형압)
포물선 모양의
모양따기
Kaiseki SHUCHIKU
회석 요리 슈치쿠 | 会席料理 朱竹
Item name
복껍질묵과 계절전채 3종 フグ皮煮こごうりと季節の前菜3種
Puffer fish Jelly & Seasonal Appetizers
Descriptive
copy
국내산 우럭, 국내산 참돔, 국내산 고등어, 국내산 민물장어, 국내산 갈치,
국내산 오징어, 국내산 낙지, 국내산 꽃게, 국내산 쇠고기(한우)
국내산 닭고기, 국내산 돼지고기, 수입산 두부, 국내산 쌀을 사용하고 있습니다.
상기 메뉴는 봉사료와 세금이 포함되어 있습니다.
上記メニュー価格にはサービス料と税金が含まれています。
The menu price is inclusive of service charge and VAT.

아래의 메뉴판은 샘플 메뉴 ②와 비슷한 사례로 63빌딩에 위치한 유럽 정원풍 레스토랑 워킹온더클라우드(Walking on the Cloud)의 메뉴판이다. 2-Panel 2 Views의 2단 Gate-fold로 포물선 형태의 모양따기에 메뉴가 인쇄된 내지 종이를 끼워넣는 동일한 형식이다. 커버의 재질을 두꺼운 펄지로 제작하였고, 로고는 홀로그램박 처리를 하였다. 매장의 분위기에 맞추어 커버에 연한 골드 컬러를 사용하였고 내지의 아이템명에 포인트 컬러로 연갈색을 사용하여 조금더 여성스러운 느낌과 로맨틱한 느낌을 살렸다.

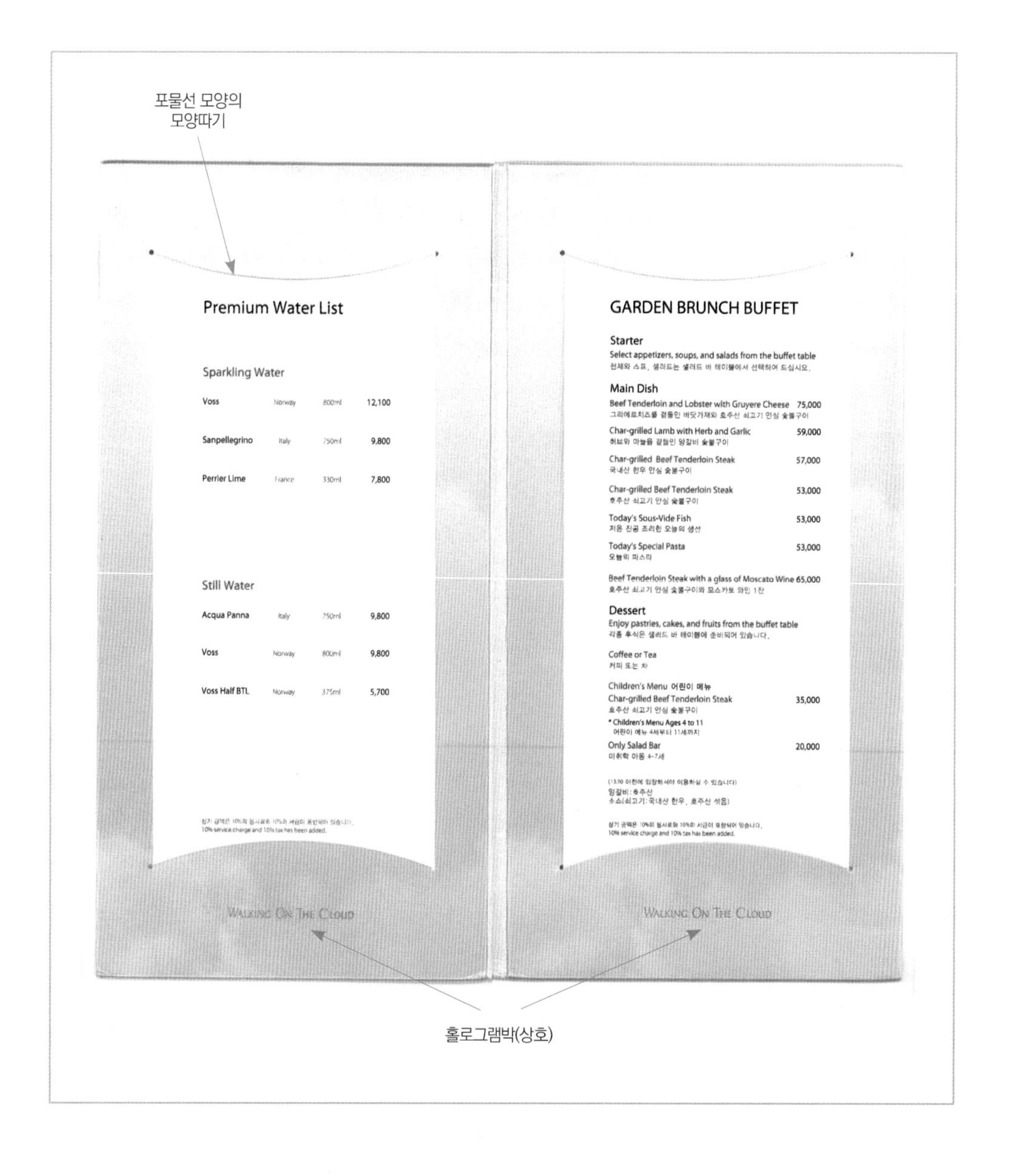

아래에 있는 토속촌 삼계탕의 메뉴판은 4-Panel 6 Views의 4단 Gate-fold 형식으로, 샘플 메뉴 ②와 동일하나 커버없이 A3 사이즈 종이를 접지한 리플렛 형식으로 제작되었다. 각 메뉴와 먹는 방법의 설명을 사진과 함께 수록하여 외국인 등 전통한식을 처음 접하는 고객들이 메뉴를 이해하기 쉽도록 배려한 것이 특징이다. 커버를 생략해 제작비가 많이 들지 않으면서도 대량제작이 가능해 홍보물로 사용할 수 있다는 장점이 있다.

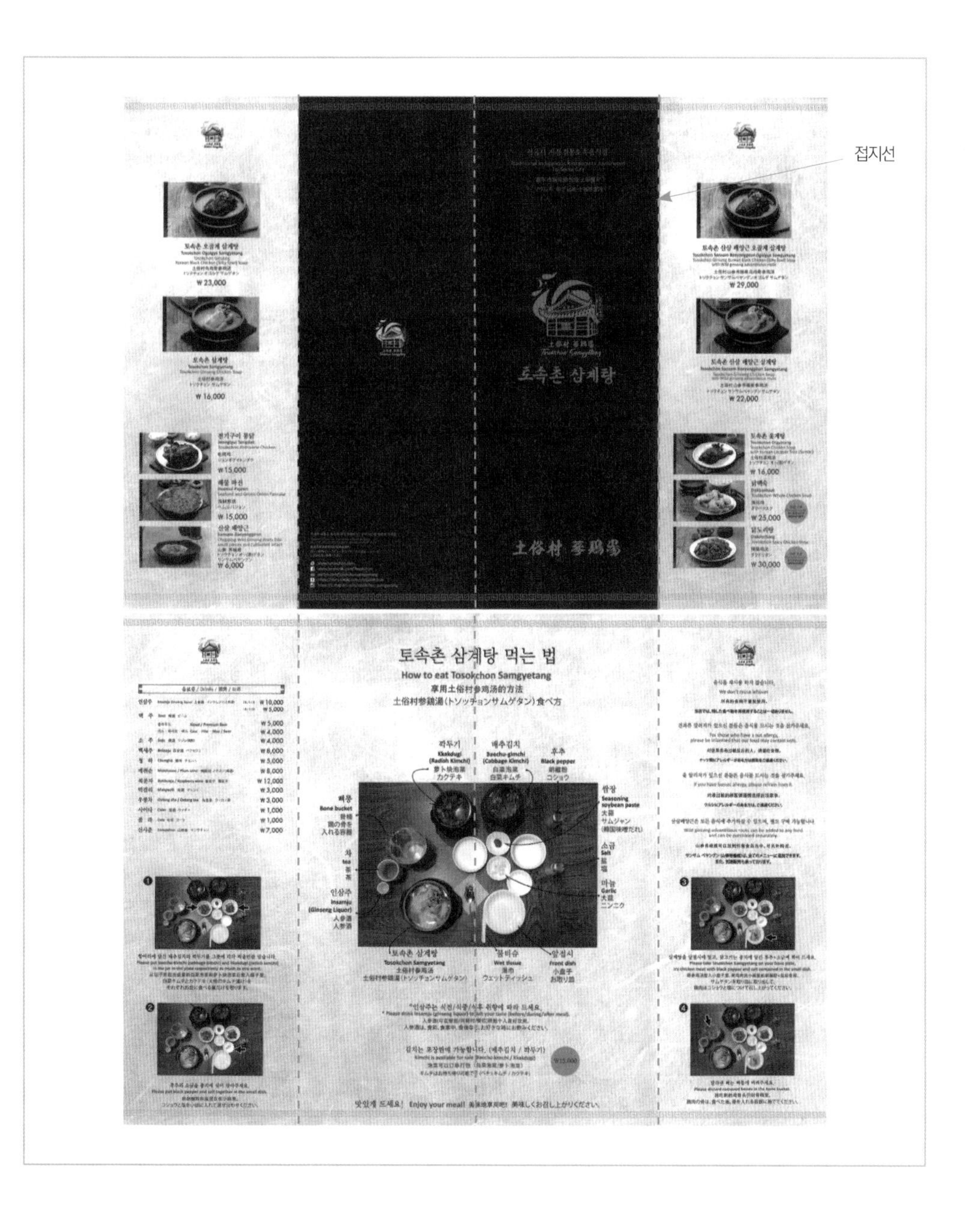

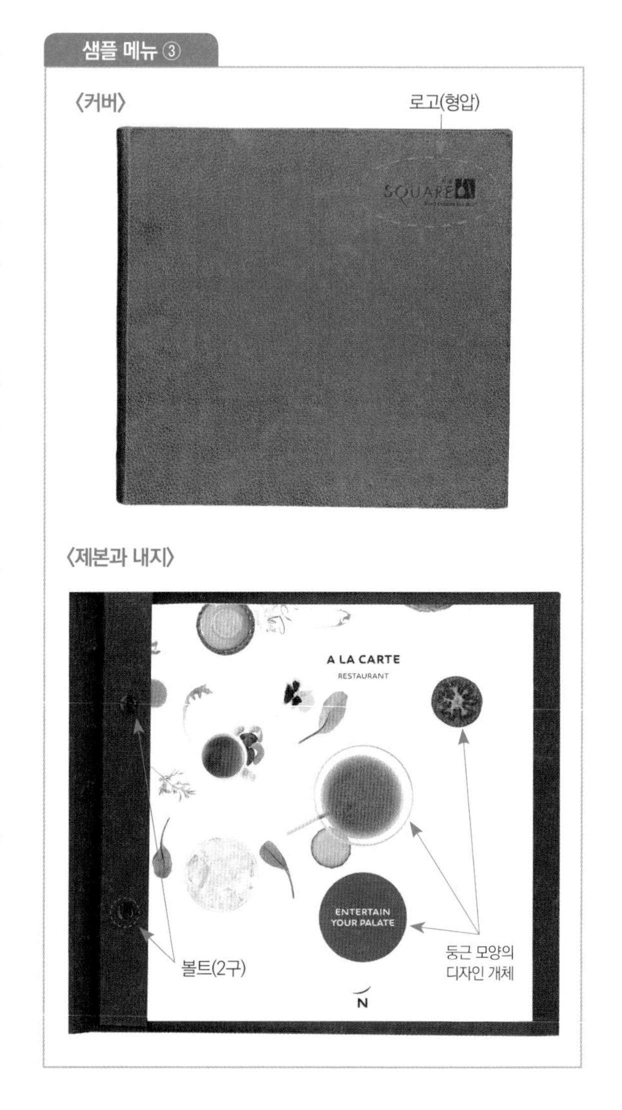

샘플 메뉴 ③은 수원에 위치한 노보텔 앰배서더 퓨전 레스토랑 더 스퀘어의 메뉴북이다. 230×240mm 사이즈의 내지가 총 20페이지로 구성되어 있다. 겉 커버는 브라운 컬러의 가죽 장정에 로고만 음각으로 형압처리하여 내지 사이즈보다 가로세로를 15mm 가량 여유있게 제작하였고 2구의 볼트 제본으로 견고하게 마감하였다.

내지 디자인은 이미지 사진을 곁들인 4도로 편집하였는데 파스텔톤의 청보라색과 회갈색 컬러를 각 페이지에 번갈아서 포인트 컬러로 사용하였다. 메뉴 구성 부분의 레이아웃은 2단칼럼으로 첫째 단에 헤드와 아이템명을 한글, 영어, 일본어, 중국어 순으로 나열하였는데, 헤드는 굵은 고딕체로 크게 강조하고, 각 아이템은 같은 고딕 계열 서체를 좀더 가늘고 작게 사용하였다.

둘째 단에는 가격 정보를 위치시키고 서식은 주헤드의 영문 서체와 통일시켰다. 그리고 좌측 여백에 헤드 중 영어만 포인트 컬러의 원 안에 흰 글자로 넣은 디자인 요소를 배치함으로써 페이지별로 구분이 되도록 하였다.

접시, 그릇, 음식이나 재료의 단면 등을 위에서 찍은 이미지 사진과 둥근 모양의 디자인 개체들과 모서리가 둥근 영문 폰트를 사용하여 동그란 형태에서 오는 디자인의 통일성을 추구하였다. 컬러로 된 메뉴북이지만 너무 현란해지지 않도록 상단과 좌우의 여백을 넓게 주어 여백의 미를 살리고 중간중간 적절한 위치에 이미지 컷을 배치하여 시원하고 세련된 결과물이 되었다.

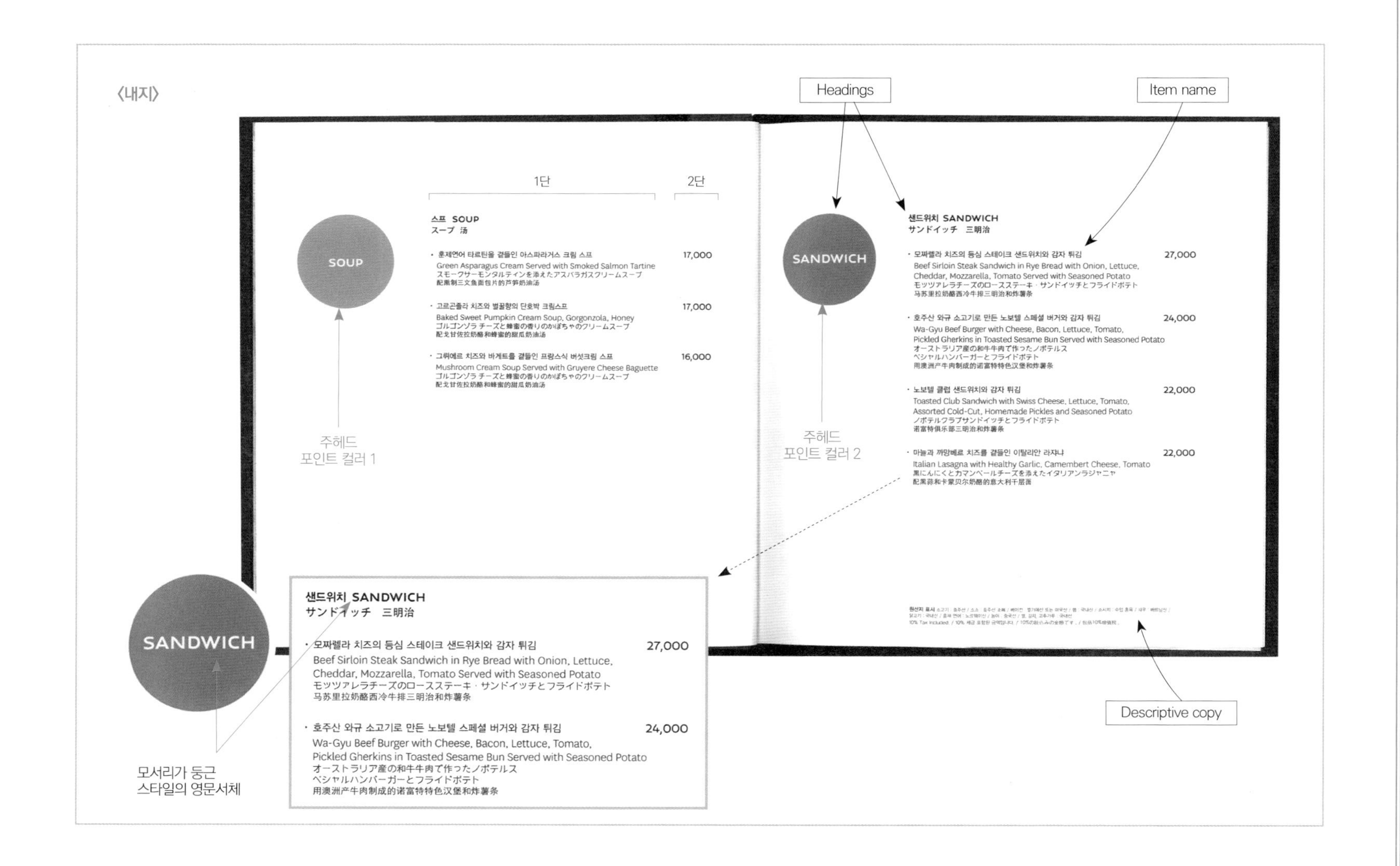
〈내지〉
1단
2단
스프 SOUP
スープ 湯
17,000
17,000
16,000
Green Asparagus Cream Served with Smoked Salmon Tartine
Baked Sweet Pumpkin Cream Soup, Gorgonzola, Honey
Mushroom Cream Soup Served with Gruyere Cheese Baguette
SOUP
주헤드
포인트 컬러 1
Headings
Item name
SANDWICH
주헤드
포인트 컬러 2
샌드위치 SANDWICH
サンドイッチ 三明治
27,000
24,000
22,000
22,000
Toasted Club Sandwich with Swiss Cheese, Lettuce, Tomato,
Assorted Cold-Cut, Homemade Pickles and Seasoned Potato
Italian Lasagna with Healthy Garlic, Camembert Cheese, Tomato
Descriptive copy
SANDWICH
모서리가 둥근
스타일의 영문서체
샌드위치 SANDWICH
サンドイッチ 三明治
· 모짜렐라 치즈의 등심 스테이크 샌드위치와 감자 튀김
27,000
Beef Sirloin Steak Sandwich in Rye Bread with Onion, Lettuce,
Cheddar, Mozzarella, Tomato Served with Seasoned Potato
モッツァレラチーズのロースステーキ · サンドイッチとフライドポテト
马苏里拉奶酪西冷牛排三明治和炸薯条
· 호주산 와규 소고기로 만든 노보텔 스페셜 버거와 감자 튀김
24,000
Wa-Gyu Beef Burger with Cheese, Bacon, Lettuce, Tomato,
Pickled Gherkins in Toasted Sesame Bun Served with Seasoned Potato
オーストラリア産の和牛牛肉で作ったノボテルス
ベシャルハンバーガーとフライドポテト
用澳洲产牛肉制成的诺富特特色汉堡和炸薯条

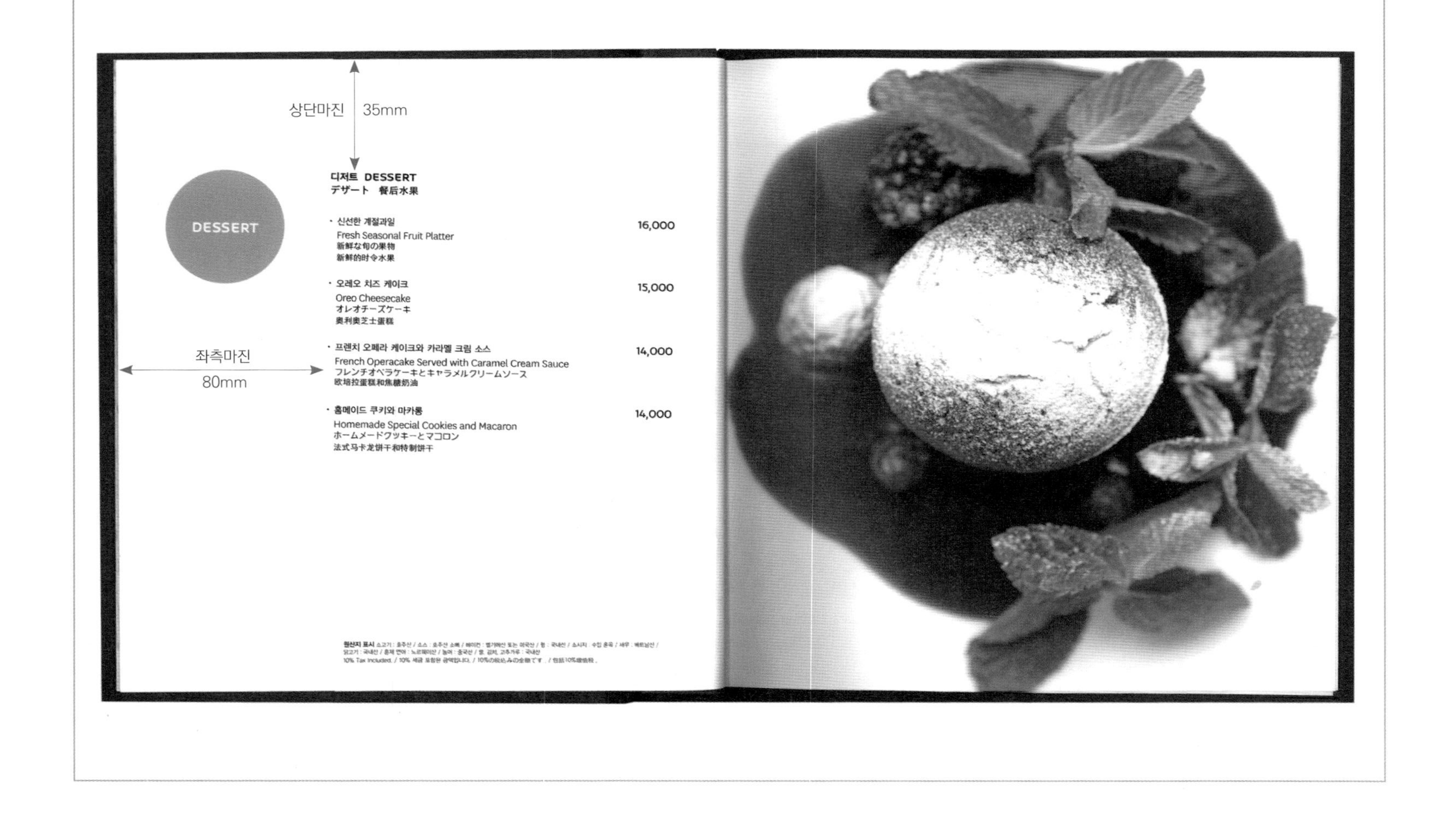
상단마진 35mm
좌측마진 80mm
DESSERT
디저트 DESSERT
デザート 餐后水果
· 신선한 계절과일
Fresh Seasonal Fruit Platter
新鮮な旬の果物
新鲜的时令水果
16,000
· 오레오 치즈 케이크
Oreo Cheesecake
オレオチーズケーキ
奥利奥芝士蛋糕
15,000
· 프렌치 오페라 케이크와 카라멜 크림 소스
French Operacake Served with Caramel Cream Sauce
フレンチオペラケーキとキャラメルクリームソース
欧培拉蛋糕和焦糖奶油
14,000
· 홈메이드 쿠키와 마카롱
Homemade Special Cookies and Macaron
ホームメードクッキーとマコロン
法式马卡龙饼干和特制饼干
14,000

다음은 샘플 메뉴 ③과 비슷한 사례로 파크하얏트서울의 프리미엄 바(bar) 더팀버하우스의 메뉴북이다. 로고가 형압으로 들어간 가죽 장정에 볼트 제본 형식이며 가죽 커버 테두리에 스티치가 들어가 있어 클래식한 느낌을 준다. 볼트를 나사로 풀면 내지가 분리되므로 가죽 커버는 재활용이 가능하다.

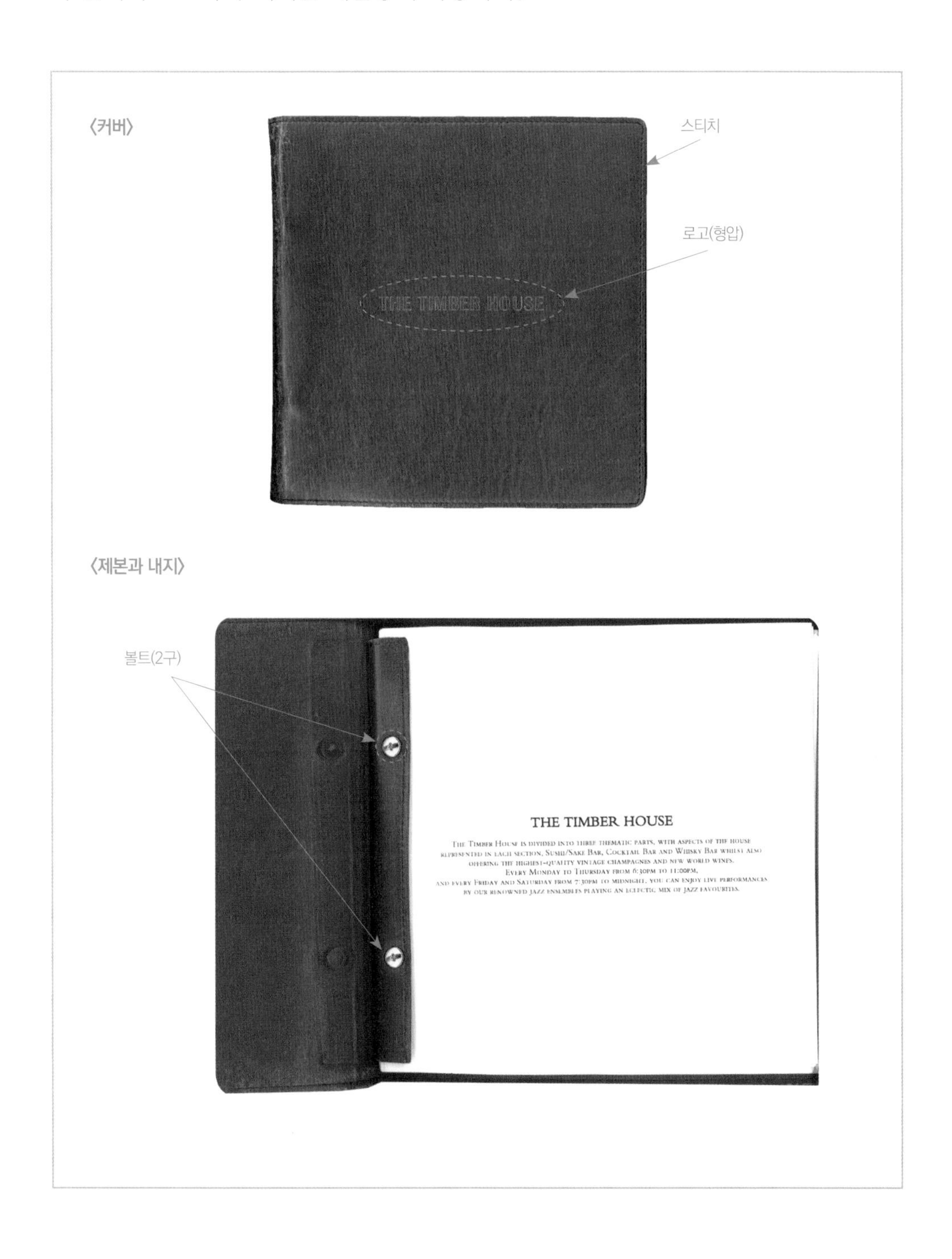

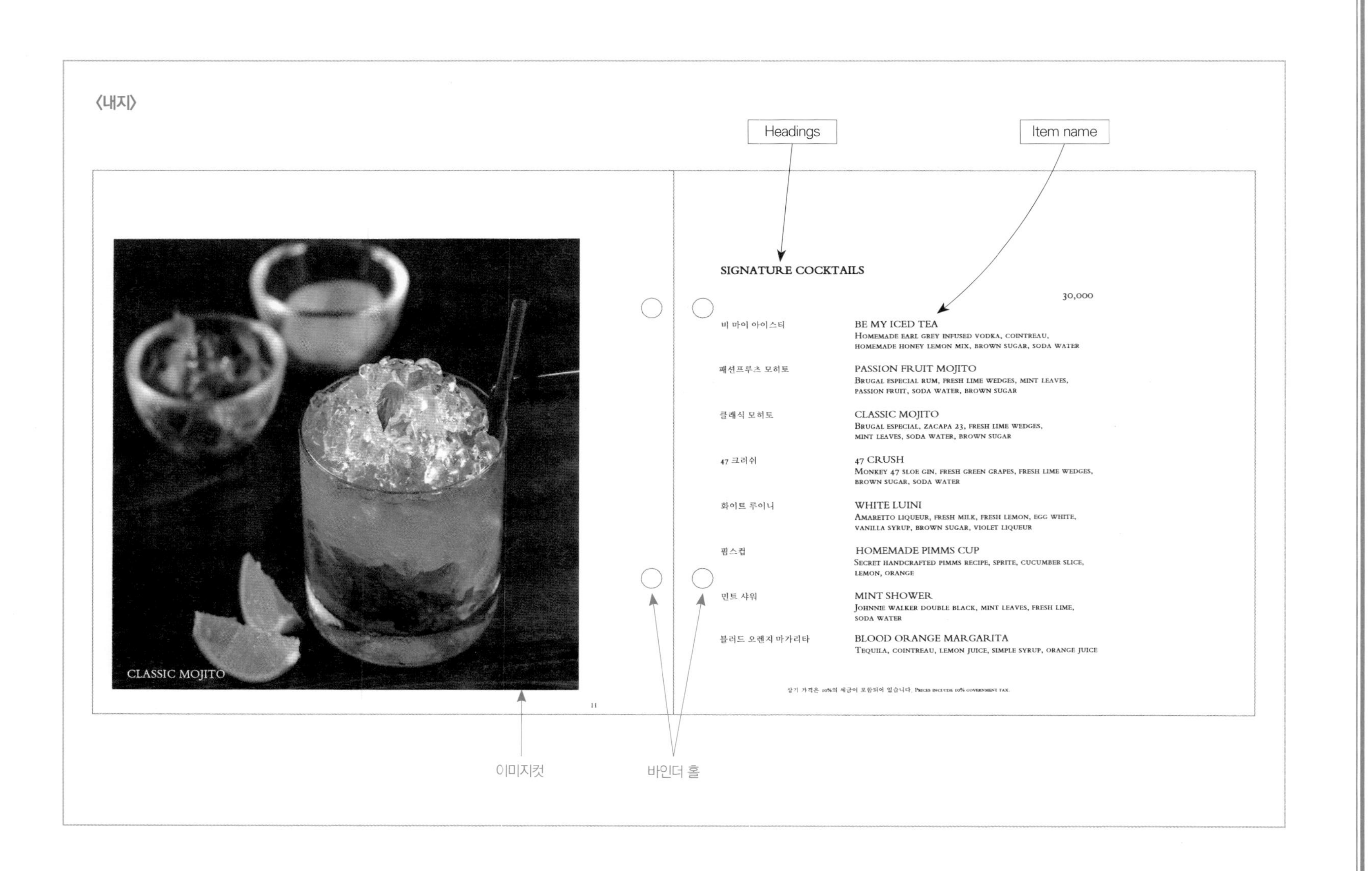
〈내지〉
Headings
Item name
SIGNATURE COCKTAILS
30,000
비 마이 아이스티
BE MY ICED TEA
HOMEMADE EARL GREY INFUSED VODKA, COINTREAU, HOMEMADE HONEY LEMON MIX, BROWN SUGAR, SODA WATER
패션프루츠 모히토
PASSION FRUIT MOJITO
BRUGAL ESPECIAL RUM, FRESH LIME WEDGES, MINT LEAVES, PASSION FRUIT, SODA WATER, BROWN SUGAR
클래식 모히토
CLASSIC MOJITO
BRUGAL ESPECIAL, ZACAPA 23, FRESH LIME WEDGES, MINT LEAVES, SODA WATER, BROWN SUGAR
47 크러쉬
47 CRUSH
MONKEY 47 SLOE GIN, FRESH GREEN GRAPES, FRESH LIME WEDGES, BROWN SUGAR, SODA WATER
화이트 루이니
WHITE LUINI
AMARETTO LIQUEUR, FRESH MILK, FRESH LEMON, EGG WHITE, VANILLA SYRUP, BROWN SUGAR, VIOLET LIQUEUR
핌스컵
HOMEMADE PIMMS CUP
SECRET HANDCRAFTED PIMMS RECIPE, SPRITE, CUCUMBER SLICE, LEMON, ORANGE
민트 샤워
MINT SHOWER
JOHNNIE WALKER DOUBLE BLACK, MINT LEAVES, FRESH LIME, SODA WATER
블러드 오렌지 마가리타
BLOOD ORANGE MARGARITA
TEQUILA, COINTREAU, LEMON JUICE, SIMPLE SYRUP, ORANGE JUICE
상기 가격은 10%의 세금이 포함되어 있습니다. PRICES INCLUDE 10% GOVERNMENT TAX.
CLASSIC MOJITO
11
이미지컷
바인더 홀

1단
2단
3단
BEER
이태리 크래프트 비어 프리스카, 자가라
ITALIAN CRAFT BEERS FRISKA, ZÂGARA
58,000 (750ML)
아크 비하이 파크하얏트서울 에디션
ARK "BE HIGH" KOREAN CRAFT BEER PARK HYATT SEOUL EDITION
15,000
코에도 루리, 일본 크래프트
COEDO RURI, JAPANESE CRAFT BEER
17,000
바이엔슈테판 헤페바이스비어, 둔켈
WEIHENSTEPHANER HEFE WEISSBIER, DUNKEL
19,000 (500ML)
기네스 스타우트
GUINNESS STOUT
19,000
아사히
ASAHI
18,000
삿포로
SAPPORO
18,000
기린
KIRIN
17,000
필스너 우르겔
PILSNER URQUELL
17,000
페로니
PERONI
17,000
코로나
CORONA EXTRA
17,000
호가든 화이트
HOEGAARDEN WHITE
17,000
스텔라
STELLA ARTOIS
17,000
하이네켄
HEINEKEN
16,000
하이트 드라이 피니시
HITE DRY FINISH
13,000
상기 가격은 10%의 세금이 포함되어 있습니다. PRICES INCLUDE 10% GOVERNMENT TAX.
18
1단
2단
3단
4단
GIN
GLASS (50ML)
BOTTLE
몽키 47 (500ML)
MONKEY 47
29,000
420,000
몽키 47 슬로우진
MONKEY 47 SLOE GIN
29,500
420,000
헨드릭스
HENDRICK'S
27,500
410,000
텐커리 넘버 10
TANQUERAY NO. 10
24,500
360,000
봄베이 사파이어
BOMBAY SAPPHIRE
22,500
335,000
VODKA
벨루가 골드 라인
BELUGA GOLD LINE
53,000
790,000
벨루가 노블
BELUGA NOBLE
27,500
410,000
그레이 구스
GREY GOOSE
26,500
395,000
케틀 원
KETEL ONE
26,000
390,000
벨베디어
BELVEDERE
26,000
390,000
시락
CÎROC
26,000
390,000
엡솔루트 바닐라, 시트론 페어, 만드린
ABSOLUT VANILIA, CITRON PEAR, MANDRIN
22,500
335,000
상기 가격은 10%의 세금이 포함되어 있습니다. PRICES INCLUDE 10% GOVERNMENT TAX.
Descriptive copy

샘플 메뉴 ④는 그랜드 하얏트 인천의 메뉴북으로 ⓐ는 뷔페 레스토랑 "그랜드카페", ⓑ는 카페 "스웰라운지"의 메뉴북이다. 겉면은 검정색의 230×230mm 사이즈의 스티치로 마감한 정사각형 가죽커버로, 커버 안쪽에는 포켓이 있어 제본된 내지를 끼워넣는 방식으로 제작되었다. 같은 커버에 내지를 바꿔 끼울 수 있기 때문에 같은 계열사의 레스토랑으로서의 통일성을 유지하면서 제작단가를 절감할 수 있게 제작되었다.

내지는 210×210mm 사이즈로 플라스틱 몰딩(쫄대)에 스테인리스 고리를 끼워 넣는 방식의 스프링제본이 되어 있다. 전체 메뉴를 3가지 카테고리(그랜드카페: BEVERAGES, BREAKFAST, A LA CARTE, 스웰라운지: BREAKFAST, ALL DAY DINING, BEVERAGES)로 나누어 우측에 인덱스를 달아 구분하여 원하는 메뉴 구성을 쉽게 찾아갈 수 있게 했다.

맨 마지막 장은 주머니에 끼워넣어 커버에 내지를 고정시키는 용도로 다른 내지보다 더 두꺼운 종이를 사용했다. 내지의 맨 앞장에는 로고를 심플하게 넣었는데 먹박[54]을 주어 살짝 광택이 나도록 포인트를 주었다.

내지 디자인의 특징은 한쪽면에는 메뉴 구성을 한글과 영문으로 함께 넣고 반대면에 대표메뉴의 이미지컷을 넣어 시각적인 효과를 주었다는 점이다.

서체는 고딕 서체를 굵기와 크기를 달리하여 사용하였는데 이미지컷이 더욱 돋보이도록 글자 색상은 모두 검정으로 통일하였다.

---

54) 박찍기의 색상을 광택나는 검정색으로 한 것. 흰 바탕에 검정 글자가 더욱 돋보이는 효과를 가진다.

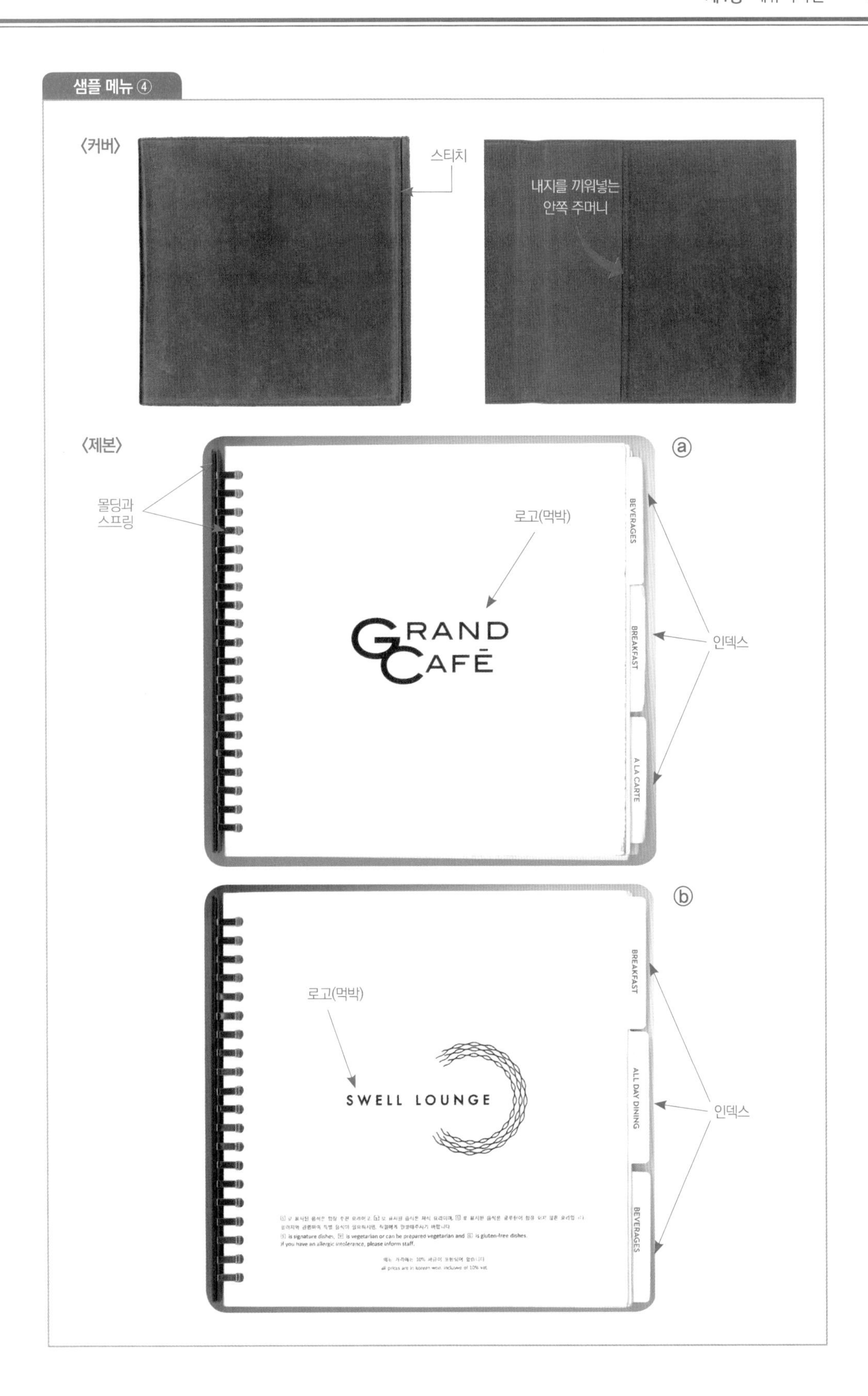
샘플 메뉴 ④
〈커버〉
스티치
내지를 끼워넣는
안쪽 주머니
〈제본〉
ⓐ
몰딩과
스프링
로고(먹박)
GRAND
CAFÉ
BEVERAGES
BREAKFAST
A LA CARTE
인덱스
ⓑ
로고(먹박)
SWELL LOUNGE
BREAKFAST
ALL DAY DINING
BEVERAGES
인덱스

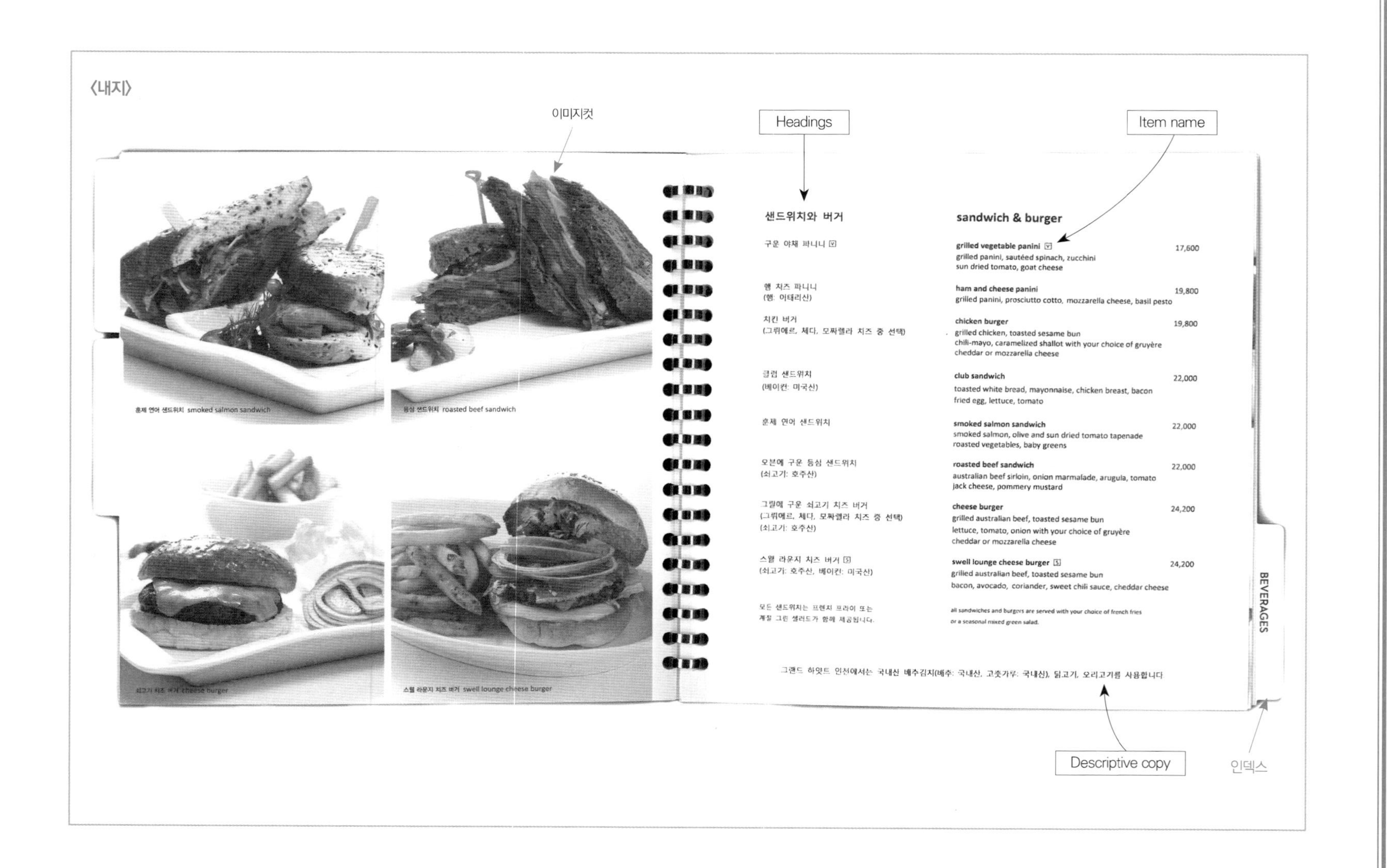
〈내지〉
이미지컷
Headings
Item name
샌드위치와 버거
구운 야채 파니니
햄 치즈 파니니
(햄: 이태리산)
치킨 버거
(그뤼에르, 체다, 모짜렐라 치즈 중 선택)
클럽 샌드위치
(베이컨: 미국산)
훈제 연어 샌드위치
오븐에 구운 등심 샌드위치
(쇠고기: 호주산)
그릴에 구운 쇠고기 치즈 버거
(그뤼에르, 체다, 모짜렐라 치즈 중 선택)
(쇠고기: 호주산)
스웰 라운지 치즈 버거
(쇠고기: 호주산, 베이컨: 미국산)
모든 샌드위치는 프렌치 프라이 또는
계절 그린 샐러드가 함께 제공됩니다.
sandwich & burger
grilled vegetable panini 17,600
grilled panini, sautéed spinach, zucchini
sun dried tomato, goat cheese
ham and cheese panini 19,800
grilled panini, prosciutto cotto, mozzarella cheese, basil pesto
chicken burger 19,800
grilled chicken, toasted sesame bun
chili-mayo, caramelized shallot with your choice of gruyère
cheddar or mozzarella cheese
club sandwich 22,000
toasted white bread, mayonnaise, chicken breast, bacon
fried egg, lettuce, tomato
smoked salmon sandwich 22,000
smoked salmon, olive and sun dried tomato tapenade
roasted vegetables, baby greens
roasted beef sandwich 22,000
australian beef sirloin, onion marmalade, arugula, tomato
jack cheese, pommery mustard
cheese burger 24,200
grilled australian beef, toasted sesame bun
lettuce, tomato, onion with your choice of gruyère
cheddar or mozzarella cheese
swell lounge cheese burger 24,200
grilled australian beef, toasted sesame bun
bacon, avocado, coriander, sweet chili sauce, cheddar cheese
all sandwiches and burgers are served with your choice of french fries
or a seasonal mixed green salad.
그랜드 하얏트 인천에서는 국내산 배추김치(배추: 국내산, 고춧가루: 국내산), 닭고기, 오리고기를 사용합니다
BEVERAGES
Descriptive copy
인덱스
훈제 연어 샌드위치 smoked salmon sandwich
등심 샌드위치 roasted beef sandwich
쇠고기 치즈 버거 cheese burger
스웰 라운지 치즈 버거 swell lounge cheese burger

다음은 프랑스 베이커리 카페인 브리오슈 도레(Brioche Dorée)의 메뉴북으로 샘플 메뉴 ④와 같이 링바인더 제본을 이용하여 만들어졌다. 짙은 회색빛 포크로스 양장 커버에 플라스틱 링바인더가 고정되어 있어 고리에 내지를 끼우는 방식이다.

내지 디자인의 특징은 헤드 부분의 폰트를 손글씨체를 사용하였고, 로고 컬러와 같은 빨강을 포인트 컬러로 활용한 점이다. 아이템명은 프랑스어와 한국어 발음으로 적고 메뉴설명을 한글로 추가하였으며, 대표메뉴에는 에펠탑 문양을 넣어 강조하였다.

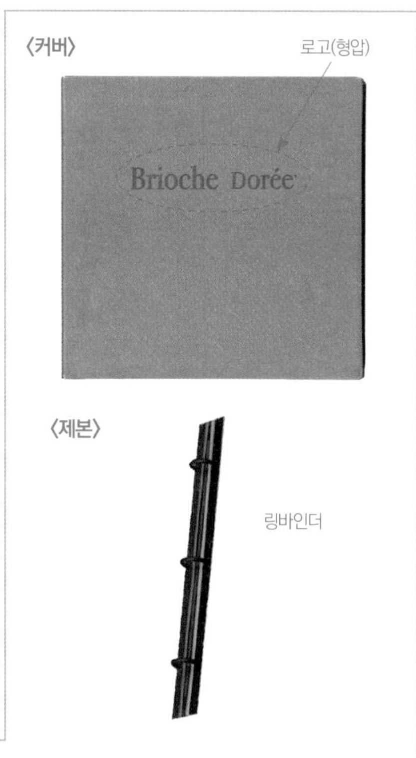

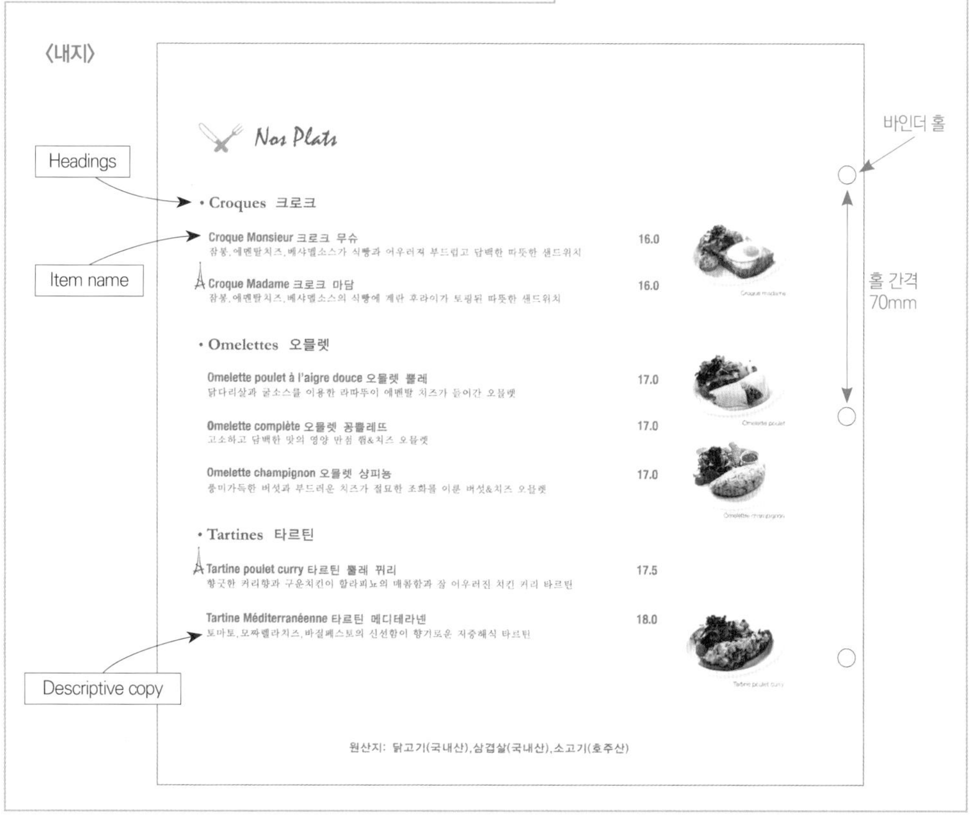

샘플 메뉴 ⑤는 노보텔 앰배서더 서울 독산에 위치한 라이브 바 그랑 아(Gran · A)의 메뉴북이다. 커버는 320×250mm의 인조가죽을 씌운 크로스 양장이며 앞면에 상호와 로고를 은박으로 찍었다. 커버 안쪽에 링바인더가 고정되어 있고, 투명한 PET[55]재질의 필름지 파일에 A4사이즈의 인쇄된 메뉴를 한 장씩 끼워 넣을 수 있는 형태로 되어 있다.

내지 인쇄물은 호텔 바의 고급스러움을 어필하기 위해 일반 용지가 아닌 펄지에 출력하였다. 메뉴는 주로 2단 그리드의 영문과 한글이 함께 적힌 목록형태이고, 헤드를 로고 컬러에 맞추어 오렌지색의 볼드한 느낌의 서체로 포인트를 주었다. 아래 여백 부분에 해당 페이지의 제품 이미지 사진을 연하게 넣어 고객이 각 페이지의 내용을 직관적으로 구분할 수 있도록 하였다.

다양한 기성품 커버에 A4사이즈의 내지만 출력하여 교체하면 되기 때문에 제작단가가 저렴하고 페이지의 추가나 수정이 비교적 간편하며, 인쇄물이 파일에 의해 보호되기 때문에 손이 많이 타도 내구성이 강하다는 장점이 있다. 반면 실용성에 비해 고급스러운 느낌이 다소 떨어진다는 단점이 있다.

샘플 메뉴 ⑤

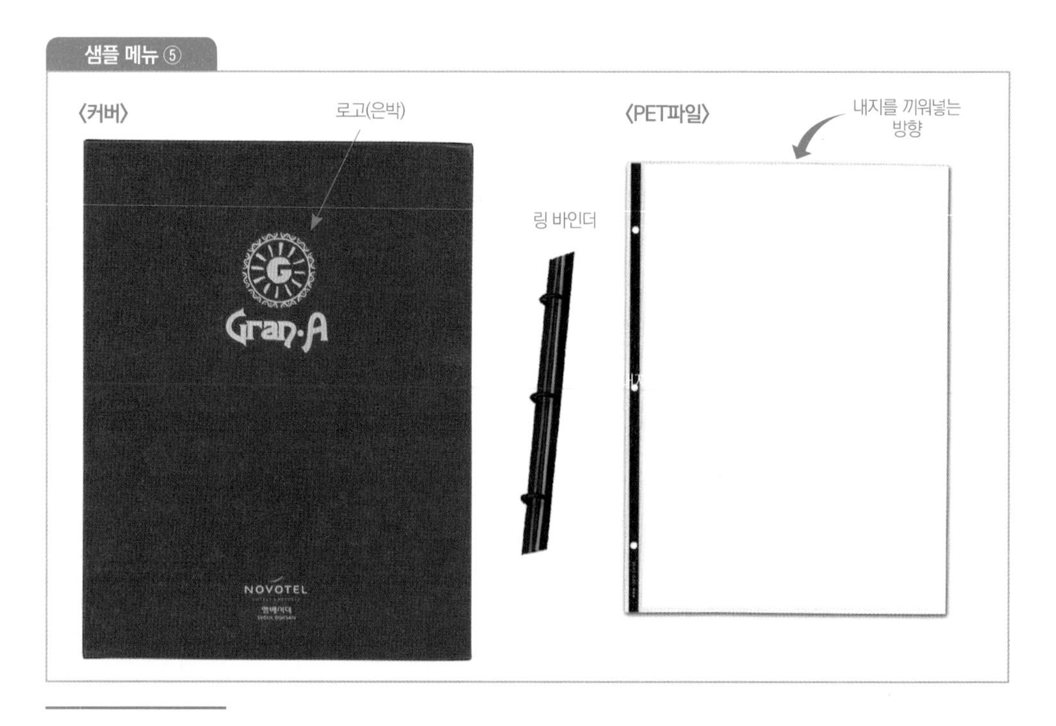

55) 페트(polyethylene terephthalate) : 음료수 병 등의 제조에 쓰이는 합성수지

〈내지〉

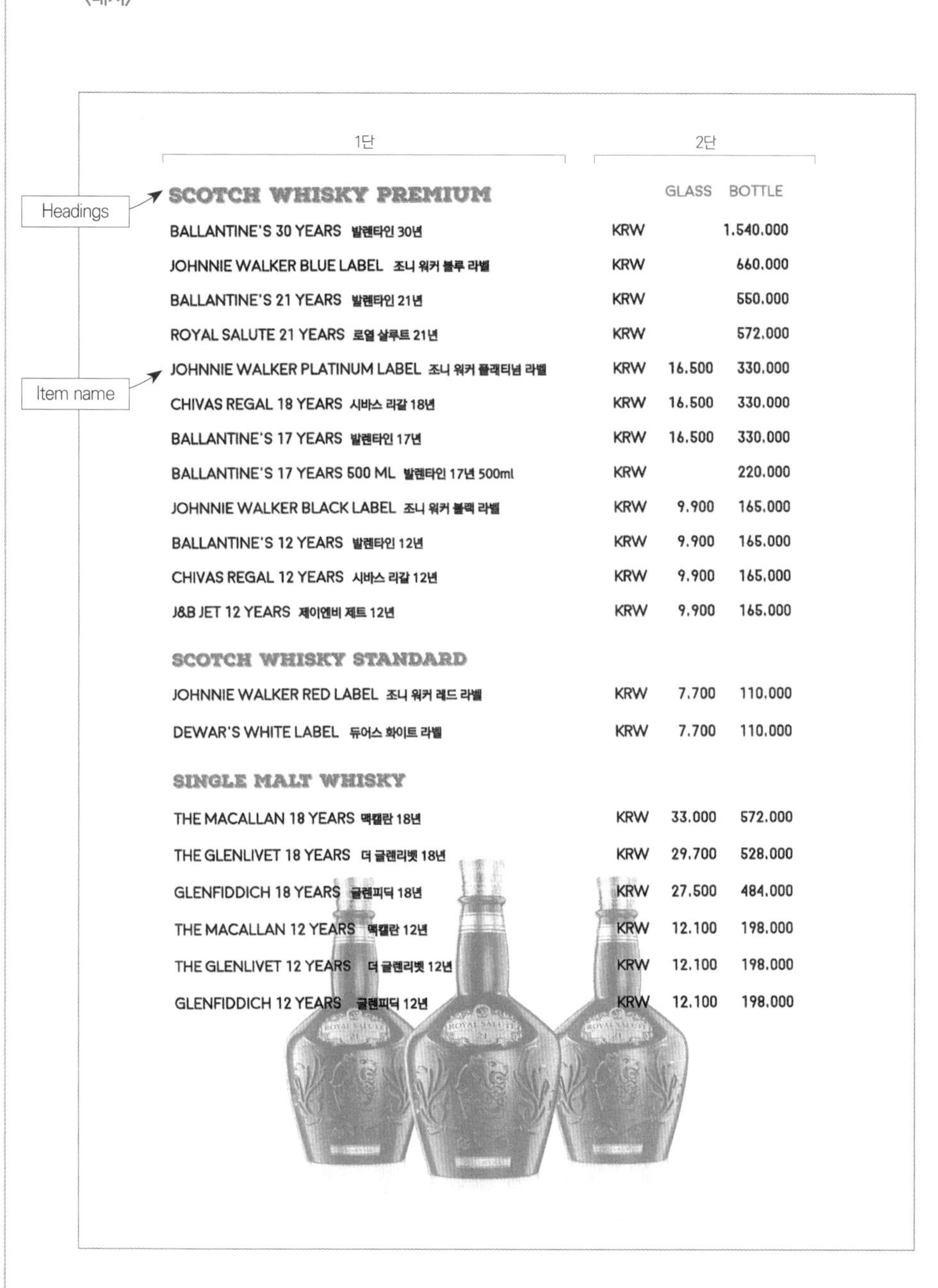

1단 2단

Headings

Item name

SCOTCH WHISKY PREMIUM		GLASS	BOTTLE
BALLANTINE'S 30 YEARS 발렌타인 30년	KRW		1,540,000
JOHNNIE WALKER BLUE LABEL 조니 워커 블루 라벨	KRW		660,000
BALLANTINE'S 21 YEARS 발렌타인 21년	KRW		550,000
ROYAL SALUTE 21 YEARS 로열 살루트 21년	KRW		572,000
JOHNNIE WALKER PLATINUM LABEL 조니 워커 플래티넘 라벨	KRW	16,500	330,000
CHIVAS REGAL 18 YEARS 시바스 리갈 18년	KRW	16,500	330,000
BALLANTINE'S 17 YEARS 발렌타인 17년	KRW	16,500	330,000
BALLANTINE'S 17 YEARS 500 ML 발렌타인 17년 500ml	KRW		220,000
JOHNNIE WALKER BLACK LABEL 조니 워커 블랙 라벨	KRW	9,900	165,000
BALLANTINE'S 12 YEARS 발렌타인 12년	KRW	9,900	165,000
CHIVAS REGAL 12 YEARS 시바스 리갈 12년	KRW	9,900	165,000
J&B JET 12 YEARS 제이앤비 제트 12년	KRW	9,900	165,000
SCOTCH WHISKY STANDARD			
JOHNNIE WALKER RED LABEL 조니 워커 레드 라벨	KRW	7,700	110,000
DEWAR'S WHITE LABEL 듀어스 화이트 라벨	KRW	7,700	110,000
SINGLE MALT WHISKY			
THE MACALLAN 18 YEARS 맥캘란 18년	KRW	33,000	572,000
THE GLENLIVET 18 YEARS 더 글렌리벳 18년	KRW	29,700	528,000
GLENFIDDICH 18 YEARS 글렌피딕 18년	KRW	27,500	484,000
THE MACALLAN 12 YEARS 맥캘란 12년	KRW	12,100	198,000
THE GLENLIVET 12 YEARS 더 글렌리벳 12년	KRW	12,100	198,000
GLENFIDDICH 12 YEARS 글렌피딕 12년	KRW	12,100	198,000

다음은 샘플 메뉴 ⑤와 비슷한 파일형 메뉴북으로 노보텔 앰배서더 대구에 위치한 퓨전레스토랑 더 스퀘어(the SQUARE)의 메뉴북이다. 커버는 테두리에 스티치로 마감한 스웨이드 재질의 크로스 장정이고, 내지는 핀으로 끼워 고정하는 방식이다. 앞면에 있는 로고와 상호는 스테인리스 부식(에칭)으로 제작해 부착했다.

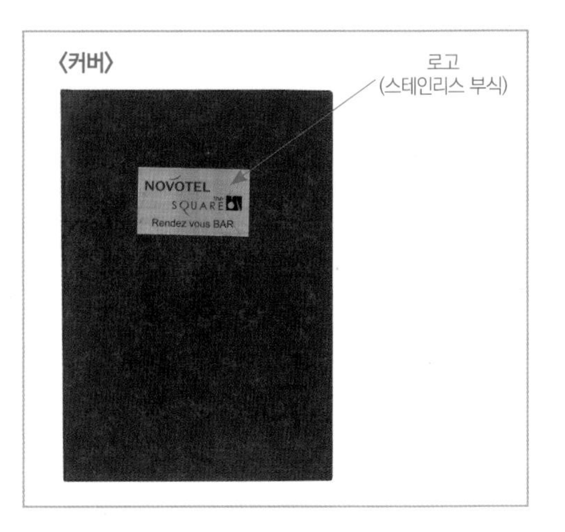

내지는 책등쪽에서 인쇄물을 끼워넣을 수 있는 PET필름 파일 패널로 총 8페이지가 구성되어 있는데, 파일 테두리에 바이어스를 재봉해 두른 뒤 모서리에 은테로 고정되어 있어 내구도가 높다.

샘플 메뉴 ⑥의 ⓐ는 콘라드 서울 호텔의 결혼식 만찬 메뉴이다. 겉면은 검정색 두꺼운 엠보싱지를 3단으로 접어 내지의 2/3를 감싸는 봉투처럼 제작되었는데, 커버 안쪽에 포켓이 있어 내지를 끼워넣도록 했다. 겉면을 닫았을 때 앞면에 내지의 금박 장식과 신랑신부의 영문명, 날짜와 장소, 커버의 호텔명이 보이도록 디자인되어 있어 청첩장 같은 효과를 주도록 했다. 커버의 호텔명은 금박으로 찍었고 여백 부분에 은행잎 문양을 먹박으로 넣어 조명에 따라 광택이 나는 효과를 주었다.

내지는 137×225mm의 미색지에 타이틀은 신랑신부의 이름을 필기체로 가장 크게 넣었고 날짜와 장소를 작은 명조체로 넣었다. 아이템명은 영문 필기체와 한글 명조체를 함께 넣었는데 모두 클래식한 느낌을 주는 가운데 정렬을 사용하였다. 가장 상단에 꽃문양을, 하단에 호텔명을 금박으로 넣어 고급스러운 느낌을 더해주었다.

ⓑ는 리츠칼튼 서울 호텔의 연회 만찬 메뉴이다. 135×180mm 사이즈의 연미색 양장 커버에 속지가 술이 달린 가름끈으로 고정되어 있다. 커버에는 호텔명과 로고를 금박으로 처리하였고 펼쳤을 때 왼쪽 면에 행사명, 날짜, 장소가 있고 오른쪽 면은 메뉴 구성이 나온다. 서체는 명조체와 이텔릭체를 사용하였고 가운데 정렬 방식으로 되어 있다.

ⓒ는 서울신라호텔의 프렌치 레스토랑 콘티넨탈(CONTINENTAL)의 개인연회 메뉴이다. 커버는 검정색 무늬지를 합지한 뒤 상호만 먹박으로 찍어 심플하면서도 고급스러운 느낌을 주었다. 커버와 내지는 핀으로 고정되어 있고 내용 부분의 서체는 명조체, 가운데 정렬을 사용하였다.

개인 연회는 메뉴가 한정되어 있고 가격이 들어가지 않으므로 내지는 보통 1단 그리드의 레이아웃을 활용하기 좋고, 커버와 내지는 심플하게 디자인하고 금박이나 은박 등 후가공으로 포인트를 주는 편이 고급스러운 느낌을 살릴 수 있다.

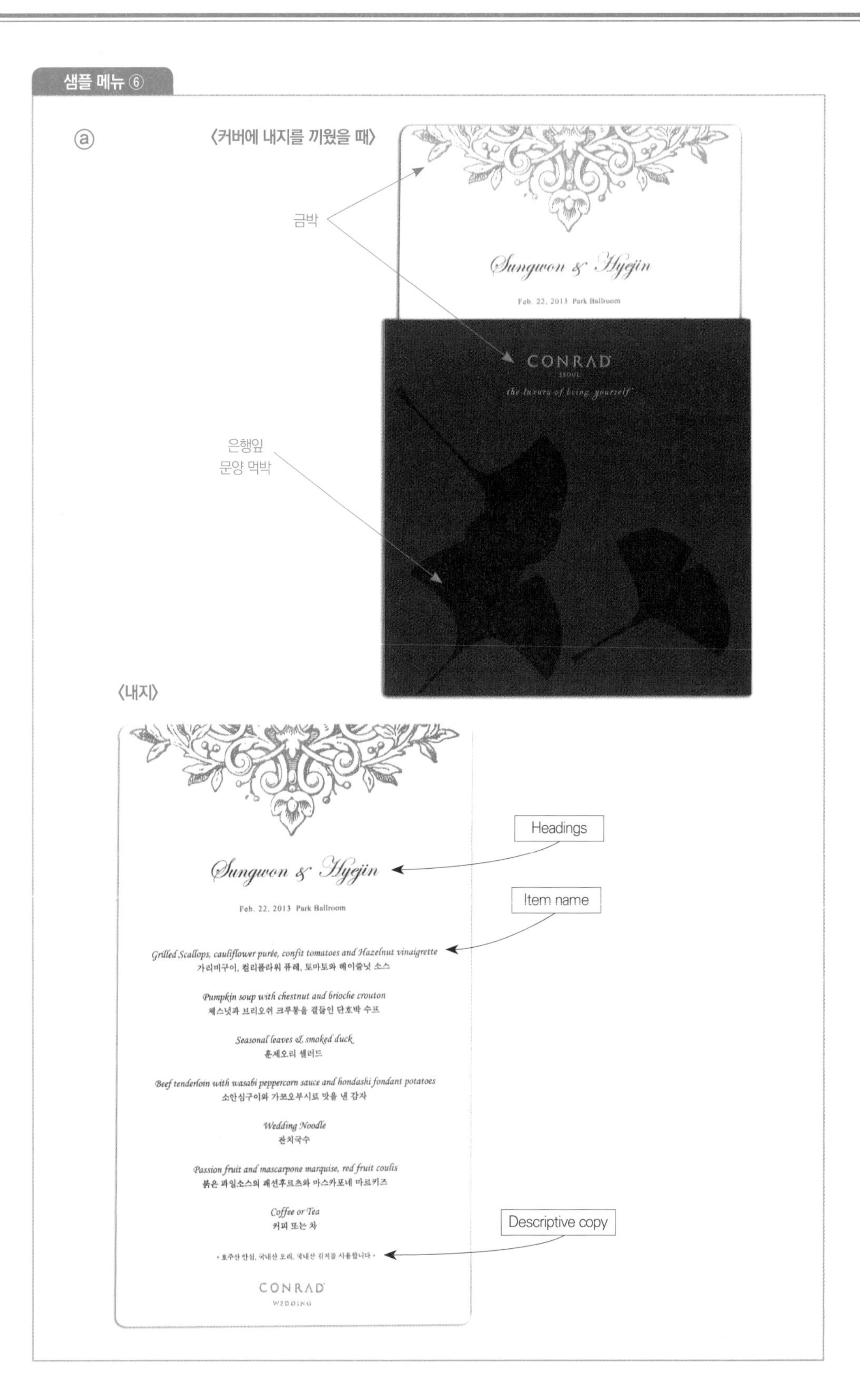
샘플 메뉴 ⑥
ⓐ
〈커버에 내지를 끼웠을 때〉
금박
Sungwon & Hyejin
Feb. 22. 2013 Park Ballroom
CONRAD
SEOUL
the luxury of being yourself
은행잎
문양 먹박
〈내지〉
Headings
Item name
Sungwon & Hyejin
Feb. 22. 2013 Park Ballroom
Grilled Scallops, cauliflower purée, confit tomatoes and Hazelnut vinaigrette
가리비구이, 컬리플라워 퓨레, 토마토와 헤이즐넛 소스
Pumpkin soup with chestnut and brioche crouton
체스넛과 브리오쉬 크루통을 곁들인 단호박 수프
Seasonal leaves & smoked duck
훈제오리 샐러드
Beef tenderloin with wasabi peppercorn sauce and hondashi fondant potatoes
소안심구이와 가쯔오부시로 맛을 낸 감자
Wedding Noodle
잔치국수
Passion fruit and mascarpone marquise, red fruit coulis
붉은 과일소스의 패션후르츠와 마스카포네 마르키즈
Coffee or Tea
커피 또는 차
Descriptive copy
• 호주산 안심, 국내산 오리, 국내산 김치를 사용합니다 •
CONRAD
WEDDING

ⓑ 〈커버〉
금박
THE RITZ-CARLTON®
SEOUL
가름끈
〈내지〉
경기대학교 외식조리학과 사은회
2010년 11월 02일 화요일
The Ritz-Carlton, Seoul
MENU
Marinated King Crab Timbale with Mexican Salsa
왕게살 팀발과 멕시칸 살사
* * *
Marinated Herb Mushroom Cream Soup
버섯 크림 수프
* * *
Seafood Ragout
Curry, Lemon Cream, Olive Garlic
커리, 레몬 크림에 해산물 라구
* * *
Pan Seared Beef Tenderloin with
Red Wine Essence, Tomato, Market Vegetable, Potato
소 안심 스테이크
토마토와 계절 야채
* * *
Tiramisu Cream and Finger Biscuit
티라미슈와 비스켓
* * *
Coffee or Tea
커피 또는 홍차
We are pleased to serve you :
Korean Rice, Kimchi, Australian Beef Tenderloin.
연회장에서는 국내산 쌀, 김치류와
호주산 안심을 제공합니다.

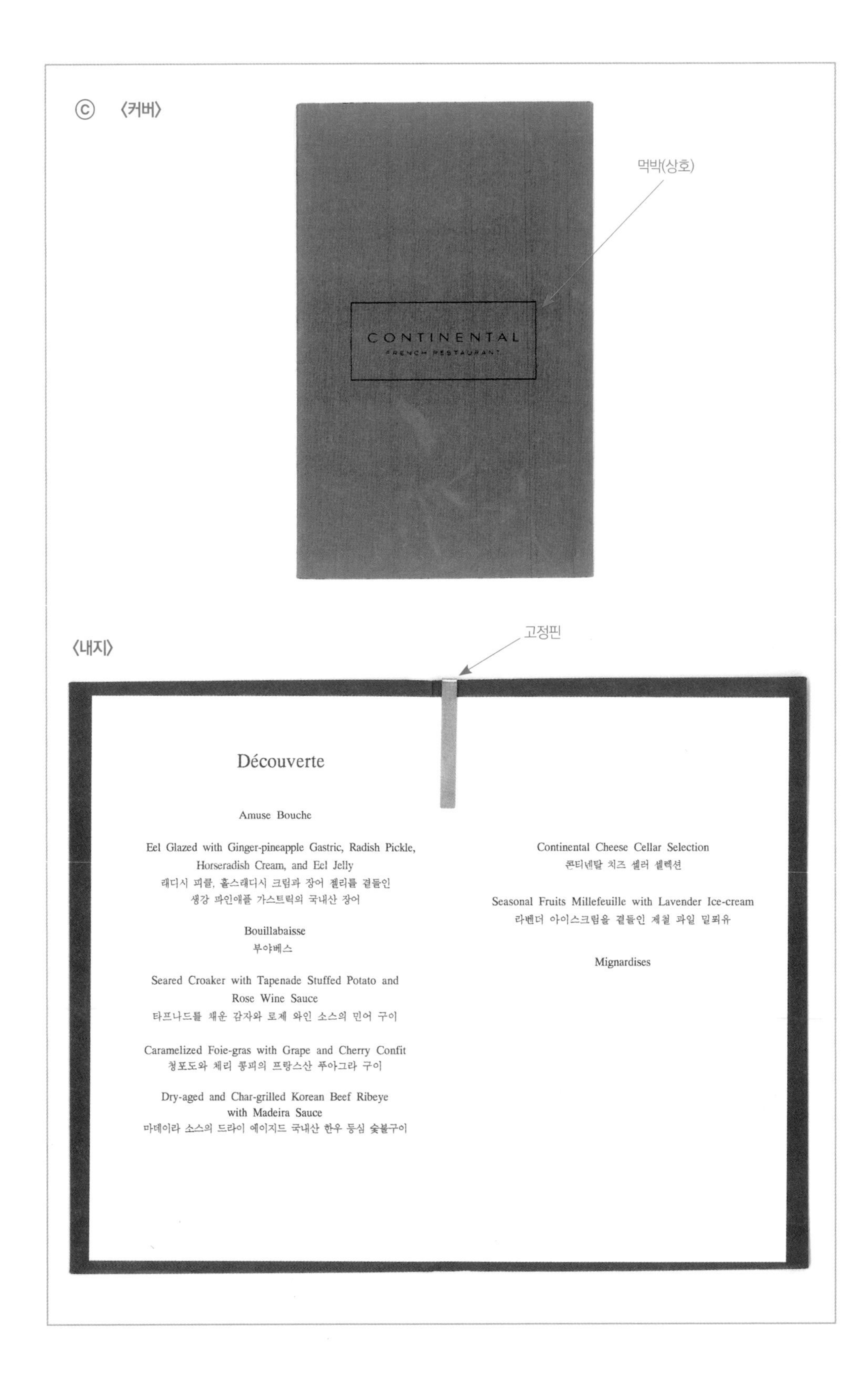
ⓒ 〈커버〉
먹박(상호)
CONTINENTAL
FRENCH RESTAURANT
〈내지〉
고정핀
Découverte
Amuse Bouche
Eel Glazed with Ginger-pineapple Gastric, Radish Pickle, Horseradish Cream, and Eel Jelly
래디시 피클, 홀스래디시 크림과 장어 젤리를 곁들인 생강 파인애플 가스트릭의 국내산 장어
Bouillabaisse
부야베스
Seared Croaker with Tapenade Stuffed Potato and Rose Wine Sauce
타프나드를 채운 감자와 로제 와인 소스의 민어 구이
Caramelized Foie-gras with Grape and Cherry Confit
청포도와 체리 콩피의 프랑스산 푸아그라 구이
Dry-aged and Char-grilled Korean Beef Ribeye with Madeira Sauce
마데이라 소스의 드라이 에이지드 국내산 한우 등심 숯불구이
Continental Cheese Cellar Selection
콘티넨탈 치즈 셀러 셀렉션
Seasonal Fruits Millefeuille with Lavender Ice-cream
라벤더 아이스크림을 곁들인 제철 과일 밀푀유
Mignardises

결론

고객에게 제공하는 메뉴는 미술관에 전시된 그림과 같이 감상의 대상이 되어서는 안 되고, 고객과 대화하는 대화의 대상이 되어야 한다. 복잡한 현대를 살아가는 오늘날의 고객은 가장 쉬운 방법으로 본인이 원하는 아이템과 대화하기를 원한다. 이러한 기본적인 개념이 메뉴디자인에 우선적으로 고려되어야 한다.

수 페이지에 이르는 메뉴, 가독성이 고려되지 않은 메뉴, 사전을 가지고 뜻을 찾아야 하는 아이템, 발음하기조차 어려운 아이템명, 사진첩과 같은 메뉴, 어느 아이템이 레스토랑에서 가장 많이 팔기를 원하는 아이템인지 분간할 수 없는 디자인, 메뉴디자인에 대한 이론이 무시된 메뉴, 그저 아름다움만 추구된 메뉴…, 이러한 메뉴들은 누가, 누구를 위해서, 왜 만들었을까?

메뉴는 우선 대화의 도구로 만들어져야 한다. 그래서 겨냥하는 고객의 수준으로 대화할 수 있게 디자인되어야 한다. 간단명료하게 메뉴와 대화하여 원하는 아이템을 선택할 수 있도록 메뉴가 디자인되어야 한다.

메뉴상에 제공되는 모든 아이템이 같은 비율로 대화의 대상이 되는 경우는 그리 흔한 일이 아니다. 그렇기 때문에 특정 아이템은 또 다른 특정 아이템보다 대화에 많이 거론될 수 있도록 디자인을 통한 차별화가 이루어져야 한다. 이러한 기교가 아이템의 위치와 순위, 활자의 크기와 타입, 특별한 표시, 매가 표시위치, 컬러 등을 이용한 메뉴디자인의 기교이다.

심미성(審美性)만이 강조되는 메뉴디자인은 메뉴가 "커뮤니케이션과 관리도구"로 정의되는 시점에서는 더 이상 유효하지 않다는 사실을 메뉴관리자들은 알아야 한다. 특히, 와인 리스트의 경우도 전통적인 접근방법에서 탈피하여 보다 마케팅지향적인 접근이 요구된다.

더 이상 와인 리스트의 역할이 알리는 기능에만 머물러 있어서는 안 되며, 레스토랑 운영에서 메뉴가 부여받은 새로운 역할인 관리와 마케팅도구로 그 역할이 전환되어야 한다. 즉, 메뉴이론에서 일반화된 기교들이 와인 리스트의 디자인에도 적용되어야 한다. 그래야만 와인을 통해 레스토랑의 전체적인 매출을 높일 수 있다.

참/고/문/헌

4장

- 고성기(1989), 잡지 편집의 이론과 실제, 보성사, p.304.
- 김두식(1994), 편집실무와 전자출판, 도서출판 타래, p.125.
- 김현미(2017), 타이포그래피 포스터, CMYK.
- 나정기(2004), 메뉴관리론, 백산출판사, p.135~137.
- 루시엔 로버츠 지음, 경노훈 옮김(2009), 디자인 그리드와 레이아웃, 아트나우.
- 야마다 리에이 지음. 김충기 옮김(1989), 기업전략과 광고디자인의 원리, 디자인하우스, pp.54, 147, 152.
- 엠브로즈 · 해리스 지음, 김은희 옮김(2011), 타이포그래피, 2쇄.
- 원유홍 · 서승연(2004), 타이포그래피 천일야화, 안그라픽스, pp. 75-84, 90~112.
- 원유홍 · 서승연(2012), 타이포그래피 천일야화, 개정판, 안그라픽스, pp. 98~107, 114~136.
- 이기성(2007), 한글 타이포 그래피, 한국학술정보㈜.
- 임헌우, 한상만(2017), 새로운 편집디자인, 나남, p.227.
- 제임스 크레이크, 아이린 코롤 스컬러, 윌리엄 베빙톤 지음, 최문경, 문지숙 옮김(2010), 타이포 그래피 교과서, 안그라픽스, pp.21, 23, 24~25, 69, 75~82.
- 차배근(1993), 커뮤니케이션학개론(下), 세영사, pp.137~138.
- 최종수(1980), 한국신문편집론, 총화각, pp.17, 97~98.
- 탁연상(1995), 따라해보세요 흔글 3.0, 한글과 컴퓨터사, pp.98~99.
- 커뮤니케이션 디오 지음(2008), 레이아웃 & 인쇄 디자인 가이드, 웰북, pp.30~36. 102, 198~204, 211~221.
- 흔글 2.5 기능설명서(1994), 한글과 컴퓨터사, pp.77, 81~82.

- Albin Seaberg(1991), *Menu Design ; Merchandising and Marketing*, 4th ed., VNR, pp.5, 7, 11, 23~30, 34.
- Allen Z. Reich(1990), *The Restaurant Operator's Manual*, VNR, p.184.
- Anthony M. Rey and Ferdinand Wieland(1985), *Managing Service in Food and Beverage Operations*, AH & MA, pp.43, 52~55.
- Arno Schmidt(1987), *F & B Management in Hotel*, A CBI Book, p.15.
- Bernard Davis and Sally Stone(1991), *Food and Beverage Management*, 2nd ed., Butterworth Heinemann, pp.55, 64, 78.
- Bobbs-Merill(1971), *Menu Planning and Foods Merchandising*, Restaurant Business.
- Brian Wansink, James Painter and Koert Van Ittersum(2001), Descriptive menu lavels' effect on sales, Cornell Hotel and Restaurant Administration Quarterly, December 2001, pp.68~72.
- David Pavesic(2005), The psychology of menu design: Reinvent your silent salesperson to increase check averages and guest loyalty, Restaurant Startup & Growth, Feb 2005, pp.37~41.
- David T. Denney(2009), A truth-in-menu labeling law primer, Restaurant Startup & Growth, Oct 2009:

25~31.
- Diane Kochilas(1991), *Making a Menu, Restaurant Business*, Nov/20, p.96.
- Donald E. Lundberg(1985), *The Restaurant : From Concept to Operation*, John Wiley & Sons, p.56.
- Doris Z. Hochman(1991), *Making a Menu, Food and Service*, Dec., p.18.
- Douglas P. Fisher(1992), *Your Menu : The Ultimate Sale Tool*, CH & R, April, p.66.
- Eric F. Green, Galen G. Drake(1991), *Profitable Food and Beverage Management : Planning*, VNR, p.283.
- Gail Bellamy(1993), *Menus That Sell, Restaurant Hospitality*, May, p.136.
- Geneviève de Temmerman et Didied Chedorge(1995), *Cartes et Menus de Restaurant*, Scribo.
- Hrayr Berberoglu(1988), *How to Create Food and Beverage Menus*, 2nd ed., Food and Beverage Consultants, pp.27~29, 35~36.
- Jack E. Miller(1992), *Menu Pricing and Strategy*, 3rd ed., VNR, pp.2, 5, 26, 32~41.
- James R. Abbey(1989), *Hospitality Sales and Advertising*, AH & MA, pp.192.
- Jane Widerman(1991), *Inviting Menus,* CH & R, Oct. 1991, pp.38~39.
- Jay Solomon(1992), *A Guide to Good Menu Writing*, Restaurant USA, May, p.27.
- John W. Stokes(1982), *How to Manage a Restaurant*, 4th ed., Web., p.66.
- Judi Radice(1985), *Menu Design*, N/Y : PBC International, p.18.
- Judi Radice(1987), *Menu Design 2 ; Marketing the Restaurant through Graphic*, PBC International, p.16.
- Juline E. Mills and Joan Marie Clay(2001), The truth-in-menu law and restaurant consumers, Food Service Research International, Vol. 13(2), 69~82.
- Kathy Groiss(1983), *Clip-ons ; the Exclamation point on your menu*, NRA News, April, p.29.
- Lendal H. Kotschevar(1974), *Management by Menu,* National Institute for the Foodservice Industry, pp.46, 182, 185, 187, 197.
- Lendal H. Kotschevar and Diane Withrow(2008), *Management by Menu*, 4th ed., John Wiley & Sons, Inc., pp.184~205.
- Leonard F. Fellman(1981), *Merchandising by Design, Developing Effective Menu & Wine Lists*, Lebhar-Friedman Books, p.26.
- M. Beverly Kay(1985), *Menu Design and Layout, The Degree of MPS*, Graduate School of Cornell University.
- Manfred Hofler(1996), *Dictionnaire de l'Art Culinaire Français*, EdISUD.
- Monica Kass(1990), *Build a Better Menu, Restaurant & Institutions*, June 27, pp.56, 180~187.
- Nancy Loman Scanlon(1990), *Marketing by Menu*, 2nd ed., VNR, pp.64~65, 119, 175, 180~187.
- Restaurant Business(1991), *Making a Menu*, Nov., No 20, p.96.
- Robert A. Brymer(1989), *Introduction to Hotel and Restaurant Management : A Book of Readings*, 5th ed., Kendall/Hunt, p.98.
- Robert D. Reid(1989), *Hospitality Marketing Management*, 2nd ed., VNR, p.350.
- Robert Doerfler(1978), *Menu Design for Effective Merchandising*, The Cornell H & R Quarterly, November, pp.38~46.
- Robert J. Courtine(1984), *Larousse Gastronomique*, Librairie Larousse-Paris, pp.398, 620, 930.

- Sybil S. Yang(2012), Eye movements on restaurant menus: A revisitation on gaze motion and consumer scan paths, International Journal of Hospitality Management, 31(2012), pp.1021~1029.
- T. F. Chiffriller(1982), *Successful Restaurant Operation*, CBI, p.202.
- Through the Eyes of the Customer, *The Gallup Monthly Report on Eating Out*, Vol 7, No 3, Oct. 1987.
- William L. Kahrl(1975), *Foodservice Productivity Profit Ideabook*, Cahners Books, pp.15, 25.
- http://blog.daum.net/pgfive/15139342
- http://www.alain-ducasse.com/sites/default/files/2017_07_07_aux_lyonnais_-_dinner_en.pdf
- https://www.bocuse.fr/media/original/588095b11c172/carte-menu-ete2017.pdf
- https://www.google.co.kr/search?q=standard+menu+book+size&tbm=isch&tbo=u&source=univ&sa=X&ved=0ahUKEwje26nO-rnVAhUBw7wKHYCHDOUQsAQINQ&biw=1280&bih=929
- http://www.lechatnoir.com.au/menus/2017Jul21A%20la%20Carte%20Menu.pdf
- http://lisledefranceterrigal.com.au/ldf-a-la-carte-menu.pdf
- http://www.menudesigns.com/menu-covers
- http://www.smithandwollenskynyc.com/wp-content/uploads/2017/07/SW_dinnermenu.pdf

메뉴분석과 평가

제 5 장

메뉴분석과 평가

I 메뉴분석과 평가에 대한 개요

1. 메뉴 평가의 절차

과거와는 달리 판매시점에서 POS(Point of Sale)[1]의 도입으로 메뉴분석이 일상화되고, 더욱 구체화되었으며, 용이해졌다.

메뉴는 앞서 언급한 대로 레스토랑 운영의 모든 영역에 영향을 미친다. 또한 레스토랑마다 특성이 강하여 메뉴의 계획과 디자인에 주관적인 요소가 많이 포함되어 있다. 그 결과 메뉴에 대한 특정 이론을 모든 레스토랑에 공통적으로 적용하거나, 또는 어느 특정 레스토랑의 메뉴를 선택하여 평가와 분석을 행하고, 그 평가와 분석에서 도출된 결과를 객관적으로 발표하는 데는 여러 가지의 모순이 있다.

이러한 이유 때문에 선진 외국에서도 메뉴의 평가와 분석에 대한 선행연구는 그리 많지 않으며, 모든 레스토랑에 공통적으로 적용되는 메뉴의 평가와 분석기법은 아직은 없는 듯하다.

1) POS는 금전등록기와 컴퓨터 단말기의 기능을 결합한 시스템으로 매상금액을 정산해 줄 뿐만 아니라 동시에 소매경영에 필요한 각종 정보와 자료를 수집 · 처리해 주는 시스템으로 판매시점 관리 시스템이라고 한다.

실제 레스토랑에서 사용 중인 메뉴는 크게 메뉴의 계획, 메뉴의 디자인, 그리고 메뉴의 제작이라는 과정을 거친다. 그리고 각 과정에서는 보다 구체적인 여러 가지의 내·외적인 변수들이 고려된다. 비록 완벽한 이론적인 배경과 절차를 거쳐 성공적인 메뉴가 만들어졌다 해도 내·외적인 환경의 변화로 인하여 메뉴는 다시 수정·보완되어져야 한다.

메뉴의 평가와 분석은 메뉴가 계획되고 디자인되는 과정, 실제의 메뉴, 그리고 일정 기간 동안의 영업결과를 바탕으로 수익성과 선호도를 평가하고 분석하는 것이다. 그리고 평가와 분석의 결과는 피드백(feedback)이라는 과정을 거쳐 다시 메뉴계획과 디자인, 그리고 실제의 메뉴제작에 반영되어야 한다. 일반적으로 많이 언급되는 체계화된 메뉴의 분석방법과 평가방법을 정리하면 다음과 같다.

메뉴계획과 디자인, 그리고 실제 영업의 결과와 같이 3개의 영역으로 나누어진다. 즉, 메뉴계획을 통해서 기획된 메뉴가 디자인을 거쳐 메뉴판이 만들어지고, 그리고 그 메뉴판을 바탕으로 일정 기간 영업을 한 후의 결과를 바탕으로 분석이 이루어지는 과정을 거친다.

메뉴가 계획되고 디자인되는 과정에서 고려되는 내용들이 분석과 평가의 대상이 된다. 즉, 고객에게 제공될 아이템을 계획하는 과정과 계획된 내용이 메뉴판을 디자인할 때 고려되었는가가 대상이 된다. 그렇기 때문에 메뉴의 계획과 디자인과정의 평가는 메뉴계획자와 디자이너를 평가하는 것이다. 즉, 메뉴계획자와 디자이너가 메뉴의 계획과 디자인과정에서 고려하여야 할 변수들을 어느 정도나 고려하였는가를 측정하여 메뉴의 계획과 디자인과정을 평가하는 것이다.

메뉴계획자와 디자이너가 메뉴의 계획과 디자인에 대한 이론적인 배경이 없으면 실제의 메뉴도 이론적인 배경이 경시된 상태에서 제작된 메뉴라고 말할 수 있다.

이러한 점을 고려할 때 메뉴의 계획과 디자인과정에 대한 평가는 아주 중요하다. 그러나 지금까지는 메뉴의 계획과 디자인과정에 대한 평가는 경시되고 결과만을 평가하는 모순이 있었다.

2. 메뉴(판) 자체의 평가

여기서는 메뉴(판) 자체를 평가하는 것으로 크게 메뉴의 계획과 디자인에 대한 평가로 나누어서 할 수 있다.

평가되는 내용은 메뉴계획과 디자인 시 고려되는 변수이며 특정 레스토랑 메뉴의 계획과 디자인을 객관적으로 평가할 수 있는 변수를 선정하고, 평가의 기준은 선정된 변수가 된다.

이 평가는 메뉴의 계획과 디자인과정의 평가와 동일한 평가기준으로 이루어지나, 사람이 아닌 메뉴 자체가 평가의 대상이 된다. 이러한 점을 감안한다면 만약 메뉴계획자와 메뉴 디자이너가 메뉴의 계획과 디자인과정에서 이론을 바탕으로 메뉴를 계획하고 디자인했다면, 특정 레스토랑의 메뉴는 긍정적으로 평가되어지게 된다.

1) Jack E. Miller의 자체 메뉴평가 항목

다음에 제시하는 여러 가지의 평가항목들은 메뉴계획과 디자인과정에서 일반적으로 고려되는 항목들로 특정 레스토랑의 메뉴를 평가하는데 도움을 줄 수 있는 항목들이다. 그러나 모든 항목들이 모든 레스토랑에 공통적으로 적용될 수 있는 것은 아니다. 중요한 것은 메뉴의 계획과 디자인 시 고려되는 변수들 중에서 특정한 레스토랑의 상황에 적합한 평가기준을 만들어 평가하는 것이다.

다음에 제시한 40개의 항목은 메뉴를 자체 평가할 수 있도록 개발된 자체 메뉴평가

가이드라인이다. 여기서는 각 항목에 5점씩을 부여하여 총점이 200점이 되게 하였다. 그러나 어느 점수대의 메뉴는 나쁘고, 반대로 어느 점수대의 메뉴는 훌륭한 메뉴라고 정한 기준은 없다. 또한 40개의 평가항목이 모든 레스토랑에 공통적으로 적용될 수 있는 것도 아니다.

표 5-1 • 자체 메뉴평가 가이드라인

1. 메뉴상 제공되는 아이템에 대한 향미(flavour), 농도(consistency), 그리고 색깔이 대조를 이루고 있는가?
2. 메뉴상에 있는 모든 아이템을 만드는 데 필요한 적절한 기기(equipment)가 주방에 충분하게 있는가?
3. 아이템의 원재료 원가가 메뉴상의 모든 아이템에 공평하게 분배되어 있는가?
4. 메뉴상의 아이템 중에서 준비하는 데 시간이 많이 걸리는 아이템 또는 높은 수준의 스킬을 요하는 아이템이 포함되어 있는가?
5. 메뉴상 아이템의 조리방식이 반복되며 단조로운가?
6. 과다한 원재료의 상승을 유발하는 계절적인 아이템이 한정적이며, 메뉴상에 모든 아이템의 원재료가 국내시장에서 구입 가능한 것들인가?
7. 매출증진을 위한 특별한 아이템 또는 Signature Item을 판매촉진에 이용하는가?
8. 메뉴상에 있는 아이템 중에서 서빙에 특별한 숙련도와 도구를 요구하는 아이템이 많은가?
9. 메뉴상에 제공되는 아이템이 고객으로부터 적절한 비율로 선택되어지고 있는가를 알기 위한 선호도 분석을 행하는가?
10. 다양한 고객을 포용할 수 있도록 메뉴상 아이템 매가의 범위가 충분히 고려되었는가?
11. 고객에게 잘 알려져 있지 않은 아이템, 또는 잘 이해하지 못하는 아이템에 대한 설명이 잘 되어 있는가?
12. 메뉴상 아이템에 대한 설명이 진실하게 되어 있는가? (질, 양, 원산지…, 등)
13. 특별한 메뉴가 특별한 고객층, 또는 특별한 행사나 시간대에 잘 활용되고 있는가?
14. 레스토랑의 조명에 맞게 활자는 선택되었는가?
15. 고정메뉴에서 메뉴의 다양성을 위해서 매끼마다 한 가지의 오늘의 요리를 선보이는가?
16. 메뉴의 모양이 레스토랑의 위치, 역사, 지역 등을 고려한 독창적인 모양인가?
17. 오늘의 특별요리가 메뉴에 Clip-ons 메뉴로 사용되는 경우 그 아이템은 이미 메뉴상에 있는 아이템과 반복되지는 않는가?
18. 겨냥하는 고객의 흥미를 끌기 위한 최근의 음식 추세를 고려한 다양성을 제공하는가?

19. 메뉴상 아이템의 순위를 가격의 오름차순 또는 내림차순 또는 많이 팔기를 원하는 아이템 순으로 하는가?
20. 메뉴 아이템의 매가는 고객이 지각한 가치와 일치하는가?
21. 아이템과 매가의 변경을 위해서 매가를 종이로 오려붙여 표시하였는가?
22. 수익성이 없는 아이템이라고 인정된 아이템도 아직 메뉴상에 있는가?
23. 메뉴의 매가는 경쟁사의 매가와 경쟁력이 있는가?
24. 특정한 아이템이 수익성이 높은 아이템의 생산을 방해 또는 제한하는가?
25. 계절적인 식자재 또는 싼 식자재를 이용하기 위해서 메뉴를 교체하는가?
26. 메뉴상의 아이템을 생산하는데 있어서 주방 종사원의 업무가 공평하게 분배되는가?
27. 인건비를 절약하고 시설비를 제한하기 위한 방안으로 편의식품을 사용하는가?
28. 레스토랑의 개성을 독자적으로 표현하기 위한 메뉴의 독특한 디자인, 색깔, 로고(logo)를 사용하는가?
29. 메뉴판 자체의 소재, 색상, 디자인이 레스토랑의 주체(theme)와 장식(decor)에 일치하는가?
30. 아이템을 설명하기 위해서 사진을 사용하는 경우 실제 고객에게 제공되는 음식과 계속적으로 같은가?
31. 메뉴 아이템의 범주(category)는 헤딩과 일러스트레이션(illustration) 또는 사진에 의해서 구분되어 있는가?
32. 메뉴 아이템의 배열에 있어서 수익성이 높은 아이템은 특정한 위치에 배열하고 또는 고객의 시선을 집중시키기 위한 특별한 처리를 하였는가?
33. 메뉴에 사용된 활자는 쉽게 읽을 수 있는가?
34. 아이템의 설명에 있어서 정확성 또는 진실성의 규정(rule)을 적용하였는가?
35. 메뉴상의 공간을 레스토랑의 안내를 위해서 충분히 사용하였는가?
36. 가지고 가는 음식을 서빙하기 위한 적절한 시설과 포장하기 위한 적절한 기기가 있는가?
37. 과거 3개월 동안의 식자재의 원가, 인건비, 기타 비용의 변화를 알기 위한 분석이 있었고, 그 분석의 결과를 메뉴의 매가에 반영하였는가?
38. 메뉴의 유형이 레스토랑의 스타일과 장식에 적합하며, 아이템의 수를 고려하여 메뉴 크기가 적절한가?
39. 메뉴가 전문적인 업체에 의해 인쇄되었으며, 견고하고 쉽게 교체가 가능하도록 되어 있는가?
40. Clip-ons를 사용하는 경우 메뉴판 자체의 소재와 일치하는지, 그리고 다른 아이템을 가리지 않는가?

2) Lothar A. Kreck의 자체 메뉴평가 항목

여기서 사용되는 자체 메뉴평가 항목들은 앞서 제시한 40개 항목과는 달리, 8개의 대(大) 항목으로 나눈 다음, 그 하위에 평가항목을 구체화하였다.

표 5-2 • **메뉴평가 항목**

I. Art and Design

① 메뉴의 디자인과 기교가 메뉴를 전문적으로 디자인하는 디자이너 또는 전문가가 하였는가?

② 메뉴의 디자인과 컬러, 그리고 전반적인 메뉴의 외형이 레스토랑의 인테리어, 스타일, 그리고 레스토랑의 수준과 일치하는가?

③ 일러스트레이션이 매출을 증대시킬 수 있도록 되어 있고, 가독성(쉽게 읽을 수 있는 정도: readability)을 방해하지는 않는가?

④ 컬러 일러스트레이션이 식욕을 돋울 수 있도록 보이는가?

II. Layout(배열)

① 아이템의 배열이 음식이 제공되는 순서대로 되었는가?

② 고객이 주문하기 쉽도록 헤딩을 구별하여 배열하였는가?

③ 특별한 아이템은 다른 아이템들과 구별이 가도록 활자나 박스 또는 일러스트레이션, 그래픽 등을 이용하였는가?

④ 많이 팔기를 원하는 아이템은 최상의 위치에 배열하고 고객의 시선이 집중되도록 되어 있는가?

⑤ 사용하는 팁-온 메뉴가 다른 내용을 가리지 않는가?

⑥ 메뉴상의 마진(여백)을 잘 이용하였는가?

III. 활자

① 레스토랑의 조명하에서 평균 시력을 가진 고객들이 메뉴를 쉽게 읽을 수 있도록 활자의 크기는 충분한가?

② 헤딩에 사용하는 활자의 서체는 아이템이나 아이템을 설명하는 서체와 구별되는가?

③ 소문자와 대문자가 혼용되어 사용되었는가?

④ 서체가 레스토랑의 스타일과 일치하는가?

IV. Copy

① 원식재료의 특별함과 적절한 조리방식을 이용하여 제공하는 아이템이 고객의 흥미를 끌어 식욕을 돋울 수 있도록 설명되었는가?
② 특별히 비싼 전채요리와 수프는 강조되어 설명되었는가?
③ 메인으로 제공되는 모든 샐러드는 어떻게 만들고, 식재료는 무엇이고, 그리고 곁들이는 소스가 설명되었는가?
④ 특별한 샌드위치들은 잘 설명되었는가?
⑤ 스테이크의 질, 그리고 제공되는 무게가 실제와 같이 표시되어 있는가?
⑥ 후식은 고객의 흥미를 끌 수 있도록 설명되었는가?
⑦ 칵테일과 식후 드링크에 대한 설명이 잘 되어 있는가?
⑧ 와인은 잘 어울리는 음식을 중심으로 설명되었는가?

V. Merchandising

① 레스토랑에 대한 정보가 메뉴판에 표기되어 있는가?

VI. Marketing

① 수익성이 높은 아이템은 수익성이 낮은 아이템과 차별화되도록 처리되었는가?
② 지난 3개월 동안 잘 팔리지 않은 아이템, 조금밖에 팔리지 않은 아이템을 관찰하였는가?
③ 식재료, 인건비, 기타 비용의 상승 또는 하락에 대한 내용을 메뉴의 매가에 반영하여 메뉴의 매가를 변경하였는가?
④ 수익의 증대와 고객의 유인을 위해서 특별한 아이템을 계획하여 실행하는가?

VII. Mechanical

① 종이의 질은 적합한가?
② 메뉴의 크기는 적합한가?
③ 클립-온(팁-온이라고도 한다) 메뉴에 사용된 종이의 질은 적절한가?
④ 메뉴판의 유지와 관리 상태는 양호한가?

VIII. 독창성(creativity)

① 메뉴의 디자인과 색깔, 메뉴의 모양이 다른 레스토랑의 메뉴와 완전히 구별되는가?
② 메뉴의 설명이 생기가 있고 독창적인가?

Ⅱ 메뉴분석

1. 아이템의 선호도와 수익성 분석

일정 기간 동안의 영업성과를 바탕으로 메뉴상에 있는 아이템의 수익성과 선호도를 중심으로 한 분석이 많이 행하여졌다. 그러나 특정한 분석기법이 모든 레스토랑에 공통적으로 적용될 수 있는 것은 아니며, 또한 분석방법 자체도 현업에서 적용할 수 없는 것들이 많다.

다음에 소개하는 분석기법들은 메뉴평가와 분석에서 가장 많이 소개된 기법들을 정리한 것이다.

1) Jack E. Miller

Miller는 1980년 그의 저서 [Menu Pricing and Strategy]에서 메뉴 매가를 설정하는 여러 가지 방법을 설명하는 과정에서 메뉴상의 아이템을 판매량과 원가율을 기준으로 선호도와 수익성을 분석하는 방법을 제시하였다.

그런데 여기서 원가가 「높다 또는 낮다」를 판단하는 기준은 전체적인 산술평균을 기준으로 하여 산술평균 원가보다 낮은 아이템과 높은 아이템으로 분류하도록 하였다. 그러나 「판매량 또는 선호도가 높다, 또는 낮다」를 판단하는 기준은 제시하지 않았다.[2)]

이 분석방법은 두 축, 식료원가율과 판매량을 기준으로 메뉴 아이템을 다음과 같이 범주화하였다.

먼저, 아래 그림5-1 과 같이 X축에 판매량, Y축에 식료원가율을 기준 축으로 잡는다. 그리고 기준이 되는 판매량과 원가율보다 높은지 낮은지를 평가하여 나누면 분석의

---

2) Menu Engineering에서 제시한 [1/n × 0.7 × 100, 또는 판매된 아이템의 총수]로 계산함.

대상이 되는 아이템은 4분위 중 어느 하나에 분류되게 된다. 그리고 각각에 이름을 부여하였다. 즉, 판매량은 높고, 원가는 낮은 아이템을 Winners Ⅰ, 판매량은 높으나, 원가가 높은 아이템은 Marginals Ⅱ, 판매량과 원가가 모두 낮은 아이템은 Marginals Ⅲ, 마지막으로 판매량은 낮으나 원가가 높은 아이템은 Losers Ⅳ라고 칭하였다.

여기서 판매량(Volume) 또는 인기도는 [1/n × 0.7 × 판매된 총 아이템의 수] 또는 [1/n × 0.7 × 100]으로 계산하며, 식료원가율은 [총 식료원가 ÷ 총 매출액]으로 얻는다.

그림 5-1 • Miller의 메뉴분석 매트릭스

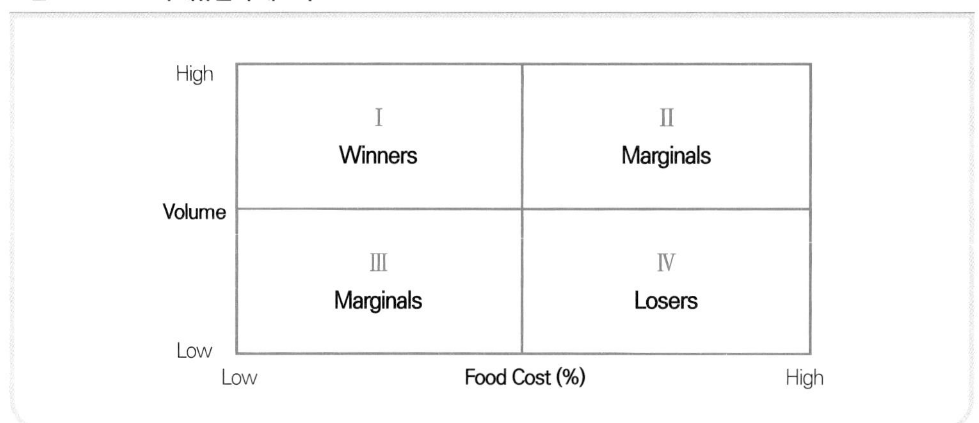

2) Kasavana and Smith의 방식

1982년에 Michael Kasavana와 Donald Smith에 의해 개발된 Menu Engineering[3]이라는 체계화된 메뉴분석 프로그램이다. 가격과 메뉴의 믹스, 공헌이익, 그리고 아이템의 위치(positioning)에 중점을 두고 개발한 패키지 프로그램으로 초창기에는 학계와 업계로부터 많은 관심을 모았다.

이 분석기법의 근간은 메뉴상에 제공된 각 아이템의 공헌마진, 판매량(수요), 그리고 전체 판매량에서 각 아이템이 차지하는 비(menu mix)를 기준으로 수익성과 선호도를 분석하는 프로그램이다. 그리고 분석에 요구되는 정보는 아이템의 매가와 원가,

3) 메뉴공학이라 번역하기도 한다. 그러나 원어 그대로 사용해도 나쁠 것은 없다.

그리고 팔린 수량뿐인 아주 간단한 분석기법이다.

이 분석기법은 후일에 많은 단점을 내포하고 있다는 지적을 받기는 하였지만 학계와 업계에 많은 공헌을 하였다는 것을 부인하여서는 안 된다. 이 방법에 의한 메뉴분석은 표 5-3 과 같은 양식에 의해서 다음과 같은 단계와 절차로 분석된다.

표 5-3 • MENU ENGINEERING WORKSHEET

MENU ENGINEERING WORKSHEET

RESTAURANT

DATE :
MEAL PERIOD : Dinner

A	B	C	D	E	F(E-D)	G(D*B)	H(E*B)	L(F*B)	P	R	S
①	210	7%	4.90	7.95	3.05	1,029.00	1,669.50	640.50	L	H	PH
②	420	14	2.21	4.95	2.74	928.20	2,079.00	1,150.80	L	H	PH
③	90	3	1.95	4.50	2.55	175.50	405.00	229.50	L	L	D
④	600	20	4.95	7.95	3.00	2,970.00	4,770.00	1,800.00	L	H	PH
⑤	60	2	5.65	9.95	4.30	339.00	597.00	258.00	H	L	PZ
⑥	360	12	4.50	8.50	4.00	1,620.00	3,060.00	1,440.00	H	H	S
⑦	510	17	4.30	7.95	3.65	2,193.00	4,054.50	1,861.50	H	H	S
⑧	240	8	3.95	6.95	3.00	948.00	1,668.00	720.00	L	H	PH
⑨	150	5	4.95	9.50	4.55	742.50	1,452.00	682.50	H	L	PZ
⑩	360	12	4.00	6.45	2.45	1,440.00	2,322.00	882.00	L	H	PH
n=10											
계	N					I	J	M			
	3,000					12,385.20	22,050	9,664.80			

* ①~⑩은 아이템명	K = I/J	O = M/N	Q = (1/n*0.7*100)
* L : Low / H : High	56.17%	$3.22	7%

A : 아이템명
B : 각 아이템의 판매량
C : 전체 매출량에서 각 아이템이 차지하는 비율(%)
D : 각 아이템의 원가
E : 각 아이템의 매가($)
F : 각 아이템의 CM($)
G : 각 아이템의 총원가($)
H : 각 아이템의 총수입($)
I : 전체 아이템에 대한 총원가($)
J : 전체 아이템에 대한 총수입
K : 원가율(%)
L : 각 아이템의 총 CM($)
M : 총 CM($)
N : 각 아이템이 팔린 총량
O : 평균 공헌마진($)
n : 아이템의 수
Q : 선호도 기준 계산 공식
P : 수익성 분석 결과
S : 최종 분석 결과
R : 선호도에 대한 분석 결과

자료 Michael L. Kasavana and Donald I. Smith(1990), *Menu Engineering: A Practical Guide to Menu Analysis*, Revised Edition.

① 먼저 메뉴상에 있는 특정 그룹의 모든 아이템을 (A)에 기록한다.

메뉴상의 메인 아이템의 수가 10개이면 10개의 아이템을 차례로 기록한다. 예를 들어, 아이템 ①에서 ⑩까지를 기록한다.

② 일정 기간(예: 1개월) 동안에 각 아이템이 팔린 수량을 (B)에 기록한다.

각 아이템이 일정 기간에 팔린 수량을 기록한다. 예를 들어, 아이템 ①의 경우는 210개가 팔렸기 때문에 210이라고 기록한다.

③ 메인의 전체 매출량에서 각 아이템이 차지하는 비율을 계산하여 (C)에 기록한다.

아이템 ①의 경우는 210개가 팔렸기 때문에 210개는 전체 아이템 3,000개 중에서 차지하는 비중이 7%(210/3,000 * 100)이다.

④ 아이템을 만드는데 소요되는 원식자재의 원가를 (D)에 기록한다.

아이템을 만드는데 요구되는 표준 양목표 상의 식자재의 원가만 포함된다. 예를 들어, 아이템 ①의 경우는 원가가 4.90($)이다.

⑤ 다음 단계는 각 아이템의 매가를 (E)에 기록한다.

아이템 ①의 경우는 매가가 7.95($)이다.

⑥ 각 아이템의 공헌마진(판매가 – 원가)을 계산하여 (F)에 기록한다.

아이템 ①의 경우는 매가 7.95($)에서 원가 4.90($)을 감한 3.05($)가 된다.

⑦ 일정 기간 팔린 특정 아이템에 대한 총원가를 계산하여 (G)에 기록한다.

원가가 4.90($)인 아이템 ①의 경우는 일정 기간 동안 210개가 판매되었기 때문에 총원가는 4.90($) × 210 = 1,029.00($)이 된다.

⑧ 일정 기간 팔린 특정 아이템에 대한 총수입을 계산하여 (H)에 기록한다.

매가가 7.95($)인 아이템 ①의 경우는 일정 기간 동안 210개가 판매되었기 때문에 총매출액(수입)은 7.95($) × 210 = 1,669.50($)이 된다.

⑨ 일정 기간 팔린 특정 아이템에 대한 총 공헌마진을 계산하여 (L)에 기록한다.

매가에서 식재료 원가를 공제한 것이 공헌마진이기 때문에 아이템 ①의 경우는 총매출액 1,669.50($)에서 총원가 1,029.00($)을 감한 640.50($)이 된다.

⑩ 전체 아이템에 대한 원가를 계산하여 (I)에 기록한다.

아이템 ①에서부터 아이템 ⑩에 대한 원가의 총계를 합산한 12,385.50($)을 기록한다.

⑪ 전체 아이템에 대한 매출액을 계산하여 (J)에 기록한다.

아이템 ①에서부터 아이템 ⑩에 대한 매출액 총계를 합산한 22,050.00($)을 기록한다.

⑫ 전체 아이템에 대한 공헌마진을 계산하여 (M)에 기록한다.

아이템 ①에서부터 아이템 ⑩에 대한 공헌마진의 총계를 합산한 9,664.50($)을 기록한다.

⑬ 수익성에 대한 분석의 결과를 (P)에 기록한다.

특정 아이템이 수익성이 「높다, 또는 낮다」의 기준은 한 아이템에 대한 평균 공헌마진을 기준으로 하며, 평균 CM은 전체 CM(9,664.80)을 팔린 전체 아이템의 수로 나누어서 얻는다(9,664.80/3000 = 3.22).

각 아이템에 대한 공헌마진을 기준으로 하여 평균 공헌마진(3.22)과 같거나 높은 아이템은 HIGH로 표시하고, 평균 공헌마진(3.22)보다 낮은 아이템은 LOW로 표시한다. 그렇기 때문에 아이템 ①의 경우는 공헌마진이 3.05($)로 평균 공헌마진 3.22($)보다 낮기 때문에 P란에 L로 표시되어 있다.

⑭ 선호도에 대한 분석의 결과를 (R)에 기록한다.

선호도의 기준은 「(1/n) × (0.70) × 100」의 공식에 의해서 얻어지며, n은 제공된 아이템의 수를 의미하고, 0.7은 Menu Engineering에서 저자가 경험에 의해 정한 기준치로 일반화된 수치이지 절대치는 아니다.

보기에서는 아이템의 수가 10개이므로 특정 아이템이 선호도가 「있다, 또는 없다」를 나누는 기준점은 「(1/n) × (0.70) × 100」 = (0.1) × (0.70) × 100 = 7%가 된다. 즉

7%보다 높거나 같으면 선호도가 있다고 표시한다.

그렇기 때문에 아이템 ①의 경우를 보면 전체 매출량 3,000개에서 210개를 차지하기 때문에 7%가 된다. 이 수치가 평균의 수치와 같기 때문에 R란에 H라고 표기한 것이다.

또한 %가 아닌 아이템의 수를 기준으로 할 경우의 기준점은 「(1/n)×(0.70)×3000」 = 210 아이템이 된다. 즉, 일정 기간 동안 특정 아이템이 210개와 같거나, 그 이상 팔린 경우는 선호도가 높다고 표시하고, 이하일 경우에는 낮다고 표시한다.

⑮ 분석결과를 (S)에 기록한다.

이 분석에서는 모든 아이템은 다음과 같이 선호도와 수익성이라는 두 개의 기준점을 가지고 2차원 좌표 상에 표시하면 기준점이 2개이기 때문에 4개의 그룹으로 나누어진다. 그리고 나누어진 그룹마다 특정한 명칭을 부여하였다.

CM

MM(%)		
	PLOWHORSE Ⅱ MM은 높고 CM은 낮은 아이템 (선호도는 높으나 수익성이 낮은 아이템) 예: 아이템 ②④⑧⑩의 경우	STAR Ⅰ MM도 높고 CM도 높은 아이템 (선호도도 높고 수익성도 높은 아이템) 예: 아이템 ⑥⑦의 경우
	DOG Ⅳ MM도 낮고 CM도 낮은 아이템 (선호도도 낮고 수익성도 낮은 아이템) 예: 아이템 ①③의 경우	PUZZLE Ⅲ MM은 낮으나 CM은 높은 아이템 (선호도는 낮으나 수익성은 높은 아이템) 예: 아이템 ⑤⑨의 경우

* MM은 메뉴믹스(menu mix: 선호도), CM은 공헌이익(contribution margin: 수익성)

또한 분석된 결과를 수치로 제시할 수도 있는데 이것을 Summary Sheet라고 부르기도 한다.

	총계	평균	저	중위값	고
매가($)	22,050.00	7.35	4.50	7.22	9.95
식료원가($)	12,385.20	4.13	1.95	3.80	5.65
기여 마진($)	9,664.80	3.22	2.45	3.50	4.55
매출량(아이템)	3,000		60	330	600
식료원가율(%)	56.20		43.3	52.8	62.3
아이템 수	10				

또한 분석된 결과를 일목요연하게 볼 수 있게 2차원 좌표 상에 표시할 때는 수평축이 MM에 의하여 평가되는 선호도를「(1/n)×(0.7)×3000」= 210 아이템, 또는「(1/n)×(0.7)×100 = 7%」측정하는 기준점이 되고, 수직축이 수익성의 기준이 되는 평균 CM으로「전체 CM(9,664.80)을 팔린 전체 아이템의 수로 나누어서 얻는다[(9,664.80÷3000 = 3.22)]」. 이 축을 기준으로 하여 수익성의 높고 낮음을 판단한다.

그림 5-2 • 분석된 10개 아이템을 좌표 상에 표시한 결과

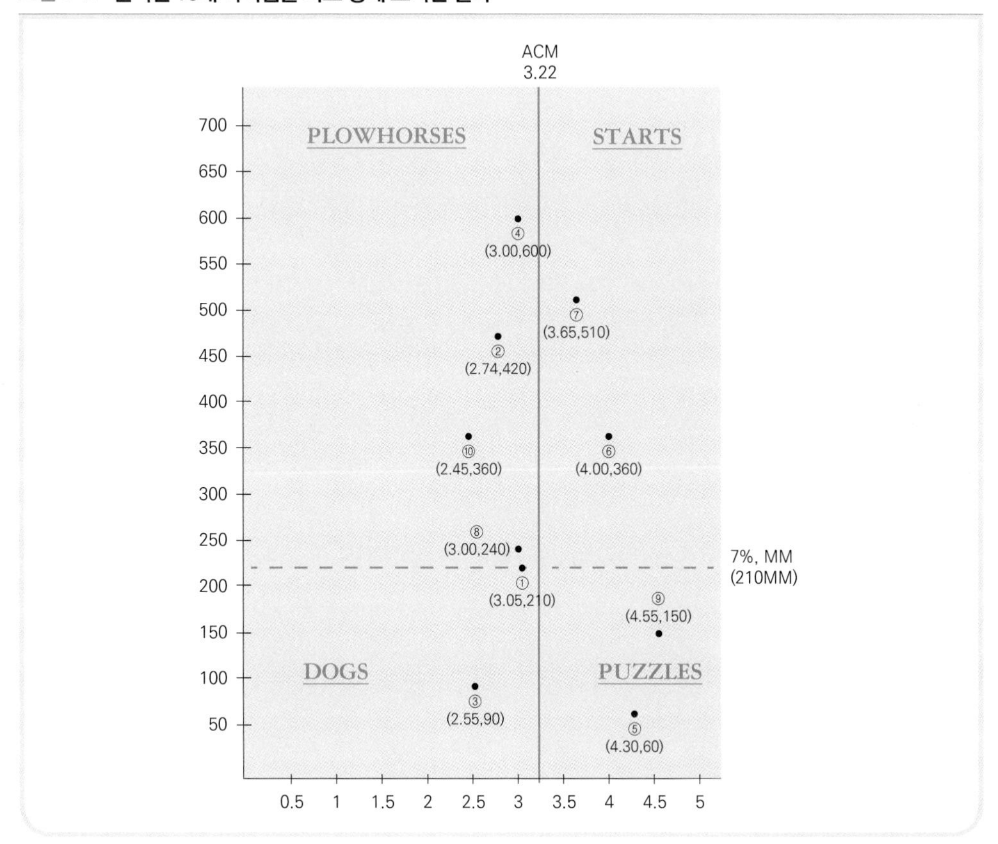

이 분석기법의 장점은 사용자 측면에서 분석 프로그램을 쉽게 사용할 수 있도록 개발한 것이라고 하겠다. 그러나 다음과 같은 단점이 있다는 사실이 메뉴를 연구하는 다른 식자(識者)들에 의해서 지적되고 있다.

- 선호도의 기준을 정하기 위해서 「1/n × 0.70 × 100」이라는 공식을 사용하였는데, 이 기준에 대한 객관적인 근거를 제시하지 못했다.
- 선호도와 수익성이 단순 산술평균에 의해서 산출된다.
- 식자재의 원가를 제외한 다른 비용이 고려되지 않았다.
- 분석대상이 되는 아이템의 수가 많을 때만이 의미가 있는 분석이 이루어진다.
- 아이템의 매가결정 전략을 분석에 고려하지 않았다.
- 판매촉진, Up-Selling 등과 같은 외적인 변수를 전혀 고려하지 않았다.

⑯ 조치사항

이 분석기법을 이용하여 아이템의 수익성과 선호도를 분석하는 것은 어렵지 않은 일이다. 또한 패키지 프로그램도 있어 정확한 정보만을 입력하면 산술적으로는 분석의 결과를 얻을 수도 있다. 그러나 문제는 분석된 결과에 대한 조치이다.

일반적으로 알려진 조치사항을 그룹별로 정리하면 다음과 같다.

★ STARS

선호도도 높고 수익성도 높은 아이템으로 분류된 군(群)이다. 다음과 같은 조치가 요구된다

- 현재의 수준을 엄격히 지킨다(포션 크기, 질, 담는 방법 등).
- 가격의 변화에 고객이 민감한 반응을 보이지 않기 때문에 가격인상을 시도해볼 수도 있다.
- 메뉴상 최상의 위치에 배열한다.

만약 이러한 조치를 취하여 메뉴를 재구성하고 일정 기간이 지난 다음에 다시 분

석을 행한다면 지금의 "STARS" 아이템은 다른 군에 포함될 수도 있다. 또한 조치사항 중 "메뉴상 최상의 위치에 배열한다"는 조치는 바람직하지 못한 방법으로 사료된다.

일단 "STARS"군에 포함되는 아이템은 고객에게 잘 알려져 있기 때문에 메뉴상의 위치에 관계없이 고객은 그 아이템을 선호하게 된다. 반대로 메뉴상 최상의 위치는 전략적인 아이템이 배열되어야 한다.

물론 전략적인 아이템이란 레스토랑에서 가장 많이 팔기를 원하는 아이템이다. 이 아이템들이 수익성이 높은 아이템만은 아니다. 재고 상에 문제가 있는 아이템일 수도 있고, 판매를 촉진하는 아이템일 수도 있으며, 고객을 유인하는 아이템일 수도 있다.

또한 가격인상과 같은 조치는 심사숙고할 사항이다. 이 분석에서는 선호도와 수익성(공헌마진)이 월등히 높은 아이템을 "SUPER STARS"라고 한다. 이러한 아이템들은 매가가 높은 아이템으로 "매가가 높은 아이템은 가격의 인상에 민감하지 않다"는 이론에서 매가의 인상을 언급한 듯하나, 매가의 인상으로 수익성을 높이려는 발상은 자제되어야 한다.

★ PLOWHORSE

선호도는 높으나 수익성이 낮은 아이템 군(群)을 말한다. 주로 중간대 이하의 가격군을 형성하는 아이템으로 가격의 변화에 민감한 반응을 보이는 아이템들이다. 이 아이템 군에 포함되는 아이템은 수익성(공헌마진)만 높이면 "STARS"가 될 수 있는 아이템이기 때문에 조치 또한 수익성을 높이는 방향으로 이루어져야 한다.

- 매가 인상을 시도한다.
- 선호도가 높기 때문에 메뉴상 아이템의 배열을 재고한다. 즉 고객의 시선이 덜 집중되는 곳에 위치시킨다.
- 식자재 원가가 높은 아이템과 낮은 아이템과의 조화를 통하여 전체적인 원가를 줄여 매가를 그대로 유지하면서 공헌마진을 높일 수 있는 방안을 강구한다.
- 분량(portion)을 약간 줄인다.

결국 이 분석에서 수익성은 CM으로 평가되기 때문에 수익성을 높이기 위해서는 매가를 인상하거나 원가(원식자재)를 낮추어야 한다. 그런데 CM을 높이기 위해 매가를 인상하면 수요의 감소를 초래할 수 있기 때문에 원가를 낮추어 CM을 높이는 것이 더욱 바람직한 방법이라 하겠다.

★ **PUZZLES**

수익성은 높지만 선호도가 낮은 아이템으로 가격대가 높은 아이템 군(群)을 말한다. 선호도만 높이면 "STARS"군에 속하는 아이템들이다. 메뉴믹스의 이론에서는 이러한 아이템의 선호도가 높으면 높을수록 아이템의 평균 기여마진은 높게 나타난다. 이 아이템 군을 위한 일반적인 조치사항은 다음과 같이 선호도를 높이는 방향이 강구되고 있다.

- 메뉴에서 삭제한다. 특히 생산하는데 특별한 기능이 요구되거나, 많은 노동력을 요구하는 아이템의 삭제는 절대적이다.
- 메뉴상 최상의 위치에 배열한다.
- 아이템의 이름을 바꾼다.
- 매가의 인하를 통하여 선호도를 높인다.
- 판매촉진을 통하여 선호도를 높인다.
- 이 그룹 군에 속하는 아이템의 수를 최소화한다.

메뉴상 아이템의 이름은 "학리적인 상표"가 아니기 때문에 메뉴관리자의 능력에 따라 얼마든지 새롭게 구성할 수 있다. 조리방식, 분량의 크기, 아이템의 모양 또는 곁들이는 음식(garnish) 등을 통하여 아이템의 매가와 원가, 그리고 이름 등을 바꾸어 고객에게 새로운 아이템으로 제공할 수 있다.

★ **DOGS**

수익성도 선호도도 없는 아이템으로 가장 바람직하지 못한 아이템 군(群)에 속한다. 선호도와 수익성을 동시에 높일 수 있는 방안이 강구되어야 하는데, 다음과 같은 조치가 일반적인 조치이다.

- 메뉴에서 삭제한다.
- 매가를 인상하여 "PUZZLES"군의 아이템으로 만든다.

이상과 같이 아이템의 군에 따라 다양한 조치가 강구되고 있다. 그런데 문제는 현업에서 메뉴의 교체를 일정한 주기별로 실행하기 때문에 적절한 조치가 시의적절하게 이루어지지 않게 된다. 그래서 메뉴의 유연성이 강조되고 있으나, 메뉴관리자들이 아직도 메뉴의 유연성을 경시하고 있다.

결국 Menu Engineering이라는 프로그램은 초창기에는 식자들에게 많은 관심을 받았다. 그러나 시간이 지날수록 큰 호응을 받지 못하고 있지만 메뉴관련 논문과 단행본에 지속적으로 소개되고 있다.

2. 판매가 분석

레스토랑을 성공적으로 운영하는데 있어서 매가는 결정적인 영향을 미치는 가장 중요한 요인 중의 하나이다. 그리고 매가결정은 레스토랑을 경영하는 관리자가 해야 할 여러 가지 의사결정 중에서 가장 핵심적인 업무 중의 하나인 것으로 알려지고 있다.

이렇게 큰 비중을 가지고 결정된 가격도 고객과 일치하지 않을 수도 있다. 고객의 기대보다 낮게 매가가 결정되었으면 레스토랑은 보다 높은 객(客)단가를 달성할 수 있는 기회를 잃고 있는 것이고, 그 반대의 경우 객단가가 낮아지거나 수요가 감소하는 현상이 나타나게 된다.

고객이 원하는 가격과 레스토랑에서 결정한 매가가 일치될 때 가격결정이 성공적이라고 말할 수 있다. 이러한 분석은 고객이 지급한 가격과 메뉴상의 매가를 비교함으로써 객관적인 분석이 가능하다.

이러한 목적을 달성하기 위해서 개발된 여러 가지의 분석기법과 평가방법 중에서 가장 일반적으로 적용되고 있는 것들을 다음과 같이 정리할 수 있다.

아이템의 매가를 결정하는 데 고려하여야 하는 변수는 대단히 광범위하다. 그리고 매가결정에 고려되는 각 변수가 매가결정에 영향을 미치는 정도를 객관적으로 평가하기란 거의 불가능하다.

일반적으로 제비용, 레스토랑 또는 호텔의 이미지, 서비스(포괄적), 분위기, 경쟁, 수요와 공급, 고객이 인지한 가치, 고객의 만족, 가격전략, 정부의 규제, 추구하는 이익, 위치 등 많은 변수들이 메뉴의 매가를 결정하는 데 고려된다.

이렇게 많은 변수들을 계량화하여 메뉴의 매가를 결정하기란 거의 불가능하다. 그래서 많은 레스토랑들이 식료의 원가, 경쟁가격, 그리고 제비용 등을 고려하여 적당히 매가를 결정하는 경향이 있다.

아래는 일정 기간 동안(예: 1년) 특정 레스토랑에서 제공하는 가격(메뉴상의 아이템에 대한 가격)과 고객이 레스토랑에서 지불한 금액과의 비교를 통하여 제공된 매가가 고객의 수준이나 고객의 기대와 일치하고 있는가를 분석하는 방법이다.

1) 메뉴 매가 평균과 고객이 지급한 평균 계산방법

레스토랑에서 제공하는 판매가 평균은 다음과 같은 절차와 방법으로 계산된다.

첫째, 메뉴 판매가의 평균을 결정한다.

여기서 말하는 매가의 평균은 모든 아이템에 대한 매가의 평균을 말하는 것이 아니라 각 그룹에 대한 매가의 평균을 말한다. 즉 전채, 수프, 주 요리, 후식과 같은 그룹을 말한다.

예를 들어 전채요리에 5개의 아이템이 있다고 하자. 그리고 아이템 1은 5,000원, 아이템 2는 4,500원, 아이템 3은 7,500원, 아이템 4는 6,000원, 그리고 아이템 5가 5,700원이라면 전채요리 메뉴의 평균은 (5,000 + 4,500 + 7,500 + 6,000 + 5,700) ÷ 5 = 5,740원이 된다. 다른 그룹의 메뉴 평균도 이와 같은 방법으로 계산하여 얻을 수 있다.

만약 우리가 사전에 설정한 기준으로 또는 그동안의 통계치를 바탕으로 특정 레스토랑의 고객은 메인과 전채, 또는 메인과 전채, 후식, 또는 전채, 메인, 그리고 커피 또는 티를 택한다고 할 때 메뉴의 평균은 앞서 설명한 대로 계산하면 된다.

즉 메인과 전채요리를 택할 경우 메뉴의 평균은 (전채의 평균 + 메인의 평균)이 되고, 전채요리나 후식 또는 전채요리, 메인을 택할 경우의 메뉴 평균은 (전채요리의 평균 또는 후식의 평균 + 메인의 평균)이 된다. 그리고 사이드 디시, 메인 디시와 커피나 티를 택하는 경우의 메뉴 평균은 (사이드 디시의 평균 + 메인의 평균 + 커피나 티의 평균)의 합이 된다.

둘째, 객(客)단가 (평균 객단가)를 계산한다.

여기서 말하는 평균이란 특정 그룹의 아이템을 선택하고 고객이 지불한 평균금액을 말한다. 예를 들어 전채요리와 메인, 그리고 후식을 선택한 고객들이 지급한 금액을 말한다.

셋째, 메뉴 평균과 고객이 소비한 평균의 비교

레스토랑에서 제시한 판매가의 평균과 고객이 소비한 평균을 비교한다. 두 평균이 같을 때 가장 이상적이라고 말할 수 있다. 그러나 여러 가지의 요인으로 이 두 평균은 일치하지 않는다. 그래서 일반적으로 ±10%의 허용치를 주어 두 평균이 이 범위 속에 있으면 이상적이라고 말한다.

넷째, 얻어진 결과를 고려하여 새로운 가격수준을 설정한다.

2) 매가분석의 일례

가상 메뉴를 이용하여 매가가 고객의 수준과 일치하는가를 단계별로 설명해보겠다.

첫째, 먼저 각 그룹 내에 있는 아이템의 평균을 계산한다.

여기서는 찬 전채요리가 6개 아이템, 그리고 더운 전채요리가 4개 아이템으로 되어 있다.

찬 전채요리의 경우 각 아이템의 가격이 22,000원, 8,800원, 7,800원, 9,500원, 7,800원, 그리고 시가(市價)로 되어 있다. 더운 전채요리의 경우는 7,000원 8,000원, 9,000원, 그리고 7,000원으로 되어 있다.

그런데 10개 아이템에 대한 평균을 구하는데 시가로 표시된 아이템이 있기 때문에 시가로 표시된 아이템을 제외한 9개의 아이템에 대한 평균을 구하면 된다. 9개 아이템의 매가는 각 아이템의 매가를 더하여 9로 나누어서 얻는다.

22,000 + 8,800 + 7,800 + 9,500 + 7,800 + 7,000 + 8,000 + 9,000 + 7,000 =
86,900 ÷ 9 = 9,656원

둘째, 상기와 같은 방법으로 수프, 주 요리(석쇠구이류 포함), 그리고 후식의 평균을 구한다.

전채요리의 평균 = 9,656원	수프의 평균 = 4,357원
주 요리 평균 = 17,654원	후식의 평균 = 4,750원

셋째, 고객이 지급한 빌(bill)을 분석한다.

예를 들어 특정한 고객이 전채요리와 수프, 그리고 메인과 후식을 택했을 때 고객이 지불한 빌(bill)은 음료를 제외하고 메뉴상의 전채요리, 수프, 메인, 그리고 후식의 평균을 더한 금액과 같거나 높아야 한다. 즉 세금과 봉사료를 제외한 지불 금액이 36,417원 이상이 되어야 한다(9,656 + 4,357 + 17,654 + 4,750).

또한 고객이 선택한 코스가 2코스 또는 3코스일 경우는 고객이 선택한 코스에 대한 메뉴상의 평균가격만을 합산하여 고객이 지급한 금액과 비교를 하면 된다.

이 분석에서는 계산된 평균에다 ±10%의 허용치를 주어서(여기서는 40,059원~32,775원) 고객이 소비한 금액이 이 범위 내에 들면 레스토랑에서 제공하는 가격은 고객으로부터 호응을 받고 있다고 평가할 수 있다.

예를 들어 한 달 동안의 영업실적을 바탕으로 고객이 소비한 금액과 메뉴상의 가격이 일치하는가를 분석하기 위해서 전채요리와 수프, 그리고 메인과 후식을 선택한 고객이 소비한 평균이 39,000원이었다면, 이 분석에서는 아이템의 매가는 고객의 수준과 일치한다고 말할 수 있다.

반면에, 고객이 소비한 평균금액이 40,059원 이상일 경우는 매가가 고객의 수준에 못 미친다는 결과가 되어 아이템과 가격에 대한 검토가 요구된다. 반대의 경우는 매가가 고객의 수준보다(지급능력보다) 높기 때문에 역시 아이템의 구성과 매가의 조정이 고려되어야 한다.

이 분석은 일품요리(à la carte) 메뉴에서뿐만 아니라 정찬(table d'hôte)메뉴에서도 적용될 수 있는데, 정찬메뉴의 경우는 특정 코스와 특정 아이템으로 구성되어 가격이 고정되어 있기 때문에 평균 객단가와 비교하면 된다.

예를 들어 5종류의 정식요리 메뉴를 제공하는 경우는 5종류의 정식요리 메뉴의 가격을 합산하여 평균을 산출한다. 그리고 산출된 매가의 평균에 ±10%의 허용치를 주고 범위를 계산한다. 그리고 일정 기간 동안 평균 객단가를 계산하여 두 평균을 단순히 비교하면 된다.

평가의 결과에 따라 적절한 조치가 요구되는데 주로 아이템의 구성, 그리고 매가에 대한 문제로 압축된다.

3. 판매가 분산

고객에게 제공되는 아이템의 판매가가 단계별로 구분되어 가격점이 설정되어 있는가를 평가하는데 이용되는 평가방법은 매가결정에서 이용하는 가격단계설정 이론을 이용하면 된다. 이를 보다 구체적으로 전개하면 다음과 같다.

1) 가격단계 설정

먼저 메뉴상의 아이템을 그룹으로 나누고(예: 전채, 메인, 디저트 등), 나눈 그룹 내에 있는 아이템들이 가격점에 따라 상·중·하로 나누어져 있는가를 평가한다. 예를 들어 아이템의 수가 10개인 특정 그룹의 경우는 다음과 같이 분산되어 있을 때 아이템의 매가결정에 가격점을 고려하여 설정된 메뉴라고 평가할 수 있다.

하	중	상
4,000원대	5,000원대	6,000원대
2 아이템	5 아이템	3 아이템

가격분산에 대한 평가는 고객에게 선택의 폭을 많이 준 가격결정이었나를 평가하는 것이다. 이 가격분산은 표적고객을 겨냥한 것으로 중간대에다 포인트를 두고, 고급레스토랑의 경우 上쪽에 下쪽보다 많은 아이템을, 대중 레스토랑의 경우는 下쪽에 上쪽보다 많은 아이템을 두어야 한다.

그러나 중간가격의 아이템의 수(주 고객)가 下와 上을 합한 아이템의 수와 같거나 커야 한다. 예를 들어 5 아이템(중간: 겨냥하는 고객의 아이템) = 2(下) + 3(上)이어야 한다. 즉, 중간 ≥ 下 + 上이어야 한다.

2) 가격 폭 설정

아이템의 매가가 고객의 한계를 고려하여 결정된 매가인가를 평가하는 것으로 가격결정의 가격 폭 제한이론에 바탕을 둔 평가방식이다.

즉 어느 특정 그룹(예: 메인) 내에 있는 아이템 중에서 가격이 가장 낮은 아이템과 가격이 가장 높은 아이템의 폭이 2.5~3 이내에 있는가를 평가하는 것이다.

$$\text{즉, } \frac{\text{가격이 가장 높은 아이템}}{\text{가격이 가장 낮은 아이템}} = 2.5$$

아래의 정보는 특정 업장의 메뉴를 분석해 정리한 것이다. 생선과 육류 및 가금류, 그리고 석쇠구이류가 메인으로 구성되어 있는 메뉴는 총 23개의 아이템이다(생선 8개 아이템 + 육류 및 가금류 7개 아이템 + 석쇠구이류 8개 아이템).

23개 아이템의 가격점을 보면 18,900원에서 34,000원까지로 되어 있다. 각 아이템에 대한 매가를 오름차순으로 정리하면 다음과 같이 정리할 수 있다.

10,000원대	5개의 아이템
20,000원대	16개의 아이템
30,000원대 이상	2개의 아이템

결과를 보면, 많은 아이템이 중간대에 집중되어 있음을 확인할 수 있다. 겨냥하는 고객의 수준이 20,000원이기 때문에 대부분의 아이템을 중간대에 집중시켰다고 말할 수 있지만, 16개의 중간대의 아이템이 균등한 확률로 선택되지는 않으리라 생각된다.

만약 중간대의 특정 아이템의 매출을 촉진시키려면 가격결정에서 많이 이용되는 디코이 법칙(decoy: 미끼)을 적용하여 중간대의 아이템을 줄여 上쪽(30,000원대 이상)으로 4~5개 아이템 정도를 분산하면 아이템과 가격분산의 측면에서는 바람직하고 객단가도 높아지지 않을까 생각된다.

4. 아이템의 포지션과 차별화 분석

메뉴상의 위치와 순위, 그리고 차별화에 대한 이론이 메뉴상에 어느 정도 반영되었는지를 평가하는 것으로 다음과 같은 내용이 많이 평가된다.

1) 아이템의 포지션 평가

고객이 메뉴를 접할 때 시선이 가장 많이 집중되는 지점에 레스토랑에서 가장 많이 팔기를 원하는 아이템을 배열하였는가를 평가하는 것이다. 그런데 메뉴상에 아이템을 배열하는 순서는 전채요리 ➡ 수프 ➡ 메인 ➡ 후식 등과 같이 아이템이 제공되는 순서를 따르는 것을 원칙으로 한다.

메뉴의 종류와 크기, 그리고 페이지 수에 따라 다르기는 하겠으나, 아이템의 포지션에 대한 평가는 상당히 중요하다고 말할 수 있다.

일반적으로 메뉴상에 아이템을 배열하는 순서는 아이템이 제공되는 코스별 순서에 따른다. 그러나 그 원칙은 얼마든지 수정될 수 있다. 그렇기 때문에 아이템 포지션에 대한 기본적인 이론을 적용하여 보다 이상적으로 아이템을 배열할 필요가 있다.

2) 아이템의 배열순위 평가

메뉴상에 배열된 특정 그룹 내에 있는 아이템의 배열순위가 이론적인 배경을 바탕으로 배열되었는가를 평가하는 것이다.

이론상 모든 조건이 동일하다는 전제하에서 메뉴상 특정 그룹 내에 있는 아이템 중에서 선택의 빈도가 높은 아이템은 상위(첫 번째와 두 번째)에 위치한 아이템이라고 한다.

이 평가는 내부적인 정보, 즉 일정 기간 동안 특정 레스토랑에서 실제 이용한 메뉴와 메뉴상에 있는 아이템의 매출실적이 있어야 한다.

일정 기간 동안 영업성과를 분석했을 때 첫 번째와 두 번째에 위치한 아이템이 다른 아이템에 비하여 상대적으로 많이 팔렸는가를 비교하여 그 결과를 정리하면 된다.

3) 아이템의 차별화 평가

고객이 메뉴판을 접할 때 시각적으로 특징이 있는 아이템에 관심을 갖게 된다. 즉 활자의 크기나 모양, 박스, 선, 표, 컬러, 사진 등이 다른 아이템과 시각적으로 차별화된 아이템으로 시선을 집중하는 경향이 있다. 이러한 이론을 바탕으로 실제의 메뉴가 디자인되었는가를 평가하는 것이 아이템의 차별화에 대한 평가이다.

고객이 메뉴를 검토한 다음, 시각적으로 돋보이는 아이템에 시선이 집중되게 된다. 그리고 그 아이템에 대한 호기심이 발동하기 시작하여 주문 시 종업원에게 그 아이템에 대하여 묻게 된다. 그리고 그 아이템을 선택하느냐, 또는 거부하느냐는 종업원의 Up-selling 기교에 달려 있다.

대부분의 고객은 메뉴상의 아이템에 대해 본인이 특별히 선호하는 아이템을 제외하고는 깊은 지식이 없다. 그 결과 주문 시 종업원의 권유에 따라 특정 아이템을 선택하게 된다. 그러나 고객은 메뉴상의 아이템에 대한 무지를 종업원에게 노출하기를 싫어한다. 그래서 종업원에게 아이템에 대해 묻기를 주저한다.

이러한 점을 감안하여, 우선 고객에게 특정 아이템이 다른 아이템과 시각적으로 구별될 수 있게 하면 고객은 거리낌 없이 종업원에게 특정 아이템에 대해 질문을 한다는 것이다. 예를 들어 특정 아이템 앞에 "★" 표시나 "🌶" 표시가 있다면 고객은 그 아이템 자체를 묻는 것이 아니라 그 별표와 고추의 의미를 묻게 된다는 것이다. 즉 이 "★", 또는 "🌶"는 무슨 뜻인가요? 또는 왜 이 아이템 앞에만 "★" 표시나 "🌶" 표시가 있어요? 라고 질문을 한다는 것이다.

이때 종업원은 그 아이템의 특징, 예를 들어 「주방장의 특별메뉴」라든지, 「다이어트를 하는 고객을 위한 특별한 아이템」이라든지, 또는 「특별한 조리법을 이용하여 만든 아이템」이라고 고객에게 설명하여 고객으로 하여금 그 아이템을 선택하게 할 수 있다.

이러한 아이템은 전략적인 아이템이 되어야 하고 돋보이게 하는 특징(별표, 하트, 고추 등)은 메뉴상에 인쇄하는 것보다 붙였다 또는 떼었다 할 수 있게 만들어 사용하는 것이 훨씬 효과적이라고 한다.

또한 활자나 음식의 사진, 특정 아이템의 박스 처리 등도 아이템 차별화에 많이 사용하는 방법들이다.

4) 아이템 매가 표시위치 평가

대부분의 메뉴에서 아이템의 매가는 매가의 오름차순, 내림차순, 또는 혼합 형식으로 표시한다. 그러나 매가의 표시방법에 따라 고객이 소비하는 객(客)단가에 차이가 있다는 것이다. 이러한 이론을 바탕으로 아이템의 매가가 어느 위치에 어떻게 표시되어 있는가를 평가하는 것이 아이템 매가 표시위치에 대한 평가이다.

대부분의 외식업체의 메뉴는 매가가 우측에 일렬로 정렬되어 있다. 매가가 일렬로 정렬되어 있으면 아이템 상호간 매가의 비교가 비교적 용이한 편이다.

대부분의 고객은 아이템 주문 시 본인이 특별히 선호하는 아이템이 없을 경우 가격을 기준으로 하여 주문하는 경향이 많아 싼 아이템을 기준으로 주문한다는 것이다. 그래서 메뉴상 아이템의 매가 표시는 아이템 상호간 매가의 비교가 어렵게 하여야 한다.

이와 같이 레스토랑 메뉴의 매가 표시위치에 대한 간단한 비교를 통해서도 메뉴관리자들이 메뉴디자인에 대한 이론적인 배경을 가지고 메뉴를 디자인했는지를 쉽게 평가할 수 있다.

결론

내 · 외적인 환경의 변화에 시의성 있게 대처할 수 있는 메뉴가 되기 위해서는 계속적인 메뉴의 평가와 분석은 필수적이다. 그리고 분석된 결과는 피드백이라는 과정을 거쳐 수정 · 보완되어야 한다.

메뉴계획자와 디자이너가 메뉴계획과 디자인과정에서 이론적인 배경을 어느 정도나 가지고 메뉴를 계획하고 디자인하는가를 평가하는 과정의 평가, 사용 중인 메뉴판이 이론적인 배경을 가지고 제작되었는지를 평가하는 실제의 메뉴(판) 평가, 제공되는 아이템들이 고객으로부터 호응을 받고 있는가를 평가하는 선호도 분석, 매가가 고객의 수준과 일치하는가를 분석하는 매가분석 등이 일반적으로 많이 행하여지고 있는 메뉴분석 방법들이다.

메뉴가 만들어지는 과정의 평가를 생략한 메뉴의 분석은 의미가 없다. 이론적인 배경이 무시된 메뉴가 고객으로부터 호응을 받고, 원하는 목표를 달성할 수 있는 메뉴가 될 수 없다는 것은 너무나 당연한 사실이기 때문이다.

일반적으로 레스토랑 관리자들이 가지고 있는 메뉴분석과 평가에 대한 이론적인 배경 자체가 미천하여 메뉴의 분석과 평가를 등한시한다. 그 결과 메뉴판은 아직도 우리 업소에서 판매하는 아이템을 기록한 단순한 리스트의 수준에서 메뉴판이 제작되고 관리되고 있다.

이러한 예는 일반 외식업소에서 고객에게 제공되는 메뉴판에 그대로 나타난다. 주류회사에서 메뉴를 만들어 외식업소에 제공하는데, 가장 좋은 위치에 주류회사의 상품이 위치하고 있는 것이 이러한 현상을 잘 설명해 주고 있다.

외식업체 운영을 둘러싸고 있는 주변 환경은 빠른 속도로 변해가고 있다. 외식사업은 진입장벽이 낮아 경쟁 또한 치열해지고 있으며, 원가는 지속적으로 상승하고, 종업원과 고객은 그들의 몫을 더 요구하고 있다. 이러한 환경에서 살아남을 수 있는 방법은 이론을 바탕으로 학습경험을 통해 얻은 지혜를 외식업체 경영에 접목하는 것이다.

최근들어 외식업체에서 사용하고 있는 POS기능이 우수하고 다양하여 외식업체가 원하는 다양한 기능을 수행하는데 문제가 없다. 예를 든다면, 메뉴선호도 분석, 시간대별 판매분석, 매가분석, 원가분석, 고객분석 등과 같이 메뉴에 대한 구체적인 분석을 POS를 통해 할 수 있다는 것이다.

메뉴를 분석하여 평가하는 방법은 다양하다. 그러나 어느 방법이 가장 훌륭하다거나, 모든 외식업체에 적합한 분석과 평가방법은 존재하지 않는다. 그렇기 때문에 특정

업체에 적합한 분석과 평가내용을 찾아 특정 업체의 수준에서 적합한 내용을 분석하고 평가할 수 있으면 된다. 그리고 중요한 것은 분석의 결과를 바탕으로 적절한 후속 조치를 시의성 있게 취하느냐가 관건이 된다.

참/고/문/헌

5장

- 나정기(1994), "메뉴계획과 디자인의 평가에 관한 연구", 박사학위 논문, 경기대 대학원.
- David K. Hayes and Lynn Huffman(1985), *Menu Analysis : A Better Way*, The Cornell H.R.A. Quarterly, Feb 1985, p.64.
- David Uman(1983), *Pricing for Profits*, Restaurant Business 4/1/83, pp.157~168.
- David V. Pavesic(1983), *Cost/Margin Analysis : A third Approach to Menu Pricing and Design*, Int. J. Hospitality Management, Vol. 2 No. 3, pp.127~134.
- David V. Pavesic(1985), *Prime Numbers : Finding Your Menu's Strengths*, The Cornell H.R.A. Quarterly, November, pp.71~72.
- Helen Atkinson and Peter Jones(1994), *Menu Engineering : Managing the Foodservice Micro-marketing Mix*, J. of Restaurant and Foodservice Marketing, Vol. 1(1), pp.37~55.
- J. Bessenay, P. Blot, P. Mazzetti(2001), *Le Restaurant: Théori et Pratique*, Editions Jacques Lanore, p.71.
- Jack D. NInemeier(1986), *F & B Controls*, Educational Institute, p.106.
- Jack E. Miller(1992), *Menu Pricing and Strategy*, 2nd ed., VNR, pp.80, 138~139.
- James J. Taylor and Denise M. Brown(2007), Menu Analysis : A Review of Techniques and Approaches, FIU Review Vol. 25(2), pp.74~82.
- James Keiser(1989), *Controlling and Analyzing Costs in Foodservice Operations*, 2nd ed., Macmillan Publishing Company, p.59, 61.
- Lendal H. Kotschevar and Diane Withrow(2008), *Management by Menu*, 4th ed., John Wiley & Sons, Inc., pp.208~226.
- Lothar A. Kreck(1984), *Menu : Analysis and Planning*, 2nd ed., A CBI Book, p.124, 199.
- Michael L. Kasavana(1984), *Computer Systems for Foodservice Operations*, VNR, pp.158~160.
- Michael L. Kasavana(1990), *Menu Engineering : A Practical Guide to Menu Analysis*, Revised Edition, Hospitality Publications, Inc.
- Michel Kosossey, Daniel Majonchi(1986), *Reussir en Hotellerie and Restauration*, Tome 1, 2nd ed., Edition Reussir, pp.129~130.
- Mohamed E. Bayou and Lee B. Bennett, *Profitablity Analysis for Table-Service Restaurants*, The Cornell H.R.A. Quarterly, April 1992, pp.49~55.
- Nancy Loman Scanlon(1987), *Marketing by Menu*, VNR, p.119.
- Stephen G. Miller(1988), *Fine-Tuning Your Menu with Frequency Distributions*, The Cornell H.R.A. Quarterly, Nov 1988, pp.86~92.

- Thierry Lautard(1988), Gestion Tome 3, *Diagnostic Economique et Financier Politique General de L′ Entreprise Hotelière*, Edition B.P.I, p.150.
- William L. Kahrl(1978), *Menu Planning/Merchandising*, Lebhar-Friedman Books, p.60.

저자소개

나정기

경기대학교 관광문학대학 명예교수

메뉴관리의 이해

2004년 8월 25일 초 판 1쇄 발행
2018년 7월 30일 개 정 판 1쇄 발행
2024년 1월 30일 개정2판 1쇄 발행

지은이 나정기
펴낸이 진욱상
펴낸곳 백산출판사
교 정 박시내
본문디자인 신화정
표지디자인 오정은

등 록 1974년 1월 9일 제406-1974-000001호
주 소 경기도 파주시 회동길 370(백산빌딩 3층)
전 화 02-914-1621(代)
팩 스 031-955-9911
이메일 edit@ibaeksan.kr
홈페이지 www.ibaeksan.kr

ISBN 979-11-6639-397-6 93590
값 31,000원